XXXI JORNADAS DE PALEONTOLOGÍA

Sociedad Española de Paleontología

Baeza, 7-10 de octubre de 2015

XXXI JORNADAS DE PALEONTOLOGÍA
Sociedad Española de Paleontología

Baeza, 7-10 de octubre de 2015

LIBRO DE RESÚMENES

Matías Reolid (ed.)

Universidad de Jaén

Jornadas de Paleontología (31.2015.Baeza)

XXXI Jornadas de Paleontología : Baeza, 7-10 de octubre de 2015 : Libro de resúmenes / [Organizan, Sociedad Española de Paleontología...[et al.] ; Matías Reolid , (ed.) -- Jaén : Servicio de Publicaciones, Universidad de Jaén, 2015.

312 p. ; 17 x 24 cm
ISBN 978-84-8439-920-9
1. Paleontología 2. Congresos y conferencias 3. Jaén (Provincia) I. Sociedad Española de Paleontología, org. II. Reolid, Matías, ed.lit . III. Universidad de Jaén. Servicio de Publicaciones, ed. IV. Título. V. Serie
566(460.352(063)

XXXI JORNADAS DE PALEONTOLOGÍA
Sociedad Española de Paleontología

ORGANIZAN
Departamento de Geología de la Universidad de Jaén
Sociedad Española de Paleontología
Centro de Estudios Avanzados de Ciencias de la Tierra, Universidad de Jaén
Centro de Estudios de Postgrado, Universidad de Jaén

COLABORAN
Universidad Internacional de Andalucía, Sede Antonio Machado, Baeza
Diputación de Jaén
Comité Español del PICG (IUGS-UNESCO)

Primera edición, octubre 2015

DISEÑO Y MAQUETACIÓN
Servicio de Publicaciones

ISBN
978-84-8439-920-9

DEPÓSITO LEGAL
J-372-2015

EDITA
Publicaciones de la Universidad de Jaén
Vicerrectorado de Proyección de la Cultura, Deportes y Responsabilidad Social
Campus Las Lagunillas, Edificio Biblioteca
23071 Jaén (España)
Teléfono 953 212 355 – Fax 953 212 235
servpub@ujaen.es

IMPRESO POR
Gráficas "La Paz" de Torredonjimeno, S. L.
Avda. de Jaén, s/n
23650 Torredonjimeno (Jaén)
Teléfono 953 571 087 – Fax 953 571 207

Impreso en España / *Printed in Spain*

COMITÉS

COMITÉ ORGANIZADOR
Coordinador: Matías Reolid (Universidad de Jaén)

Secretaría:
Mª Isabel Abad Martínez (Universidad de Jaén)
Luis M. Nieto (Universidad de Jaén)

Vocales:
Roque Aguado (Escuela Politécnica Superior Linares)
José Manuel Castro (Universidad de Jaén)
Ginés A. de Gea (Universidad de Jaén)
Esperanza Fernández Martínez (Universidad de León)
Juan Alberto Pérez Valera (Universidad Complutense)
Francisco J. Rodríguez Tovar (Universidad de Granada)
Pedro A. Ruiz Ortiz (Universidad de Jaén)

COMITÉ CIENTÍFICO
Laia Alegret (Universidad de Zaragoza)
Humberto Astibia (Universidad País Vasco)
Juan Carlos Braga (Universidad de Granada)
Miguel Company (Universidad de Granada)
Sixto R. Fernández López (Universidad Complutense de Madrid)
Fernando García Joral (Universidad Complutense de Madrid)
Juan Carlos Gutiérrez Marco (Universidad Complutense de Madrid-CSIC)
Carles Martín Closas (Universidad de Barcelona)
Elvira Martín Suárez (Universidad de Granada)

ÍNDICE

PRÓLOGO

En este año 2015, se celebran en Baeza las XXXI Jornadas de Paleontología, convocadas por la Sociedad Española de Paleontología y cuya organización ha corrido a cargo del Departamento de Geología de la Universidad de Jaén. El tema principal de las jornadas es *Cambios paleoambientales y bioeventos a través del registro fósil* pero, como en ediciones anteriores, ha habido numerosos trabajos de muy diversas temáticas incluyendo la tafonomía, ichnología, paleobotánica, micropaleontología, bioestratigrafía y paleoecología entre otros, atendiendo al estudio de numerosos grupos de organismos que van desde el nannoplancton a los grandes saurópodos. Son en total más de un centenar de ponencias que evidencian los últimos progresos en paleontología que se llevan a cabo en España o por parte de investigadores españoles en otros lugares de mundo. La alta participación de nuestros jóvenes investigadores nos habla también de lo viva que está hoy en día la Paleontología española. En relación con el tema principal de las jornadas en esta edición, contamos con dos conferencias impartidas por los doctores Emanuela Mattioli (Université Lyon) y Eustoquio Molina (Universidad de Zaragoza).

Conjuntamente con las XXXI Jornadas de Paleontología se celebran los 30 años de la fundación de nuestra Sociedad con un acto conmemorativo que incluye entre otras actividades sendas conferencias impartidas por los doctores Juan Luis Arsuaga (Universidad Complutense) y Michael J. Benton (University of Bristol), así como un homenaje a los antiguos presidentes de la Sociedad Española de Paleontología.

Las jornadas finalizan con una salida de campo que pretende dar a conocer el registro sedimentario y el registro fósil del Mesozoico del Prebético, para lo que se ha diseñado un itinerario por la Sierra de Segura, en el Parque Natural de la Sierra de Cazorla, Segura y Las Villas.

Entre las intenciones de la Sociedad Española de Paleontología y el comité organizador de las XXXI Jornadas de Paleontología está conseguir que éstas sean foros de debate fructíferos para el intercambio de ideas y que promuevan proyectos comunes entre los participantes.

Las XXXI Jornadas de Paleontología tienen lugar en la ciudad de Baeza, que junto con la vecina Úbeda, tiene la declaración de Patrimonio de la Humanidad de la UNESCO. La sede de las jornadas, el Palacio de Jabalquinto, perteneciente a la Universidad Internacional de Andalucía, es uno de los enclaves más bellos y mejor situados de Baeza. Por lo que desde el comité organizador deseamos que los asistentes puedan disfrutar tanto de las sesiones científicas como de las muchas posibilidades que ofrece Baeza.

Sirvan también estas líneas para agradecer a todos los participantes su colaboración así como el apoyo de las instituciones que han contribuido a que estas jornadas se lleven a cabo. Esperamos que el esfuerzo haya merecido la pena.

El comité organizador

CONFERENCIAS INVITADAS

La no prevalencia de los humanoides

Arsuaga, Juan Luis

Universidad Complutense de Madrid y Centro Mixto (UCM-Instituto de Salud Carlos III) de Evolución y Comportamiento Humanos, Madrid, España

El año 1963 el gran paleontólogo George Gaylord Simpson publicó un libro titulado *This View of Life: The World of an Evolucionist*, en el que se incluía un capítulo con el mismo título que esta conferencia. Simpson concluía que, puesto que la evolución es contingente y no determinista, la probabilidad de que en otro planeta aparezca una especie virtualmente idéntica a la nuestra es casi despreciable.

Obviamente la pregunta era retórica, porque no tenemos de momento modo de contestarla, aunque de profundas implicaciones para la teoría evolutiva. ¿Cómo la habría respondido Darwin?

Haciendo un rápido repaso de la literatura evolutiva vemos que la misma cuestión se ha planteado numerosas veces, pero en relación con el planeta Tierra que habitamos. El propio Simpson se preguntaba: ¿Si los humanos desaparecieran, volvería a surgir una especie básicamente como la nuestra? ¿Y si lo hicieran todos los hominoideos (humanos y grandes simios)? ¿Y si se extinguieran todos los primates superiores? ¿Y si lo hicieran todos los primates? O los mamíferos. O los vertebrados. O los animales. O si desaparecieran todos los seres vivos.

El planteamiento es en el fondo el mismo que luego abordó el también paleontólogo Stephen Jay Gould en su *Vida maravillosa*. Se trata de rebobinar, imaginariamente, la cinta de la vida hasta su comienzo e imaginar qué pasaría luego. La conclusión de Gould es esta: es muy probable que los vertebrados nunca hubieran surgido. De hecho pudieron perfectamente haber desaparecido en el Cámbrico. Es obvio que para hablar con propiedad de probabilidades deberíamos repetir muchas veces el experimento de originar la vida y esperar varios miles de millones de años para hacer una estadística, o disponer de una información muy amplia acerca de muchos planetas en los que la vida se ha originado hace miles de millones de años.

Otro enfoque interesante del problema es el que adoptaba el biólogo Sir Julian Huxley, uno de los creadores, al igual que Simpson, de la Teoría Sintética de la Evolución a mediados del siglo pasado. Su pregunta era una variación del mismo tema: ¿Qué tipo de características debería tener una especie animal, aquí o en cualquier otro planeta, para producir una civilización tecnológica? ¿Podría una especie que no fuera un "humanoide" desarrollar la inteligencia? La respuesta era no, así que solo un ser con las características y el pasado evolutivo de los primates podría llegar a producir materia consciente. Se supone, imagino, que aquí o en cualquier otro lugar del cosmos.

Más recientemente el paleontólogo Simon Conway Morris ha defendido la tesis un tanto sorprendente de que la vida terrestre, una vez que apareció, tenía que producir casi inevitablemente un "humanoide", en este y en cualquier otro planeta. Con lo que si nos visitaran los extraterrestres serían, debajo de la piel, esencialmente como nosotros. Su argumentación se basa en las innumerables convergencias evolutivas que se observan entre los seres vivos, como si estuvieran condenados a encontrar, una y otra vez, las mismas soluciones a los problemas del medio. Sin embargo, Conway Morris considera que las posibilidades de que se den las condiciones necesarias para que surja la vida en un planeta cualquiera son muy reducidas, con lo que posiblemente estamos solos en la galaxia y quién sabe si en el universo.

En esta conferencia contaremos cómo fue realmente la evolución humana y se harán alusiones a las diferentes teorías sobre la prevalencia (o no) de los "humanoides".

Recovery from the greatest mass extinction of all time

Benton, Michael J.
School of Earth Sciences, University of Bristol, Bristol, BS8 1RJ

Mass extinctions are of great interest to biologists as times that mark major changes in floras and faunas. Famously, the Permo-Triassic Mass Extinction (PTME) was said to have 'punctuated' or 're-set' the history of life (Sepkoski, 1984; Van Valen, 1984). The PTME wiped out 90% or more of Palaeozoic species on land and in the sea, and providing an opportunity for surviving lineages to radiate and provide the origin of the 'modern' fauna and flora.

A key question concerns whether radiations (= diversifications) of clades in post-extinction times are in some ways different from radiations in 'normal' times. A second, and more general, question about radiations concerns their shape and mode – do clades expand primarily by increasing the number of species first, by increasing disparity (= morphological diversity) first, or by both processes occurring in parallel?

The severity of the PTME meant that the recovery of life began from a much lower level than after other mass extinctions (Chen and Benton, 2012). Particularly notable were the major perturbations of the Early Triassic physical world, with several sharp episodes of global warming in the 5-6 Myr after the crisis, marked also by a 'coral gap' in the oceans (absence of coral reefs) and a coal gap on land (absence of forests).

Until now, most work on recovery from the PTME has focused on 'geological ' approaches to marine rock sections, in which stratigraphic sections are measured in detail, stable isotopes are assessed throughout, and invertebrate fossils are collected, measured, and identified. The marine successions in South China have been especially fruitful and influential in such studies (Song et al., 2011; Chen and Benton, 2012; Benton et al., 2013), and the general consensus is that recovery was fitful, with certain groups such as ammonoids and foraminifers recovering fast, but then suffering numerous setbacks during the continuing grim Early Triassic conditions.

These kinds of studies have been hugely important, in setting much more precise time scales to the Triassic recovery than had been possible 10 or 20 years ago, and in showing how individual taxa evolved through time, and how ecosystems reconstructed themselves. However, they do not provide direct answers to macroevolutionary questions about radiations. Ever since George Gaylord Simpson introduced a Darwinian approach to macroevolution in 1944, in his classic 'Tempo and Mode of Evolution' (Simpson, 1944), researchers have sought to understand how clades diversify. Simpson argued that diversifications, or 'adaptive radiations', were important times in the evolution of clades, when their morphological characteristics were acquired and their ecological roles established. He was interested in the reasons why some clades are highly successful, or at least represented by many species, and others are not.

It is now possible to extend a Simpsonian approach to macroevolution to the fossil record, using a combination of three tools: phylogenetic reconstruction (trees), accurate dating of fossils, and numerical, statistical methods. Large, dated phylogenetic trees provide rich information about missing data (ghost ranges, Lazarus gaps), and they can be used to explore rates of evolution of particular characters (e.g. body size, snout length), diversification shifts (times of unusually fast or slow evolution), evolutionary models (e.g. is there a statistically significant trend or not?), and relative rates of evolution of diversity and disparity.

Overviews of numerous fossil examples suggest that, in most radiations, *diversity and disparity are decoupled*, an unexpected result, and that generally *disparity expands first, then diversity* (Erwin, 2002; Benton et al., 2014). This suggests that the 'early burst' model of adaptive radiation, proposed by Simpson (1944), is commonplace, but is expressed first in morphospace occupation. In more detail, recent studies of the recovery of three key tetrapod groups in the Triassic, the archosaurs (Brusatte et al., 2008), anomodonts (Ruta et al., 2013a), and cynodonts (Ruta et al., 2013b), showed that members of each clade explored the limits of morphospace rather fast, within the first 5-10 Myr of the Triassic, and then the morphospace did not expand any more; many new species arose, but these filled gaps in morphospace. If general, this suggests a new model of macroevolution in which radiating clades use their opportunity (i.e. empty ecospace; new key adaptation) to explore the limits of morphology, and then retain that space, perhaps as a result of peripheral competition from other clades, or constraints in the adaptatability of their unique features. Later evolution of the clade is expressed by expansion of diversity and specialization.

On the second key question, there is no evidence that these findings are restricted to post-extinction times. Diversifications after mass extinctions and in 'normal' times show the same disparity-first pattern.

It is interesting to know whether diversification occurs unusually fast after mass extinctions, which would certainly be a possibility. In the past, many diversifications and biotic replacements were characterized as active or 'competitive'. For example, the radiation of dinosaurs in the Late Triassic was often described as a result of their successful competition with precursor clades among archosauromorphs and synapsids. Numerical macroevolutionary studies have, however, suggested that many diversifications occur passively. For example, dinosaurs showed expanded disparity during the first 50 Myr of their existence, but apparently did not seriously impact on disparity of a key competitor clade, the Crurotarsi, nor did they jump in disparity after the large-scale extinction of Crurotarsi at the end of the Triassic (Brusatte et al., 2008). Further, although archosauromorphs showed marked size increases through the Triassic, these cannot be distinguished from a passive model (Brownian motion), and so the possibility of Cope's rule (a driven trend of size increase) is rejected (Sookias et al., 2012).

New numerical and phylogenetic work on recovery of life after the PTME has confirmed three general principles in macroevolution: (1) diversity and disparity are decoupled; (2) disparity normally expands first in a radiation; and (3) many long-term trends and biotic replacements appear to be passive rather than active. The fusion of excellent, well dated fossil records with new methods in phylogenetic tree reconstruction and comparative statistical analysis provide insights into the fundamentals of evolution that concerned Darwin and Simpson.

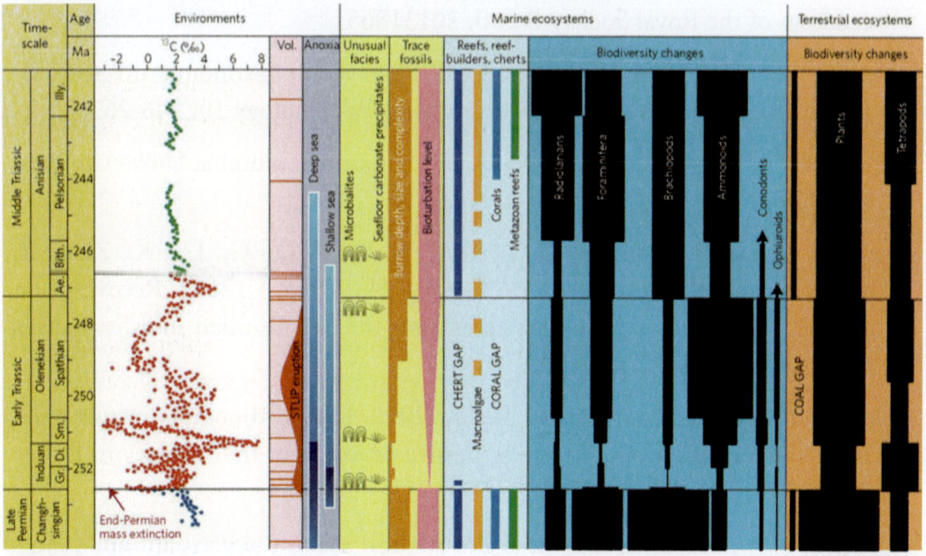

FIGURE 1. Environmental changes and biodiversity variations from the latest Permian to Middle Triassic. Arrows indicated on the conodont and ophiuroid range bars show increasing data into the Middle Triassic. Note: STLIP, Siberian Traps large igneous province; Ae., Aegean; Bith., Bithynian; Di., Dienerian; Gr., Griesbachian; Illy., Illyrian; Sm., Smithian; Vol., volcanism.

REFERENCES

Benton, M.J., Zhang, Q.Y., Hu, S.X,, Chen, Z.Q., Wen, W., Liu, J., Huang, J.Y., Zhou, C.Y., Xie, T., Tong, J.N., Choo, B., 2013. Exceptional vertebrate biotas from the Triassic of China, and the expansion of marine ecosystems after the Permo-Triassic mass extinction. Earth-Science Reviews 123, 199-243.

Brusatte, S.L., Benton, M.J., Ruta, M., Lloyd, G.T., 2008. Superiority, competition, and opportunism in the evolutionary radiation of dinosaurs. Science 321, 1485–1488.

Chen, Z.-Q., Benton, M.J., 2012. The timing and pattern of biotic recovery following the end-Permian mass extinction. Nature Geoscience 5, 375-383.

Ruta, M., Angielczyk, K.D., Fröbisch, J., Benton, M.J., 2013a. Decoupling of morphological disparity and taxic diversity during the adaptive radiation of anomodont therapsids. Proceedings of the Royal Society B 280, 20131071.

Ruta, M., Botha-Brink, J., Mitchell, S. A., Benton, M.J., 2013b. The radiation of cynodonts and the ground plan of mammalian morphological diversity. Proceddings of the Royal Society B 280, 20131865.

Sepkoski, J.J., Jr. 1984. A kinetic model of Phanerozoic taxonomic diversity. III. Post-Paleozoic families and mass extinctions. Paleobiology 10, 246-267.

Simpson, G.G., 1944. Tempo and Mode in Evolution. Columbia University Press, New York.

Song, H., Wignall, P.B., Chen, Z.-Q., Tong, J., Bond, D.P.G., Lai, X., Zhao, X., Jiang, H., Yan, C., Niu, Z., Chen, J., Yang, H., Wang, Y., 2011. Recovery tempo and pattern of marine ecosystems after the end-Permian mass extinction. Geology 39, 739-742.

Sookias, R.B., Butler, R.J., Benson, R.B.J., 2012. Rise of dinosaurs reveals major body-size transitions are driven by passive processes of trait evolution. Proceedings of the Royal Society B 279, 2180-2187.

Van Valen, L.M., 1984. A resetting of Phanerozoic community evolutiuon. Nature 307, 50-52.

Calcareous nannoplankton in a changing (palaeo)world, a tale of size variations

Mattioli, Emanuela[a]; Gollain, Barbara[a]; Salaviale, Céline[a,b]

[a] UMR 5276 CNRS, Laboratoire de Géologie de Lyon, Université Lyon. emanuela.mattioli@univ-lyon1.fr

[b] RPS Goldvale House, 27-41 Church Street West, Woking, Surrey, GU21 6DH, UK. salavialec@rpsgroup.com

In modern oceans, the size structure of marine phytoplankton communities greatly affects food web structure and organic/inorganic carbon export into the ocean interior (Popp et al., 1998; Hopkins, 2015). This last mechanism plays a fundamental role in the transfer of carbon from the surface oceanic reservoir to the carbonate sediments that belong to the lithospheric reservoir. Yet evolutionary patterns through time in the size structure of calcareous nannoplankton have been poorly investigated, especially in Jurassic time.

Here we present three examples on how size changes of calcareous nannoplankton did match with major environmental/oceanographic changes. (1) The first example concerns the size structure evolution of *Schizosphaerella* (a probable calcareous dinoflagellate) in the Lower and Middle Jurassic. (2) We will show then size changes of dominant coccoliths (*Watznaueria barnesiae*) and nannoconids during the Lower Cretaceous. (3) Finally, size changes of discoasterids and reticulofenestrids are analysed in the Middle Eocene.

(1) *Schizosphaerella* was the main pelagic carbonate producer in the time interval comprised between the Late Sinemurian and the Early Bajocian (~192 to 170 Ma, Early to Middle Jurassic) and was dominating the calcareous nannoplankton community both in quantity and in size. *Schizosphaerella* size was explored in samples coming from three sections sampled in the Jurassic Lusitanian basin (Portugal), namely Saõ Pedro de Moel, Peniche and Cabo Mondego. Size pattern data from Peniche have been in part published (Suan et al., 2008). We investigated both long-term size evolution patterns and, for a short interval (~200 kyr) within the Early Pliensbachian, size changes in marlstone-limestone alternations that correspond to precession cycles (Suchéras-Marx et al., 2010).

Our results show that, in spite of generally opposite trends between *Schizosphaerella* absolute abundances and calcium carbonate contents measured in bulk rock, *Schizosphaerella* sizes fluctuate between average values of 8 to 15 μm and are globally higher in carbonate-rich samples. This pattern is verified both on the short-

and long-terms. On the long-term, *Schizosphaerella* sizes also display an inverse correlation with marine temperatures inferred from the $\delta^{18}O$ of brachiopod calcite. Size changes seem also to be related to $\delta^{13}C$ positive and negative shifts observed in the Late Pliensbachian to Early Toarcian and Early Bajocian, testifying for a link existing between C-cycle perturbations and size of micro-organisms (Fig. 1).

(2) Calcareous nannoplankton is extremely sensitive to (palaeo)environmental and (palae)oceanographic conditions, such as surface water temperature, trophic conditions or the saturation state of the oceanic surface waters. The calcite remains of these microfossils significantly contribute to pelagic carbonate production. In particular, the Cretaceous nannoconids, bulky nannofossils, are well known to occur in rock-forming proportions in sediments. In the course of the Early Cretaceous, a nannoconid decline occurred during the Valanginian Weissert event (~133 M.a.) and a crisis concomitant with the Aptian OAE1a (~120 M.a.). The nannoconid decline and subsequent crisis were defined based upon the drastic decreases in abundance of these nannoliths (Erba and Tremolada, 2004). We compare the two events in terms of species-specific nannoconid assemblages and sizes.

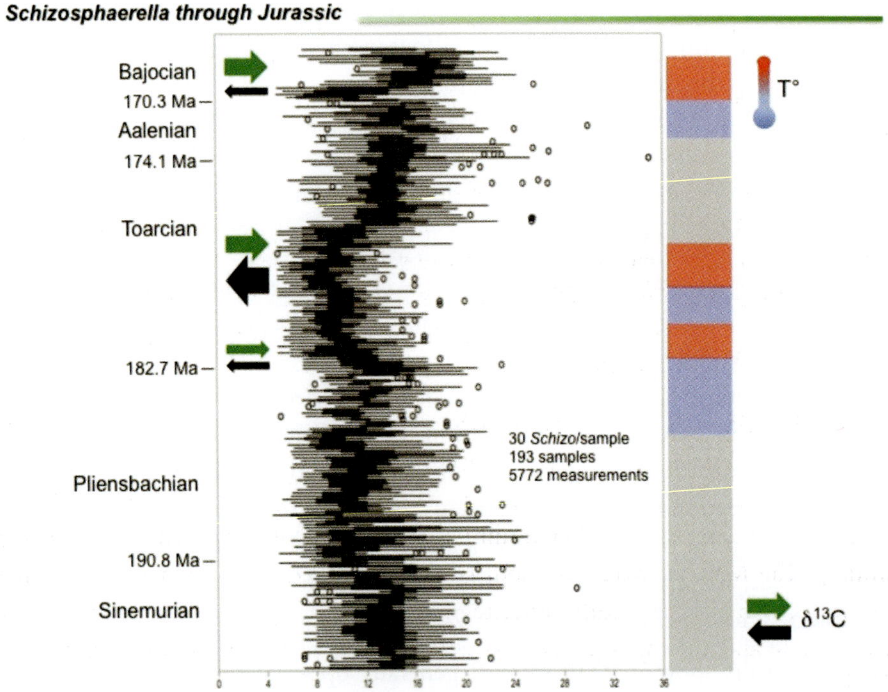

FIGURE 1. Boxplot of *Schizosphaerella* size through Lower and Middle Jurassic. Quartile method with average, 95% bars and outliers.

Our results from the Vocontian basin (SE France) show that the nannoconid decline occurring in the Valanginian is a poly-phased event: a first decline is observed at the beginning of the Weissert event, namely during a positive excursion of c.a. 1.5‰ of carbon isotope measured on bulk carbonates (Fig. 2); a potentially global and short-lived recovery occurs concomitant with high C-isotope values and cool climate conditions; this recovery is followed by a decline acme that matches the decrease in $\delta^{13}C$ values (Barbarin et al., 2012).

The changes in size and morphology of Aptian nannoconids were approached through the study of the Villaroya section (Galve sub-basin, N Spain) (Bonin et al., in press). A gradual increase in size of nannoconids was observed there in the interval corresponding to the positive excursion in $\delta^{13}C$ following the OAE 1a. This size increase is followed by a gradual decrease. Size changes are both driven by a change in nannoconid assemblages and by variations in species-specific size.

Both the Valanginian decline and Aptian crisis of nannoconids seem to be thus characterized by a complex succession of events whose signification needs further investigation. The important size changes recorded during both events also profoundly controlled the pelagic carbonate production by nannoconids. The close relationship between size changes and carbon isotope variations may indicate a link between nannoconid bio-calcification potential and the carbon cycle.

Belonging to fossil coccolithophorids, *Watznaueria barnesiae* (the most abundant coccolith taxon in Cretaceous rocks; Lees et al., 2005) shows a different pattern with respect to nannoconids in the interval Valanginian-Aptian. In fact, a trend to size increase (1 μm) followed by steady size values are observed in various localities (Gollain, 2015, Erba et al., 2010; Bornemann and Mutterlose 2006). This trend seems to be mainly evolutionary driven, although a transient perturbation of size trends is observed during the Valanginian Weissert event.

(3) Pelagic carbonates constitute the majority of the ocean sediments, particularly since the Jurassic, and record climatic and oceanic changes. Cenozoic sediments record glacial and interglacial periods, as well as thermal maximums as the PETM (Paleocene-Eocene Thermal Maximum) and MECO (Middle Eocene Climatic Optimum). The MECO, dated at about 40 Ma, occurred during a period of climate transition, namely the middle Eocene. This geological period shows variations in temperature and atmospheric CO_2, as well as of the carbonate compensation depth (CCD).

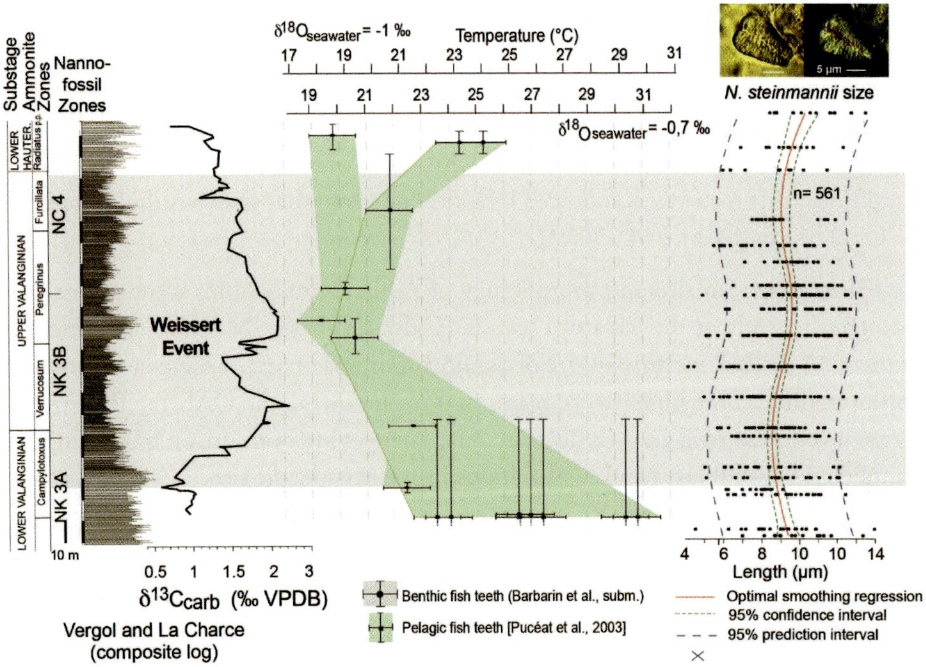

FIGURE 2. Plot of *Nannoconus steinmannii* size (raw data) versus oxygen isotope-derived temperatures (Barbarin et al., 2012) and C-isotopes (Gréselle et al., 2011).

In order to understand the actions and feedbacks between climate (regulated by temperature, atmospheric CO_2, etc.), CCD fluctuations and calcareous nannofossils, fluxes, assemblages and sizes were studied between 48 and 39 Ma. Calcareous nannofossils were studied in 57 samples taken approximately every 50 cm from the ODP (Ocean Drilling Project) Leg 198 Site 1209A, Shatsky Rise located in the North Pacific. This site was previously studied by Bralower (2005) and Bralower et al. (2002). The samples have been prepared with the Geisen et al. (1999) technique for absolute quantification of nannofossils.

The age model proposed by Bralower et al. (2002) has been slightly modified thanks to new data on nannofossil biostratigraphy and recalibrated according to the GTS 2012 (Gradstein et al., 2012). Nannofossil assemblages and size show long-term changes during the Middle Eocene. Namely, *Discoaster* spp. show a decrease in size and relative abundance from 48 to 39 Ma (Fig. 3). At 40 Ma, during the MECO, proportions of *Dictyococcites* spp. and of *Reticulofenestra pseudoumbilicus* (>14 µm) increase.

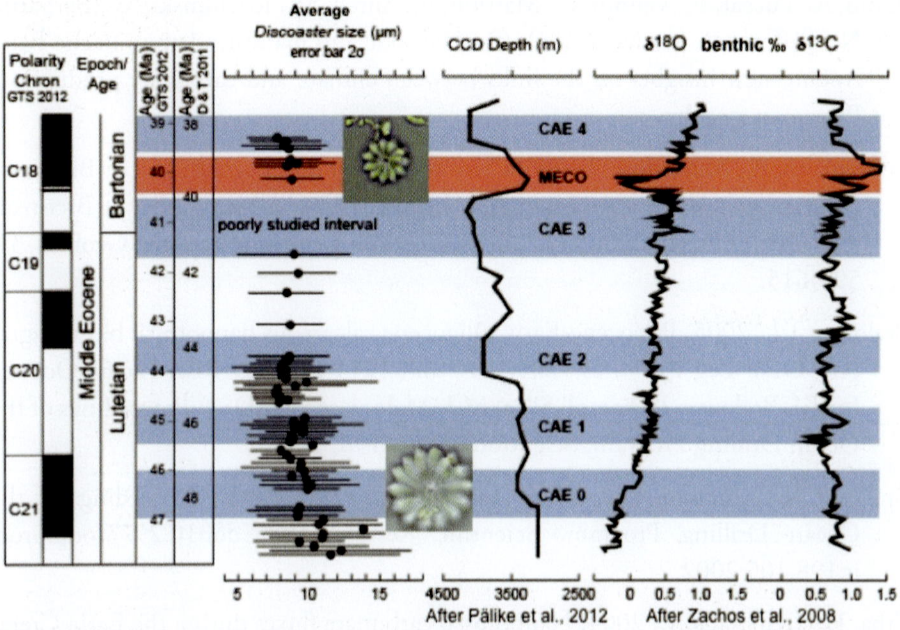

FIGURE 3. Size changes in discoasterids during the Middle Eocene.

Nannofossil fluxes show significant increase during the CAEs 1 to 4 (Carbonate Accumulation Event; Lyle et al., 2005), but they are low during the MECO. Fluxes seem not to be related to atmospheric CO_2 (pCO_2) changes (see compilation in Pälike et al., 2012). Conversely, nannofossil flux seems to have importantly impacted the oceanic carbon cycle, by creating a carbonate flux to deep-ocean, able to deepen the CCD.

Climatically induced changes in oceanic mixing may have altered nutrient availability in the euphotic zone and driven evolutionary shifts in the size of calcareous nannoplankton through geological times. Evolutionary patterns in the size distribution of calcareous nannoplankton can thus be a useful complement to geochemical or sedimentological proxies to improve the interpretation of the effects of climatic change on marine ecosystems.

REFERENCES

Barbarin, N., Bonin, A., Mattioli, E., Pucéat, E., Cappetta, H., Gréselle, B., Joachimski, M., 2012. Evidence for a complex Valanginian nannoconid decline in the Vocontian basin (South East France). Marine Micropaleontology 84, 37-53.

Bonin, A., Pucéat, E., Vennin, E., Mattioli, E., Aurell, M., Joachimski, M., Barbarin, N., Laffont, R. (under review). Cool episode and platform demise in the Early Aptian: new insights on the links between climate and carbonate production. Paleoceanography.

Bornemann, A., Mutterlose, J., 2006. Size analyses of the coccolith species Biscutum constans and Watznaueria barnesiae from the Late Albian « Niveau Breistroffer » (SE France): taxonomic and palaeoecological implications. Geobios 39, 599-615.

Bralower, T.J., 2005. Paleocene-Early Oligocene calcareous nannofossil biostratigraphy, ODP Leg 198 Sites 1209,1210 and 1211 (Shatsky Rise, Pacific Ocean). In: T.J. Bralower, I. Premoli Silva, M.J. Malone et al. (EDS.). Proceedings of the Ocean Drilling Program, Scientific Results 198, 1-15.

Bralower, T.J., Premoli Silva, I., Malone, M.J., et al. (2002). Proceedings of the Ocean Drilling Program, Scientific Results, 198: doi:10.2973/odp.proc.ir.198.105.2002.

Erba, E., Tremolada, F., 2004. Nannofossil carbonate fluxes during the Early Cretaceous: phytoplankton response to nutrification episodes, atmospheric CO_2, and anoxia. Paleoceanography, 19 (1) 2.

Erba, E., Bottini, C., Weissert, H., Keller, C.E., 2010. Calcareous nannoplankton response to surface-water acidification around Oceanic Anoxic Event 1a. Science 329, 428-432.

Geisen, M., Bollmann, J., Herrle, J.O., Mutterlose, J., Young, J.R., 1999. Calibration of the random settling technique for calculation of absolute abundances of calcareous nannoplankton. Micropaleontology 45, 437-442.

Gollain, B., 2015. Motifs de distribution des tailles de coccolithophoridés au cours du Crétacé inférieur : contrôle paléoclimatique? Mémoire de Master 2, Université Claude Bernard Lyon1, 50 pp.

Gradstein, F.M., Ogg, J.G., Schmitz, M., Ogg, G., 2012. The Geologic Time Scale 2012 2- Volume Set, Volume 2. Elsevier.

Gréselle, B., Pittet, B., Mattioli, E., Joachimski, M., Barbarin, N., Riquier, L., Pucéat, E., 2011. The Valanginian isotope event: A complex suite of palaeoenvironmental perturbations. Palaeogeography, Palaeoclimatology, Palaeoecology 306, 41-57.

Hopkins, J., Henson, S.A., Painter, S.C., Tyrrell, T., Poulton, A.J. (2015). Phenological characteristics of global coccolithophore blooms. Global Biogeoch. Cycles 29(2).

Lees, J.A., Bown, P.R., Mattioli, E., 2005. Problems with proxies? Cautionary tales of calcareous nannofossil paleoenvironmental indicators. Micropaleontology 51, 333-343.

Lyle, M., Olivarez Lyle, A., Backman, J., Tripati, A., 2005. Biogenic sedimentation in the Eocene equatorial Pacific - the stuttering greenhouse and Eocene carbonate compensation depth. In: P.A. Wilson, M. Lyle & J.V. Firth (EDS.), Proceedings of the Ocean Drilling Program, Scientific Results 199, 1-35.

Pälike, H. et al., 2012. A Cenozoic record of the equatorial Pacific carbonate compensation depth. Nature 488, 609-615. doi:10.1038/nature11360.

Popp, B.N., Laws, E.A., Bidigare, R.R., Dore, J.E., Hanson, K.L., Wakeham, S.G., 1998. Effect of phytoplankton cell geometry on carbon isotopic fractionation. Geochimica et Cosmochimica Acta 62, 69-77.

Suan, G., Mattioli, E., Pittet, B., Mailliot, S., Lécuyer. C., 2008. Evidence for major environmental perturbation prior to and during the Toarcian (Early Jurassic) Oceanic Anoxic Event from the Lusitanian Basin, Portugal. Paleoceanography 23, PA1202, doi:10.1029/2007PA001459, 2008.

Suchéras-Marx, B., Mattioli, E., Pittet, B., Escarguel, G., Suan, G., 2010. Astronomically-paced coccolith size variations during the early Pliensbachian (Early Jurassic). Palaeogeography, Palaeoclimatology, Palaeoecology 295, 281-292.

Eventos de extinción desde hace 100 Ma: patrones, causas y efectos

Molina, Eustoquio

Departamento de Ciencias de la Tierra e IUCA, Universidad de Zaragoza, 50009 Zaragoza, España,
Email: emolina@unizar.es

INTRODUCCIÓN

El fenómeno de la extinción ha sido objeto de estudio desde el siglo XVIII por ciertos naturalistas, tales como Georges Louis Leclerc (Buffon) y Georges Cuvier, dando lugar al paradigma catastrofista. En el pasado los naturalistas estaban muy influenciados por la interpretación literal de la Biblia, el diluvio universal habría provocado extinciones y todavía en el siglo XIX el fundador de la Micropaleontología, Alcide d'Orbigny, proponía la existencia de 27 extinciones totales seguidas de otras tantas creaciones. El paradigma catastrofista fue reemplazado por el uniformitarista, que también aceptaba el concepto de extinción. Así Charles Darwin, en 1859, sugería la sucesiva extinción gradual de las especies y proponía que la selección natural la explicaba adecuadamente, atribuyendo los eventos de extinción a imperfecciones del registro fósil. Desde entonces pocos investigadores se interesaron por la extinción, hasta que el alemán Otto Schindewolf hacia 1963 defendió el neocatastrofismo, que culminaría con la teoría impactista de Álvarez et al. (1980), proponiendo los impactos de grandes meteoritos como causa de extinción. Desde entonces muchos geólogos y paleontólogos se han interesado por los patrones de extinción en los diferentes grupos de organismos animales y vegetales, por las causas que desencadenaron y completaron los distintos eventos, así como por los efectos en los ambientes del pasado (Raup, 1991; Ward, 1994; Álvarez, 1997; Hallan y Wignall, 1997; Palmer, 2003; Molina, 2006, 2007, 2015, entre otros muchos).

Jack Sepkoski, en la década de 1980, recopiló muchos datos que ponían de manifiesto que a lo largo de las épocas geológicas la mayoría de las especies se han extinguido, en un proceso constante y aleatorio denominado extinción de fondo; así como que las especies han ido evolucionando y se han ido renovando, de tal forma que la diversidad ha ido aumentando. Sin embargo, esta tendencia al aumento de la diversidad se ha visto interrumpida por una serie de eventos, en los cuales se han extinguido un porcentaje más o menos alto de especies y en un periodo de tiempo más o menos breve. En este sentido, se han producido cinco grandes extinciones en masa, que han acontecido a finales del Ordovícico, del Frasniense (Devónico Superior), del

Pérmico, del Triásico y del Cretácico; además se han producido otros muchos eventos de extinción de menor magnitud.

Desde hace unos 100 Ma se han producido una serie de eventos que han sido objeto de nuestro interés: límite Cenomaniense/Turoniense (C/T), límite Cretácico/ Paleógeno (K/Pg), límite Paleoceno/Eoceno (P/E), tránsito Eoceno medio-Eoceno superior o Bartoniense-Priaboniense (BRT-PRB), límite Eoceno/Oligoceno (E/O), Pleistoceno (Q1) y la sexta gran extinción en masa que está aconteciendo en el Holoceno (Q2). Los foraminíferos, tanto planctónicos como bentónicos, son los "cobayas" que nos han permitido establecer los patrones de extinción a una escala de alta resolución, lo cual resulta muy difícil con otros grupos de fósiles de mayor tamaño. Estas investigaciones, integradas con otros datos geológicos y paleontológicos, nos han permitido precisar los patrones y deducir las causas y efectos de la mayor parte de los eventos que a continuación detallamos.

EVENTO DEL LÍMITE CENOMANIENSE/TURONIENSE

El límite C/T datado en 93,9 Ma coincide con un evento de extinción relacionado con un suceso anóxico conocido como *Oceanic Anoxic Event* 2 (OAE2) o evento Bonarelli, que está muy bien representado en Italia, así como en muchos cortes marinos distribuidos por todo el mundo. Se trata de unas facies arcillosas oscuras muy ricas en materia orgánica, que presentan disolución de carbonatos. Este evento, ocurrido en el Cretácico, duró aproximadamente medio millón de años afectando a muchos grupos de microorganismos, de invertebrados marinos y a algunos vertebrados como los reptiles Ichthyosauria.

Los foraminíferos planctónicos y pequeños bentónicos han sido estudiados por Carlos A. Sánchez Quiñónez en su tesis doctoral defendida en 2014. Los cortes estudiados (Oued Bahloul en Túnez y El Chorro y Baños de la Hedionda en España) le han permitido poder establecer los patrones de extinción de los foraminíferos. En el corte de El Chorro el evento anóxico tiene dos metros de potencia, en los cuales los foraminíferos calcíticos están ausentes debido a las condiciones anóxicas y de disolución de carbonatos, encontrándose solo algunos foraminíferos aglutinados y radiolarios. Los foraminíferos bentónicos indican baja oxigenación de las aguas del fondo marino, incluso 40 cm por debajo del OEA2 las formas trocoespiraladas disminuyen de tamaño. Los foraminíferos planctónicos parecen extinguirse súbitamente en la base del evento anóxico (Sánchez-Quiñónez et al., 2010) y un patrón similar de extinción de los foraminíferos se observa en el corte de Baños de la Hedionda (Reolid et al., in prep.). Sin embargo, el intervalo anóxico en el corte de Oued Bahloul en

Túnez no presenta tanta disolución, tiene mayor potencia (> 30 m) y el patrón de extinción puede observarse con bastante detalle que se produce en los 6 m inferiores. Esta extinción supuso el 25% de las especies de foraminíferos planctónicos de aguas más profundas, pertenecientes a los géneros carenados (*Rotalipora, Praeglobotruncana* y *Thalmanninella)* y planoespiralados *(Globigerinelloides),* que se extinguieron gradualmente en la parte inferior de la Formación Bahloul (parte superior de la Biozona de *Rotalipora cushmani* y parte inferior de la biozona de *Whiteinella archaeocretacea*). Además, se produjo la proliferación de género oportunista *Hedbergella*, junto con la proliferación de bulimínidos y la desaparición de aproximadamente el 40% de los foraminíferos bentónicos. En consecuencia, este patrón de extinción puede ser calificado de gradual rápido, según la propuesta terminológica para los eventos de extinción realizada por Molina (2015).

Este evento fue utilizado por David Raup y Jack Sepkoski en 1986 para documentar una ciclicidad de 26,2 Ma de eventos de extinción. Además, fue puesto por Erle Kauffman en 1988 como ejemplo de extinción escalonada. Para ambos modelos los eventos de extinción del Eoceno superior también fueron sugeridos como ejemplo y los escalones habrían sido producidos por el impacto periódico de meteoritos o cometas, pero estas hipótesis nunca han sido confirmadas. De los supuestos escalones el evento más relevante sería el acontecido en el límite C/T, que es considerado un evento anóxico relacionando con efecto invernadero, aumento de la temperatura y una gran subida del nivel del mar; todo lo cual sería desencadenado por vulcanismo intensivo en los fondos oceánicos, que habría liberado los gases de efecto invernadero.

EVENTO DEL LÍMITE CRETÁCICO/PALEÓGENO

El límite K/Pg fue definido en el corte de El Kef, Túnez (Molina et al., 2006) y está datado en 66,0 Ma. Este evento es bien conocido como la quinta gran extinción en masa que produjo la extinción de los dinosaurios y animales invertebrados, tales como los ammonites, belemnites y rudistas. Otros muchos grupos de organismos fueron afectados en una extinción en masa, cuyo desencadenante fue el impacto de un gran meteorito (Álvarez et al., 1980). Este evento coincide precisamente con el límite que fue definido en la base de una arcilla oscura, que presenta un nivel rojo amarillento de pocos milímetros que contiene las evidencias de impacto, tales como un enorme exceso de iridio, cuarzos de choque, espinelas de níquel y microtectitas. El enorme meteorito impactó en la costa norte de la península de Yucatán, produciendo un enorme cráter, tsunami en el golfo de México y en el océano Atlántico y evidencias proximales como brecha de impacto, tsunamitas e incluso olistostromas.

Los mejores cortes para estudiar el patrón de extinción de los foraminíferos son los distales, tales como los situados en Túnez, España e Italia, en los cuales existe un registro continuo. El límite K/Pg en Gubbio (Italia) está muy condensado, pero Luterbacher y Premoli Silva en 1964 definieron una biozona de tan solo algunos centímetros de potencia para caracterizar a la arcilla del límite del Paleoceno basal. En este nivel fue donde Álvarez et al. (1980) encontraron por primera vez la anomalía de iridio. El mismo año Smit y Hertogen encontraron la anomalía en el corte de Caravaca y después en Agost (España), confirmando la teoría impactista. En estos cortes la arcilla del límite es más potente y permitió confirmar que el patrón de extinción de los foraminíferos planctónicos es súbito (Molina et al., 1996, 1998, 2005). En Túnez el tránsito Cretácico-Paleógeno es muy continuo y más potente, concretamente en los cortes de El Kef, Aïn Settara y Elles, que también permitieron reconocer el mismo patrón súbito (Arz et al., 1999; Arenillas et al., 2000a,b). En todos los cortes citados y en otros del Tethys (Zumaya, Bidart, etc.), el 91% de los foraminíferos planctónicos se extinguieron súbitamente en coincidencia con el nivel rojo amarillento en el que se acumulan las evidencias de impacto meteorítico. La extinción afectó de forma masiva a los globotruncánidos grandes y carenados, que eran de estrategia K y estaban adaptadas a las aguas profundas de bajas latitudes. Sobrevivieron principalmente algunos heterohelícidos pequeños y seriados, que eran de estrategia r y estaban más adaptados a altas latitudes. Los pequeños foraminíferos bentónicos que vivían en los grandes fondos marinos fueron mucho menos afectados, pero las pocas especies que se extinguieron lo hicieron también en coincidencia con el nivel de las evidencias de impacto meteorítico (Alegret et al., 2003; Alegret en Molina et al., 2006a). Por lo tanto, este patrón de extinción puede ser calificado de súbito (Molina, 2015).

Actualmente está muy bien documentado que la causa desencadenante fue el impacto de un gran meteorito en el norte de la península de Yucatán que produjo un cráter de unos 170 km de diámetro. El impacto habría producido grandes cambios de temperatura, lluvia ácida, oscurecimiento global y otros efectos catastróficos de escala global. Dado que el patrón de extinción súbito coincide exactamente con el nivel de evidencias de impacto, existe un consenso bastante amplio por establecer la relación de causa y efecto entre impacto y extinción. Sin embargo, algunos investigadores se creen el patrón gradual de extinción de Gerta Keller, que es erróneo debido al efecto Signor-Lipps, y prefieren pensar que la causa desencadenante fue el vulcanismo masivo en el Deccan (India).

EVENTO DEL LÍMITE PALEOCENO/EOCENO

El límite P/E fue definido en el corte de Dababiya (Egipto) y datado en 56,0 Ma. El criterio utilizado fue una anomalía negativa del $\delta^{13}C$ que coincide con una crisis de extinción en masa de los pequeños foraminíferos bentónicos batiales y abisales (Alegret et al. 2005). Este evento se caracteriza por un calentamiento global que tuvo un evento hipertermal justo en el límite P/E. Para la mayoría de los organismos el aumento de temperatura fue beneficioso y se diversificaron mucho casi todos los animales y plantas. Lemoine en el siglo XIX, así como Teilhard de Chardin y Russell en en el siglo XX pusieron de manifiesto una gran radiación de mamíferos, denominada "evento de dispersión de mamíferos", que ocuparon muchos de los nichos ecológicos que habían dejado vacantes los dinosaurios. La vegetación tropical-subtropical se extendió hacia los polos y lo mismo ocurrió con casi todas las especies animales.

Los foraminíferos planctónicos, especialmente los acarinínidos y muchos morozovélidos, también se diversificaron y migraron hacia altas latitudes, lo cual ha sido documentado en varios cortes españoles, tales como Alamedilla (Granada), Caravaca (Murcia) y Zumaya (Guipúzcoa), donde se observa su apogeo en relación con la arcilla del límite y no se producen extinciones significativas (Canudo y Molina, 1992; Molina et al., 1994, 1999; Arenillas y Molina, 1996, 2000). Sin embargo, los pequeños foraminíferos bentónicos batiales y abisales fueron muy afectados, extinguiéndose casi la mitad de las especies a escala mundial. Concretamente en el corte de Alamedilla se observa la extinción del 37% de las especies en un intervalo de 30 cm por debajo de la arcilla disóxica con disolución de carbonatos, y un patrón similar se observa también en Caravaca y Zumaya (Schmitz et al., 1997; Alegret et al., 2009, 2010; Zili et al., 2009). Las formas que se extinguieron eran principalmente especies con conchas calcíticas, muchas de las cuales habían sobrevivido a la crisis del límite K/Pg. El evento de extinción de los pequeños foraminíferos bentónicos presenta un patrón de extinción gradual rápido, que aconteció en aproximadamente 100.000 años (Molina, 2015).

La causa desencadenante más plausible fue propuesta por Owen y Rea en 1992: la apertura del Atlántico norte, generó un intenso vulcanismo, un aumento de la actividad hidrotermal, liberó grandes cantidades de dióxido de carbono, produciendo efecto invernadero y un aumento gradual de la temperatura. Además, Dickens y otros propusieron en 1997 que cuando el calentamiento afectó a los fondos marinos se liberaron los hidratos de metano y se produjo un rápido evento hipertermal. Así se alcanzó la temperatura más alta de todo el Terciario, los fondos oceánicos se volvieron anóxicos o hipóxicos, el nivel de compensación de la calcita subió varios cientos de metros y se produjo una subida del nivel del mar.

EVENTO DEL TRÁNSITO EOCENO MEDIO–EOCENO SUPERIOR (BARTONIENSE-PRIABONIENSE)

Es el evento peor conocido entre los aquí descritos y el límite entre los pisos Bartoniense/Priaboniense aún no ha sido definido oficialmente, aunque se sitúa muy imprecisamente alrededor de los 38 Ma. Prothero en 1994 describe la transición Eoceno-Oligoceno como un "paraíso perdido", en el que se extinguen muchos organismos continentales desde que se inicia el enfriamiento en el Eoceno medio. En los medios marinos, otros como Hansen en 1987 y Hickman en 2003, pusieron de manifiesto la extinción de muchos moluscos de aguas cálidas. Hallock y otros en 1991 indicaron que muchas especies de macroforaminíferos también se extinguieron en este evento.

Los foraminíferos planctónicos sufrieron una de las crisis principales de su historia. Las especies muricadas y carenadas del género *Morozovelloides* se extinguieron, así como la mayoría de las especies del género *Acarinina*. El patrón de extinción gradual lento del 33% de las especies se ha puesto de manifiesto en el corte de Torre Cardela en la provincia de Granada (Gonzalvo y Molina 1996). El patrón de extinción muestra dos escalones de intensidad, al principio en que se extingue el género *Orbulinoides* y al final en que se extinguen las formas muricadas y carenadas. El largo proceso de extinción se registra en 35 m, que suponen 2 Ma, desde hace 40 a 38 Ma, y puede ser considerado como una extinción gradual lenta (Molina, 2015).

La causa desencadenante de este evento sería el aislamiento de la Antártida, que dio lugar al establecimiento de una corriente circum-antártica y generó un enfriamiento climático en aquel continente. Según Shackleton y Kennett en 1975, al cubrirse el polo sur de nieve y hielo permanente se produjo efecto albedo y el enfriamiento se hizo global generando una glaciación. Por tanto, estas causas geológicas produjeron la extinción gradual de las especies adaptadas a medios cálidos.

EVENTO DEL LÍMITE EOCENO/OLIGOCENO

El límite E/O fue definido en Massignano (Italia) en el nivel donde se produce la extinción de los hantkenínidos (foraminíferos planctónicos) y ha sido datado en 33,9 Ma. Los mamíferos son uno de los grupos que más fueron afectados, sufriendo una gran renovación denominada "gran ruptura faunística de Stehlin" que ha sido muy bien documentada en Europa por Hartenberger en 1998. Por otro lado, Hickman en 2003 encontró en América que los moluscos tropicales muestran otro evento de extinción al comienzo de la glaciación Oi-1, que se produjo en el Oligoceno basal.

Los foraminíferos planctónicos estudiados en los cortes granadinos de Torre Cardela, Fuente Caldera y Molino de Cobo (Martínez Gallego y Molina, 1975; Molina, 1986; Molina et al., 1988, 1993, 2006) y en Massignano (Gonzalvo y Molina, 1992) se extinguen de forma gradual en un intervalo de 1 m de potencia que representa aproximadamente 40.000 años. La extinción afectó al 31% de las especies que existían, primero se extinguieron los turborotálidos carenados y después los hantkenínidos espinosos, que estaban adaptados a aguas cálidas. Por tanto, el patrón es claramente de extinción en masa gradual rápida (Molina, 2015).

La causa desencadenante fue la misma que afectó al evento anterior, es decir el aislamiento de la Antártida que provocó un nuevo pulso de enfriamiento que culminó en el Oligoceno inferior. Además, se cerró el estrecho de Turgai entre Europa y Asia, lo cual produjo el gran intercambio faunístico de la "gran ruptura faunística de Stehlin". Tras la propuesta de la teoría impactista por Álvarez y otros en 1980, se propuso que este evento también habría sido desencadenado por impactos de meteoritos o cometas de forma periódica y cíclica, ya que en el Eoceno superior existen al menos tres eventos de impacto muy bien documentados. Sin embargo, las extinciones no coinciden con los impactos, ya que se sitúan en el Priaboniense medio y no se puede establecer la relación de causa y efecto (Molina et al., 1993, 2006b). Los meteoritos no fueron lo suficientemente grandes ni la catástrofe de alcance mundial para producir extinción en masa.

EVENTO DE EXTINCIÓN DEL PLEISTOCENO

El Cuaternario está caracterizado por una serie de glaciaciones y su base se ha definido recientemente en 2,58 Ma. Durante el Pleistoceno (2,58-0,0117 Ma) la megafauna muestra bastantes fluctuaciones y una considerable pérdida de diversidad de los grandes vertebrados, extinguiéndose muchos que habían evolucionado en el Terciario y sustituido a los dinosaurios. La inicial dispersión de los homínidos en Eurasia hace aproximadamente 1,5 Ma no parece haber tenido una influencia tan relevante en la extinción de la megafauna como los cambios climáticos (Palombo, 2014). En las regiones frías del hemisferio norte evolucionó una fauna de grandes mamíferos peludos, tales como los mamuts, que sobrevivieron a los periodos interglaciares. En América el cierre del istmo de Panamá hace unos 3 Ma generó un gran intercambio faunístico que produjo más diversidad y extinción en América del sur. En Australia, la mayor parte de las extinciones de la megafauna se produjeron antes de la llegada de los homínidos hace 0,046 Ma (Wroe et al., 2013).

En los fondos marinos (600-4000m) en el Plioceno superior hace 3,6 Ma se inició una extinción en masa de seis familias de foraminíferos (105 especies), sobreviviendo una sola especie hasta la actualidad. Esta extinción tuvo su auge durante el Pleistoceno medio (1,2-0,55 Ma) en que se extinguieron 76 de las 105 especies (Hayward et al., 2012). Esta extinción afectó aproximadamente al 20% de los foraminíferos bentónicos batiales y abisales, se trata claramente de una extinción en masa gradual lenta, que duró casi 3 Ma y tuvo varios escalones o pulsaciones de intensidad siendo el más intenso el del Pleistoceno medio.

La causa desencadenante de estas extinciones fueron las grandes variaciones orbitales (Milankovitch) de la Tierra que produjeron los cambios climáticos de las glaciaciones cuaternarias, especialmente la transición climática del Pleistoceno medio, que pasó de ciclos cortos de 0,04 Ma a ciclos largos de 0,1 Ma. En los medios marinos descendió la temperatura del fondo, aumentó la disolución de carbonatos y declinó el suministro de alimento de fitoplancton fuente de los detritos del que se alimentaban los foraminíferos bentónicos. En los medios terrestres los periodos glaciares fueron los que más extinciones causaron, aunque muchas especies de la megafauna sobrevivieron, algunas aisladas, hasta que el *Homo sapiens* produjo su extinción en el siguiente evento.

EVENTO DE EXTINCIÓN EN MASA ACTUAL

Este evento es conocido como la sexta gran extinción en masa, que fue popularizada por Leakey y Lewin en 1995 y ha sido puesta de manifiesto también en Aragón (Molina y Lorente, 2000). La extinción está ocurriendo desde que la especie humana salió de África para extenderse por todo el mundo y se puede dividir en tres fases (Molina, 2008). La primera comenzó cuando los primeros *Homo sapiens* se dispersaron fuera de África hace unos 100.000 años, la segunda comenzó con el Holoceno al desarrollarse la agricultura hace unos 10.000 años y la tercera comenzó con el Antropoceno y con el calentamiento climático actual.

En África y Eurasia la fauna ya estaba adaptada a la coexistencia con los homínidos, pero los Neandertales se extinguieron unos 10.000 años después de que los *H. sapiens* llegaran a Europa y otros grandes mamíferos también se extinguieron. En Australia las últimas extinciones de la megafauna se produjeron hace unos 40.000 años cuando llegaron los humanos modernos y les dieron "el golpe de gracia" (Elias y Schreve, 2013). Lo mismo ocurrió en América desde hace unos 12.500 años, en Madagascar hace unos 2.000 años y en Nueva Zelanda hace tan solo unos 1.000 años. La mayoría de los grandes mamíferos peludos se extinguieron a final del último periodo glaciar, pero algunos Mamut sobrevivieron aislados hasta hace tan solo 4.000 años (Pastor y Moen, 2004). La segunda fase comenzó hace unos 10.000 años con la invención y desarrollo de la agricultura y la ganadería, que permitió superar el límite natural de los ecosistemas locales y comenzar a superpoblar. La tercera fase se ha iniciado con el desarrollo de la industria, quemando los combustibles fósiles y generando calentamiento global. La acción destructora de la especie humana sobre la naturaleza suele tener tres modalidades principales: sobreexplotación (caza y pesca), introducción (invasión) de especies exóticas y destrucción de hábitat naturales. Así se ha extinguido la mayor parte de la megafauna que había sobrevivido a la extinción del Pleistoceno. Según Sepkoski y otros actualmente se extinguen unas 100 especies diarias de todo tipo de organismos, pero la diversidad aún es alta y la sexta extinción en masa aún no se ha completado, aunque el patrón de extinción parece ser en masa gradual rápido.

La causa desencadenante de este evento está muy bien conocida y es de tipo biológico: la extraordinaria proliferación de la especie humana. La superpoblación y el modo de vida no sostenible tienen unos efectos muy destructivos sobre el medio ambiente, la flora y la fauna. Existe un gran consenso de que el reciente calentamiento global está causado por el hombre, como ponen de manifiesto los informes del IPCC de la ONU. Debido al calentamiento se están derritiendo los glaciares y la consiguiente subida del nivel del mar tendrá efectos muy catastróficos sobre nuestra civilización. El hombre es una especie muy oportunista que puede que no llegue a extinguirse pronto, pero el colapso de nuestra civilización parece inevitable si no se ponen los medios necesarios para detener esta sexta extinción en masa.

CONCLUSIONES

Los eventos expuestos indican que los patrones de extinción en masa pueden ser de varios tipos: extinción en masa súbita, extinción en masa rápida y extinción en masa lenta. La extinción en masa súbita ocurre casi instantáneamente a la escala geológica y el proceso dura algunos años o décadas (K/Pg). La extinción en masa rápida ocurre gradualmente en periodos de corta duración de alrededor de 0,1 Ma (C/T, P/E, E/O y Q2). La extinción en masa lenta ocurre de forma más o menos gradual en periodos de larga duración de alrededor de 1 Ma (BRT-PRB y Q1). El modelo de extinciones escalonadas propuesto por algunos autores podría asimilarse a la extinción en masa lenta, cuyo proceso gradual puede tener distintas pulsaciones de intensidad. Sin embargo, en otros casos se trata de eventos de extinción próximos pero distintos.

Los eventos aquí estudiados ocurrieron hace 93,9, 66,0, 56,0, 40-38, 33,9, 2,58-0,55 y 0,1 Ma, la mayor parte de estos eventos fueron utilizados por algunos autores para proponer una ciclicidad, causada por impactos meteoríticos, que evidentemente no existe. Los impactos meteoríticos son una causa desencadenante excepcional de extinción en masa, que solo ha sido bien documentada en el K/Pg. Sin embargo, los impactos meteoríticos en el Eoceno superior y los cometas en el Cuaternario no tuvieron la suficiente magnitud para provocar una catástrofe global.

En definitiva, las causas desencadenantes han de ser compatibles con los patrones de extinción y son de tres tipos: extraterrestres (impactos de grandes meteoritos, variaciones astronómicos), geológicas (tectónica que genera vulcanismo y otros fenómenos) y biológicas (enorme proliferación de una especie). Las causas biológicas de competición y selección natural son las que actúan normalmente produciendo la extinción de fondo. La extraordinaria proliferación de la especie humana, que está desencadenando una extinción en masa, es una causa muy excepcional. Una vez desencadenado un evento de extinción, existen unas causas próximas que completan el proceso, entre ellas el cambio climático está siempre presente. Otras causas próximas son la anoxia en los fondos oceánicos, la lluvia ácida y los cambios de nivel del mar, entre otras.

REFERENCIAS

Álvarez, L.W., 1997. *T. rex* and the Crater of Doom. Princeton University Press, 202 pp

Álvarez, L.W., Álvarez, W., Asaro, F., Michel, H.V., 1980. Extraterrestrial cause for the Cretaceous-Tertiary extinction. Science 208, 1095-1108.

Alegret, L., Molina, E., Thomas, E., 2003. Benthic foraminiferal turnover across the Cretaceous/Paleogene boundary at Agost (southeastern Spain): paleoenvironmental inferences. Marine Micropaleontology 48, 251-279.

Alegret, L., Ortiz, S., Arenillas, I., Molina, E., 2005. Paleoenvironmental turnover across the Paleocene/Eocene Boundary at the Stratotype section in Dababiya (Egypt) based on benthic foraminifera. Terra Nova 17, 526-536.

Alegret, L., Ortiz, S., Molina, E., 2009. Extinction and recovery of benthic foraminifera across the Paleocene-Eocene Thermal Maximum at the Alamedilla section (Southern Spain). Palaeogeography, Palaeoclimatology, Palaeoecology 279, 186-200.

Alegret, L., Ortiz, S., Arenillas, I., Molina, E., 2010. What happens when the ocean is overheated? Geological Society of America Bulletin 122, 1616-1624.

Arenillas, I., Molina, E., 1996. Bioestratigrafía y evolución de las asociaciones de foraminíferos planctónicos del tránsito Paleoceno-Eoceno en Alamedilla (Cordilleras Béticas). Revista Española de Micropaleontoleontología 18, 75-96.

Arenillas, I., Molina, E., 2000. Reconstrucción paleoambiental con foraminíferos planctónicos y cronoestratigrafía del tránsito Paleoceno-Eoceno de Zumaya (Guipúzcoa). Revista Española de Micropaleontología 32, 283-300.

Arenillas, I., Arz, J.A., Molina, E., Dupuis, C., 2000a. An independent test of planktic foraminiferal turnover across the Cretaceous/Paleogene (K/P) boundary at El Kef, Tunisia: catastrophic mass extinction and possible survivorship. Micropaleontology 46, 31-49.

Arenillas, I., Arz, J.A., Molina, E., Dupuis, C., 2000b. The Cretaceous/Tertiary boundary at Aïn Settara, Tunisia: sudden catastrophic mass extinction in planktic foraminifera. Journal of Foraminiferal Research 30, 202-218.

Arz, J.A., Arenillas, I., Molina, E., Dupuis, C., 1999. Los efectos tafonómico y "Signor-Lipps" sobre la extinción en masa de foraminíferos planctónicos en el límite Cretácico/Terciario de Ellès (Tunicia). Revista de la Sociedad Geológica de España 12, 251-267.

Canudo, J.I., Molina, E., 1992. Planktic foraminiferal faunal turnover and bio-chronostratigraphy of the Paleocene-Eocene boundary at Zumaya (Northern Spain). Revista de la Sociedad Geológica de España 5, 145-157.

Elias, S., Schreve, D., 2013. Vertebrate records: Late Pleistocene magafaunal extinctions. Encyclopedia of Quaternary Science. Elsevier. 700-712.

Gonzalvo, C., Molina, E., 1992. Bioestratigrafía y cronoestratigrafía del tránsito Eoceno-Oligoceno en Torre Cardela y Massignano (Italia). Revista Española de Paleontología 7, 109-126.

Gonzalvo, C., Molina, E., 1996. Bioestratigrafía y cronoestratigrafía del tránsito Eoceno medio-Eoceno superior en la Cordillera Bética. Revista Española de Micropaleontología 27, 25-44.

Hallan, A., Wignall, P., 1997. Mass Extinctions and Their Aftermath. Oxford University Press, 320 pp.

Hayward, B.W., Kawagata, S., Sabaa, A.T., Grenfell, L., Van Kerckhoven, L., Johnson, K., Thomas, E., 2012. The last global extinction (mid-Pleistocene) of deep-sea benthic foraminifera (Chrysaloganiidae, Ellipsoidinidae, Glandulonodosariidae, Plectofrondiculariidae, Stilostomellidae), their late Cretaceous-Cenozoic history and taxonomy. Cushman Foundation for Foraminiferal Research, Special Publication 43, 408 pp.

Martínez Gallego, J., Molina, E., 1975. Estudio del tránsito Eoceno-Oligoceno con foraminíferos planctónicos al Sur de Torre Cardela (Provincia de Granada, Zona Subbética). Cuadernos de Geología 6, 177-195.

Molina, E., 1986. Description and biostratigraphy of the main reference section of the Eocene/Oligocene boundary in Spain: Fuente Caldera section. Developments in Paleontology and Stratigraphy 9, 53-63.

Molina, E., 2006. Evidencias y causas de los principales eventos del Paleógeno basadas en los patrones de extinción y supervivencia de los foraminíferos. Revista Española de Paleontología 21(2), 159-173.

Molina, E., 2007. Causas de los principales eventos de extinción en los últimos 66 millones de años. Revista de la Real Academia de Ciencias de Zaragoza 62, 37-64.

Molina, E., 2008. Etapas y causas de la sexta extinción en masa. Actas X Jornadas Aragonesas de Paleontología, 187-203.

Molina, E., 2015. Evidence and causes of the main extinction events in the Paleogene based on extinction and survival patterns of foraminifera. Earth-Science Reviews 140, 166-181.

Molina, E., Lorente, J.M., 2000. Causas e incidencias de la última extinción en masa en Aragón. Naturaleza Aragonesa 6, 20-25.

Molina, E., Keller, G., Madile, M., 1988. Late Eocene to Oligocene events: Molino de Cobo, Betic Cordillera, Spain. Revista Española de Micropaleontología 20, 491-514.

Molina, E., Gonzalvo, C., Keller, G. 1993. The Eocene-Oligocene planktic foraminiferal transition: extinctions, impacts and hiatuses. Geological Magazine 130, 483-499.

Molina, E., Canudo, J.I., Martínez, F., Ortiz, N., 1994. Integrated Stratigraphy across the Paleocene/Eocene boundary at Caravaca, Southern Spain. Eclogae Geologicae Helvetiae 87, 47-61.

Molina, E., Arenillas, I., Arz, J.A., 1996. The Cretaceous/Tertiary boundary mass extinction in planktic foraminifera at Agost, Spain. Revue de Micropaléontologie 39, 225-243.

Molina, E., Arenillas, I., Arz, J.A., 1998. Mass extinction in planktic foraminifera at the Cretaceous/Tertiary boundary in subtropical and temperate latitudes. Bulletin de la Société géologique de France 169, 351-363.

Molina, E., Arenillas, I., Pardo, A., 1999. High resolution planktic foraminiferal biostratigraphy and correlation across the Paleocene/Eocene boundary in the Tethys. Bulletin de la Société géologique de France 170, 521-530.

Molina, E., Alegret, L., Arenillas, I., Arz, J.A., 2005. The Cretaceous/Paleogene boundary at the Agost section revisited: paleoenvironmental reconstruction and mass extinction pattern. Journal of Iberian Geology 31, 135-148.

Molina E., Alegret L., Arenillas I., Arz JA., Gallala N., Hardenbol J., Von Salis K., Steurbaut E., Vandenbeghe N., Zaghbib-Turki D., 2006a. The Global Boundary Stratotype Section and Point for the base of the Danian Stage (Paleocene, Paleogene, "Tertiary", Cenozoic) at El Kef, Tunisia: original definition and revision. Episodes 29, 263-278.

Molina, E., Gonzalvo, C., Ortiz, S., Cruz, L.E., 2006b. Foraminiferal turnover across the Eocene-Oligocene transition at Fuente Caldera, southern Spain: no cause-effect relationship between meteorite impacts and extinctions. Marine Micropaleontology 58, 270-286.

Palmer, T., 2003. Perilous Planet Earth. Cambridge University Press, 522 pp.

Palombo, M.R., 2014. Deconstructin mammal dispersals and faunal dynamics in SW Europe during the Quaternary. Quaternary Science Reviews 96, 50-71.

Pastor, J., Moen, R.A., 2004. Ecology of ice-age extinctions. Nature 431, 639-640.

Raup, D.M., 1991. Extinction: Bad Genes or Bad Luck? Norton and Company, New York, 210 pp.

Reolid, M., Sánchez-Quiñónez, C.A., Alegret, L., Molina, E., 2015. Palaeoenvironmental turnover across the Cenomanian-Turonian transition in Oued Bahloul, Tunisia: Foraminifera and geochemical proxies. Palaeogeography, Palaeoclimatology, Palaeoecology 417, 491-510.

Sánchez-Quiñónez C.A., Alegret L., Aguado R., Delgado A., Larrasoaña J.C., Martín-Algarra A., O'Dogherty L., Molina E., 2010. Foraminíferos del tránsito

Cenomaniense-Turoniense en la sección de El Chorro, Cordilleras Béticas, sur de España. Geogaceta 49, 23-26.

Schmitz, B., Asaro, F., Molina, E., Monechi, S., Von Salis, K., Speijer, R.P., 1997. High-resolution iridium, $\partial^{13}C$, $\partial^{18}O$, foraminifera and nannofossil profiles across the latest Paleocene benthic extinction event at Zumaya, Spain. Palaeogeography, Palaeoclimatology, Palaeoecology 133, 49-68.

Ward, P., 1994. The End of Evolution. Bantam Books, 302 pp.

Wroe, S., Field, J.H., Archer, M., Grayson, D.K., Price, G.J., Louys, J., Faith, J.T., Webb, G.E., Davidson, I., Mooney, S.D., 2013. Climate change frames debate over the extinction of megafauna in Sahul (Pleistocene Australia-New Guinea). PNAS 110, 8777-8781.

Zili, L., Zagbib-Turki, D., Alegret, L., Arenillas, I., Molina, E., 2009. Foraminiferal turnover across the Paleocene/Eocene boundary at the Zumaya section, Spain: record of a bathyal gradual mass extinction. Revista Mexicana de Ciencias Geológicas 26, 729-744.

RESÚMENES

Calibración de los bioeventos de nanofósiles del Bajociense respecto a las zonas de ammonites y a la estratigrafía isotópica en el Subbético de la Cordillera Bética

Aguado, Roque[a]*; Sandoval, José*[b]*; O'Dogherty, Luis*[c]

[a] Departamento de Geología y CEACT, Universidad de Jaén, 23700 Linares, España, Email: raguado@ujaen.es

[b] Departamento de Estratigrafía y Paleontología, Universidad de Granada, 18071 Granada, España

[c] Departamento de Ciencias de la Tierra, Universidad de Cádiz, CASEM, 11510 Puerto Real, España

Desde su aparición en el Triásico, el nanoplancton calcáreo se convirtió en un componente significativo del fitoplancton a lo largo del Jurásico Inferior y Medio, y sus restos esqueletales (nanofósiles) son uno de los constituyentes fundamentales de los sedimentos carbonatados marinos a lo largo del Mesozoico y Cenozoico (Bown et al., 2004). La evolución de los nanofósiles a lo largo del Jurásico proporciona una sucesión de bioeventos habitualmente utilizados en bioestratigrafía (Bown et al., 1988; Mattioli y Erba, 1999). Desafortunadamente, algunos de esos bioeventos no están aún bien calibrados con respecto a la bioestratigrafía de ammonites debido a su diacronismo, a errores (registro estratigráfico o paleontológico incompletos, resedimentaciones) o a la ausencia de una bioestratigrafía de ammonites refinada en las secciones donde fueron estudiados. Con objeto de paliar las inconsistencias encontradas en la sucesión de bioeventos de nanofósiles del Bajociense, se ha realizado una investigación detallada de las asociaciones en 4 secciones (Agua Larga, Cagasebo, Casa de Chimeneas y Puerto Escaño) con una bioestratigrafía de ammonites refinada y pertenecientes al Subbético de la Cordillera Bética. En su conjunto, las secciones investigadas cubren el intervalo Bajociense Inferior – Bajociense Superior bajo (Zona de Discites – Zona de Niortense de ammonites). En total, la investigación ha supuesto el estudio de más de 200 muestras distribuidas entre las diferentes secciones. Se prepararon frotis estándar para estudio cuantitativo (Geisen et al., 1999) de las muestras y se investigaron mediante un microscopio petrográfico a 1200 aumentos. En cada frotis se contaron al menos 300 especímenes y se calcularon los porcentajes (abundancias relativas) de cada especie, aunque aquí sólo presentamos los resultados del estudio bioestratigráfico.

La preservación observada en los nanofósiles varía de moderada a pobre. Las asociaciones del Bajociense inferior (Zonas de Discites y Subzona de Ovale) están dominadas por *Crepidolithus crassus*, *Schizosphaerella punctulata*, *Discorhabdus* spp. (fundamentalmente *D. striatus*), *Biscutum* spp., *Carinolithus* spp. y *Watznaueria* spp. (sobre todo *W. contracta*). A partir de la parte superior de la Subzona de Laeviuscula se produce una reorganización de las asociaciones de modo que *Watznaueria* spp. (sobre todo *W. britannica*) pasa a dominarlas mientras que *C. crassus* pasa a ser un componente minoritario.

La sucesión de bioeventos observada responde, en general, a la esperada a partir de estudios previos y se describe a continuación. Muy cerca de la base de la Zona de Discites de ammonites, se ha registrado la primera aparición (PA) de *W. britannica*, seguido por la PA de *W.* aff. *manivitiae* próxima al límite entre las zonas de Discites y Laeviuscula. En la parte inferior de la Subzona de Laeviuscula, se registra una disminución en la abundancia en *Crepidolithus crassus* y un incremento en la proporción de *Watznaueria britannica*, al tiempo que se observa la PA de *Watznaueria manivitiae*. Hacia la parte superior de la Subzona de Laeviuscula, se ha registrado la última aparición (UA) de *Triscutum tiziense*, al tiempo que se observa un incremento en la proporción de *W.* gr. *manivitiae* (*W.* aff. *manivitiae* y *W. manivitiae*) en las asociaciones. Entre el final de la Subzona de Laviuscula y el comienzo de la Subzona de Patella de ammonites se produce, por primera vez en todo el Mesozoico, el dominio de *Watznaueria* ssp. respecto a los demás taxones dentro de las asociaciones. La PA de *Diductius constans* se ha registrado justo en el límite entre las Zonas de Propinquans y Humphriesianum de ammonites, mientras que la PA de *Stephanolithion speciosum* se ha observado en el límite entre las subzonas de Humphriesianum y Blagdeni, por tanto relativamente próxima al límite Bajociense Inferior – Bajociense Superior. Finalmente, la UA de *Carinolithus superbus* se ha registrado en la parte superior de la Zona de Niortense (final de la Subzona de Polygyralis) de ammonites.

La sucesión de bioeventos observados permite utilizar, tanto las zonas NJ (Bown et al., 1988) como las NJT (Mattioli y Erba, 1999). De este modo, se han identificado las zonas NJ9 y la parte inferior de la NJ10, además de las NJT9, NJT10a y parte de la NJT10b. Puesto que en la mayor parte de las secciones estudiadas se han realizado estudios previos de estratigrafía isotópica (O'Dogherty et al., 2006), todos los bioeventos de nanofósiles observados han quedado directamente integrados y calibrados respecto a las curvas de isótopos de carbono y oxígeno.

REFERENCIAS

Bown, P.R., Cooper, M.K.E., Lord, A.R., 1988. A calcareous nannofossil biozonation scheme for the early to mid Mesozoic. Newsletters on Stratigraphy 20, 91-114.

Bown, P.R., Lees, J.A., Young, J.R., 2004. Calcareous nannoplankton evolution and diversity through time. In: Thierstein, H.R., Young, J.R. (Eds.), Coccolithophores - From molecular processes to global impact, Springer Verlag, Heidelberg, pp. 481-508.

Geisen, M., Bollmann, J., Herrle, J.O., Mutterlose, J., Young, J., 1999. Calibration of the random settling technique for calculation of absolute abundances of calcareous nannofossils. Micropaleontology 45, 437-442.

Mattioli, E., Erba, E., 1999. Biostratigraphic synthesis of calcareous nannofossils events in the Tethyan Jurassic. Rivista Italiana di Paleontologia e Stratigrafia 105, 343-376.

O'Dogherty, L., Sandoval, J., Bartolini, A., Bruchez, S., Bill, M., Guex, J., 2006. Carbon–isotope stratigraphy and ammonite faunal turnover for the Middle Jurassic in the Southern Iberian palaeomargin. Palaeogeography, Palaeoclimatology, Palaeoecology 239, 311-333.

Bioestratigrafía del Valanginiense (*pro parte*) mediante nanofósiles calcáreos y su calibración con respecto a las zonas de ammonites en el Subbético Externo (Cordillera Bética, SE España) - implicaciones paleobiogeográficas

Aguado, Roque[a]*; Company, Miguel*[b]*; Gea, Ginés A. de* [c]*; Nieto, Luis M.*[c]*; Castro, José M.*[c]*; Molina, José M.*[c]*; Ruiz-Ortiz, Pedro A.*[c]

[a] Departamento de Geología y CEACT, Universidad de Jaén, 23700 Linares, España, Email: raguado@ujaen.es

[b] Departamento de Estratigrafía y Paleontología, Universidad de Granada, 18071 Granada, España

[c] Departamento de Geología y CEACT, Universidad de Jaén, 23071 Jaén, España

El Cretácico Inferior estuvo caracterizado por importantes cambios paleoceanográficos y paleoclimáticos que ocurrieron a veces de forma acelerada, dando lugar a los denominados episodios de cambio ambiental. Uno de estos episodios corresponde al "evento Weissert" del Valanginiense sobre el que han aparecido numerosos trabajos multidisciplinares (p.e. Duchamp-Alphonse et al., 2007; Barbarin et al., 2012). Una bioestratigrafía detallada debe constituir siempre el esquema de base para el abordaje de este tipo de trabajos. Se ha acometido el estudio de los nanofósiles calcáreos de dos secciones (Y.P e Y.G), bien datadas mediante ammonites, y pertenecientes a la unidad de Loma Solana (Subbético Externo de la Cordillera Bética), con objeto de refinar su marco bioestratigráfico. El intervalo estudiado abarca el Valanginiense inferior tardío y casi todo el Valanginiense superior, incluyendo el "evento Weissert". Se realizó un muestreo detallado (149 muestras) a partir del que se prepararon frotis estándar que se investigaron al microscopio petrográfico a 1200 aumentos.

La preservación de los nanofósiles resultó moderada a buena, y las asociaciones aparecen dominadas por taxones cosmopolitas (*Watznaueria barnesiae, Diazomatolithus lehmanii*, y *Cyclagelosphaera margerelii*) y tethísicos (*Nannoconus steinmannii*). Las especies *Calcicalathina oblongata* y *Cruciellipsis cuvillieri* están presentes y son comunes a lo largo de todo el intervalo investigado. Las muestras más bajas de la sección Y.P (equivalentes a la Subzona de *Valanginites dolioliformis* de ammonites, parte alta del Valanginiense inferior) contienen *C. oblongata, Rhagodiscus dekaenelii, Zeugrhabdotus trivectis, Eiffellithus windii* y *Rucinolithus wisei*, mientras que *Cyclagelosphaera deflandrei* está ausente. En la sección Y.G (Valanginiense superior) se han registrado las sucesivas últimas apariciones de *R. wisei* (Subzona de *Karakaschiceras pronecostatum* de ammonites) y *Tubodiscus verenae* (base de la Subzona de *Olcostephanus niklesi* de ammonites). A causa de la escasez de los representantes del género *Eiffellithus* (*E. primus, E. windii*, y *E. striatus*) resultó imposible aplicar la zonación de Applegate y Bergen (1998) y se optó por la zonación de Bralower et al. (1995), identificándose las subzonas NK3A, NK3B y NK4A, cuyos límites han sido directamente correlacionados con las zonas de ammonites para el Tethys (Company y Tavera, 2015).

La última aparición de *Rucinolithus wisei* se observó recientemente en la Cuenca Vocontiana (SE Francia) hacia el final del Valanginiense inferior (Duchamp-Alphonse et al., 2007; Barbarin et al., 2012), mientras que en la sección Y.G este bioevento tiene lugar claramente dentro del Valanginiense superior. La última aparición de *Tubodiscus verenae*, que se ha registrado dentro del Valanginiense superior en la sección Y.G, presenta una "falsa extinción" en niveles equivalentes del SE de Francia, reapareciendo esporádicamente a partir del final del Valanginiense (Bulot et al., 1996). En el margen de Galicia (Applegate y Bergen, 1988), esta especie presenta un registro continuo a lo largo de todo el Valanginiense y parte del Hauteriviense. Los primitivos representantes del género *Eiffellithus* (*Rothia*), comunes en el proto-Atlántico Norte (Applegate y Bergen, 1988) y área del Mar del Norte (Kessels et al., 2006), presentan un registro más discontinuo en el SE de Francia (Barbarin et al., 2012), y son extremadamente escasos en las secciones Y.P e Y.G. Las diferencias observadas en relación con la última aparición de *R. wisei* pueden ser achacables a su escasez. Sin embargo, las diferencias respecto a la última aparición de *T. verenae* y la distribución del género *Eiffellithus* (*Rothia*) parecen deberse a controles de tipo paleobiogeográfico (provincialismo) y a la presencia de endemismos que dificultan las correlaciones bioestratigráficas mediante nanofósiles, especialmente durante el Valanginiense superior.

REFERENCIAS

Applegate, J.L., Bergen, J.A., 1988. Cretaceous calcareous nannofossil biostratigraphy of sediments recovered from the Galicia Margin, ODP Leg 103. Proceedings ODP Scientific Results 103, 293-348.

Barbarin, N., Bonin, A., Mattioli, E., Pucéat, E., Capetta, H., Gréselle, B., Pittet, B., Vennin, E., Joachimski, M., 2012. Evidence for a complex Valanginian nannoconid decline in the Vocontian basin (South East France). Marine Micropaleontol. 84-85, 37-53.

Bulot, L.C., Blanc, E., Company, M., Gardin, S., Hennig, S., Hoedemaeker, P.J., Leereveld, H., Magniez-Jannin, F., Mutterlose, J., Pop, G., Rawson, P.F., 1996. The Valanginian Stage. Bull. Inst. R. Sc. Nat. Belg., Sciences de la Terre 66-SUPP., 11-18.

Bralower, T.J., Leckie, R.M., Sliter, W.V., Thierstein, H.R., 1995. An integrated Cretaceous microfossil biostratigraphy, in: Berggren, W.A., Kent, D.V., Aubry, M.-P., Hardenbol, J. (Eds.), Geochronology, Time Scales and Global Stratigraphic Correlation. SEPM Spec. Publ. 54, 65-79.

Company, M., Tavera, J.M., 2015. Lower Valanginian ammonite biostratigraphy in the Subbetic Domain (Betic Cordillera, southeastern Spain). Carnets de Géologie 15, 71-88.

Duchamp-Alphonse, S., Gardin, S., Fiet, N., Bartolini, A., Blamart, D., Pagel, M., 2007. Fertilization of the northwestern Tethys (Vocontian basin, SE France) during Valanginian carbon isotope perturbation: Evidence from calcareous nannofossils and trace element data. Palaeogeography, Palaeoclimatology, Palaeoecology 243, 132-151.

Kessels, K., Mutterlose, J., Michalzik, D., 2006. Early Cretaceous (Valanginian – Hauterivian) calcareous nannofossils and isotopes of the northern hemisphere: proxies for the understanding of Cretaceous climate. Lethaia 39, 157-172.

Consecuencias de eventos hipertermales sobre las asociaciones de foraminíferos bentónicos del Paleógeno

Alegret, Laia[a,b]*; Arreguín-Rodríguez, Gabriela de Jesús*[a]*;*
Safadi, Sara[a]*; Pericas, J. Enrique*[a]

[a] Departamento de Ciencias de la Tierra, Universidad de Zaragoza, 50009 Zaragoza, España, laia@unizar.es
[b] Instituto Universitario de Ciencias Ambientales de Aragón, Universidad de Zaragoza, 50009 Zaragoza, España

La tendencia al calentamiento global durante el Paleoceno y Eoceno inicial se vio puntuada por una serie de perturbaciones en el ciclo del carbono, manifestadas a modo de excursiones negativas del $\delta^{13}C$ en carbonatos (Littler et al., 2014). Estas perturbaciones, también llamadas eventos hipertermales, se han asociado a periodos más o menos prolongados de elevada temperatura y ascenso del nivel de compensación de la calcita (CCD) en los océanos. El mayor de los eventos hipertermales, el Máximo Térmico del Paleoceno-Eoceno (PETM, hace 55,5 Ma), coincide con la mayor extinción de foraminíferos bentónicos en medios profundos de todo el Cenozoico y con variaciones en el tamaño de las conchas en algunas especies supervivientes. Por el contrario, las consecuencias de otros eventos hipertermales de menor magnitud sobre las asociaciones de foraminíferos bentónicos no han sido documentadas en detalle.

Se presenta un estudio integrado de la evolución de los foraminíferos bentónicos de medios profundos a lo largo de distintos eventos de perturbación del ciclo del carbono del Paleoceno y Eoceno, incluyendo el evento del Dan-C2 (Daniense, hace 65,8 Ma, unos 200 ka tras el límite Cretácico/Paleógeno), el Máximo Térmico del Paleoceno-Eoceno (hace 55,5 Ma), el ETM2 (53,7 Ma), H2 (53,6 Ma) y el evento ETM3 (52,43 Ma), según las dataciones de Littler et al. (2014) y el modelo de edad integrado de D´haenens et al. (2014). La comparación de las tasas de extinción de foraminíferos bentónicos a través de estos eventos refleja que únicamente se produjeron extinciones y una reducción en el tamaño de sus conchas durante el PETM, mientras que no se observan extinciones ni variaciones de tamaño estadísticamente significativas en el resto de los eventos analizados. No obstante, las asociaciones de foraminíeros tras cada uno de estos eventos, salvo el Dan-C2, muestran elementos en común que indican similitudes en la respuesta frente al calentamiento de las aguas profundas oceánicas.

La magnitud del calentamiento (5-9ºC durante el PETM, 3-5ºC durante el ETM2, 1-2ºC durante el H2 y probablemente durante el ETM3; ver referencias en Payros et al., 2012), y posiblemente el alcance del ascenso del CCD determinaría la severidad del estrés ambiental en los fondos oceánicos, y como consecuencia, la existencia o no de extinciones. La disminución en el tamaño de las conchas de los foraminíferos bentónicos, además de relacionarse con estos factores, está condicionada por múltiples parámetros como la competencia interespecífica.

En cuanto al evento del Dan-C2, la ausencia de cambios significativos en las asociaciones plantea dudas sobre su naturaleza y no es aceptado por algunos autores como un evento hipertermal (Westerhold et al., 2011).

REFERENCIAS

D´haenens, S., Bornemann, A., Claeys, P., Rohl, U., Steurbaut, E., Speijer, R., 2014. A transient deep-sea circulation switch during Eocene Thermal Maximum 2. Paleoceanography 29, doi:10.1002/2013PA002567.

Littler, K., Röhl, U., Westerhold, T., Zachos, J.C., 2014. A high-resolution benthic stable-isotope record for the South Atlantic: Implications for orbital-scale changes in Late Paleocene–Early Eocene climate and carbon cycling. Earth and Planetary Science Letters 401, 18-30.

Payros, A., Ortiz, S., Alegret, L., Orue-Etxebarria, X., Apellaniz, E., Molina, E., 2012. An early Lutetian carbon-cycle perturbation: Insights from the Gorrondatxe section (western Pyrenees, Bay of Biscay). Paleoceanography 27, PA2213, doi:10.1029/2012PA002300.

Westerhold, T., Röhl, U., Donner, B., McCarren, H.K., Zachos, J.C., 2011. A complete high-resolution Paleocene benthic stable isotope record for the central Pacific (ODP Site 1209). Paleoceanography 26, PA2216, doi:10.1029/2010PA002092.

La colección de paleobotánica del Real Jardín Botánico de Córdoba

Álvarez-Vázquez, Carmen; Wagner, Roberto H.
Centro Paleobotánico, Real Jardín Botánico de Córdoba, Avenida de Linneo, s/n, 14004 Córdoba.
E-Mail: paleo.calvarez@jardinbotanicodecordoba.com

INTRODUCCIÓN

La colección de fósiles vegetales del Centro Paleobotánico del Real Jardín Botánico de Córdoba está compuesta por unas 120.000 piezas de todas las edades geológicas. Es la más numerosa de España, y la más completa del mundo en lo que respecta a la flora del Carbonífero español, ya que del total de piezas, unas 117.000 (más del 97%) son de flora carbonífera procedente de yacimientos españoles. El origen de la colección actual está en el contrato de donación firmado en 1983 por R.H. Wagner y el Ayuntamiento de Córdoba, a partir del que se creó un Centro Paleobotánico dentro del Jardín Botánico de Córdoba, con los objetivos principales de conservar, aumentar, investigar y divulgar la colección que se donaba.

LA COLECCIÓN ANTES DE LA DONACIÓN

La colección comienza con las campañas de campo que el paleobotánico holandés W.J. Jongmans realizó entre 1947 y 1957 en diferentes cuencas españolas, contando con el apoyo económico del Consejo Superior de Investigaciones Científicas. Jongmans estuvo acompañado en estos trabajos por B. Meléndez, de la Universidad Central (ahora Complutense) de Madrid, por R.H. Wagner, alumno y ayudante de Jongmans, y por J. Talens, ayudante de Meléndez. El material recogido (varios miles de ejemplares) fue trasladado en su totalidad al Geologisch Bureau en Heerlen, con el compromiso verbal entre Jongmans y Meléndez de depositar una parte significativa del mismo en España una vez finalizara su estudio.

Jongmans publicó entre 1950 y 1957 (sólo o con otros autores) seis artículos con los resultados preliminares de las investigaciones pero, debido a su fallecimiento en 1957, los estudios que se estaban realizando quedaron inconclusos.

Cuando R.H. Wagner se traslada en 1960 a la Universidad de Sheffield (Inglaterra), el Geologisch Bureau le permite llevar con él parte de las colecciones españolas que estaba investigando. La investigación sobre estas colecciones continuó durante los años siguientes, y tanto Wagner como sus alumnos fueron incrementándolas con material procedente de la colaboración en los proyectos del Plan Energético Nacional (a través de ENADIMSA), de los trabajos de investigación para la Sociedad Hullera Vasco-Leonesa, y de varias tesis doctorales.

En este primer periodo, la colección estaba compuesta principalmente por ejemplares procedentes del Estefaniense de la Cordillera Cantábrica: cuencas mineras de Barruelo, Guardo, Sabero, Ciñera-Matallana y La Magdalena.

LA COLECCIÓN DESPUÉS DE LA DONACIÓN

La colección se instala en el Jardín Botánico de Córdoba a finales de 1986. Está depositada en una sala de 185 m2, en muebles de madera con cajones en los que se guardan las cajas de cartón que contienen los fósiles. Las piezas están numeradas según la localidad y tienen etiquetas provisionales (a mano), agrupándose en una misma zona de la sala todos los fósiles de una misma cuenca/área geográfica. Dentro de las cuencas la ordenación se hace en función de los géneros y especies. Esta organización permite un acceso rápido y eficaz a los ejemplares, facilitando el estudio de las colecciones.

En este segundo periodo, y dada la nueva ubicación en el sur de España, la recogida de nuevo material se ha concentrado en las cuencas de Valdeinfierno, Guadiato y Peñarroya-Belmez-Espiel (Córdoba), Valdeviar (Sevilla) y Puertollano (Ciudad Real), aunque también se ha seguido trabajando en la Cordillera Cantábrica.

INVESTIGACIÓN, USO Y FUTURO DE LA COLECCIÓN

Hasta el momento, el valor científico de la colección es el que más se ha potenciado. En total se han publicado 214 trabajos de investigación y 5 tesis doctorales, en los que se han introducido 43 especies nuevas, 4 géneros y 2 familias. Entre todos los artículos publicados destaca el trabajo de síntesis sobre las floras del Carbonífero de la Península Ibérica (Wagner y Álvarez-Vázquez 2010), que resume gran parte de los conocimientos científicos adquiridos en los más de 60 años de vida de la colección. En este trabajo, además de figurar más de un centenar de ejemplares, se demuestra que aunque la historia geológica del Paleozoico de la Península Ibérica es sensiblemente diferente a la del NO de Europa, las floras carboníferas son prácticamente idénticas, por lo que la posición paleogeográfica no pudo ser muy lejana.

Además de la investigación, desde la inauguración en julio de 2002 del Museo de Paleobotánica en las dos plantas añadidas en el siglo XX a un molino renacentista situado en la ribera del río Guadalquivir y anexo al Jardín Botánico, se intenta potenciar el valor educativo y de divulgación de la colección, organizando talleres para escolares y participando en exposiciones temporales (dentro y fuera del Jardín) complementarias a la exposición permanente del museo.

Finalmente indicar que al custodiar e investigar las colecciones de flora carbonífera española más completas del mundo y ser un referente internacional en paleobotánica, el Centro Paleobotánico del Real Jardín Botánico de Córdoba ha asumido como una de sus máximas prioridades seguir incrementándolas mediante campañas de campo que permitan recuperar la mayor cantidad posible de fósiles en las explotaciones mineras todavía activas.

REFERENCIAS

Wagner, R.H., Álvarez-Vázquez, C., 2010. The Carboniferous floras of the Iberian Peninsula: A synthesis with geological connotations. Review of Palaeobotany and Palynology 162, 238-324.

Brachiopod adaptive strategies around the Early Toarcian Extinction Event

Baeza-Carratalá[a]; José F., Reolid, Matías[b]; García Joral, Fernando[c]

[a] Departamento de Ciencias de la Tierra y del Medio Ambiente, Universidad de Alicante. 03690, Alicante, España; jf.baeza@ua.es

[b] Departamento de Geología y CEACT, Universidad de Jaén, 23071 Jaén, España.

[c] Departamento de Paleontología, Facultad de Ciencias Geológicas, Universidad Complutense, José Antonio Novais 2, 28040 Madrid, España.

The Early Toarcian Mass Extinction Event was a conspicuous biotic crisis for the brachiopod fauna. Recent works explain this crisis as a multi-phased with episodes of changing environmental conditions whose onset is detected from the Elisa-Mirabile subzones up to the extinction boundary within the lower Serpentinum Zone (TOAE). Reolid et al. (2014) identified the extinction interval in La Cerradura (Jaen) section (CE), in the hemipelagic facies of the Zegrí Fm, deposited in a subsident trough with expanded sedimentation. These authors settled the CE main TOAE by geochemical and paleontological proxies and dated it within NJT-16 Zone (CNZ) which usually contains the TOAE record, spanning in other Tethyan basins the uppermost Polymorphum-lower Serpentinum zones. Taxonomical analysis performed in an exceptional brachiopods assemblage recorded around this event in CE reveals the presence of *Liospiriferina subquadrata*, *Orthothoma globulina*, *Koninckodonta* gr. *davidsoni* and a new smooth/anteromarginal ribbed Norellidae. Considering the exceptional brachiopod records in CE within the extinction interval, surviving the main TOAE pulse but not reaching the repopulation phase, and analyzing the evolutionary trend of the groups making up the CE assemblage, different strategies developed in the extinction phases are deduced:

Pre-extinction dwarfing. Occurrence in CE of descendant populations smaller than ancestral ones of the same lineage in the extinction interval, prior to the extinction boundary, is explained as an adaptive response to environmental perturbations. Pre-extinction dwarfing related to TOAE is detected in koninckinid fauna by Baeza-Carratalá et al. (2015) as one of the several stages in the koninckinid fauna evolution in the Western Tethys, triggering a Mediterranean-Atlantic exodus. Referring to spiriferinids, a spatial size-decrease gradient from the well-oxygenated to the oxygen depleted NW-European areas is detected in the Tenuicostatum Chronozone (García Joral et al., 2015), also affecting the structure of the assemblages. Minute spiriferinids (e.g. *L. subquadrata*) from Algeria, Portugal and CE are recurrently recorded in the extinction interval, showing a spatial "directional size-decrease trend", as these minute forms are ever recorded neither in the background nor in the repopulation phase. Koninckinid and spiriferinid fauna from CE suggests that this area (together with the African margin) was the place where the dwarfing episode started due the high similarity with the Algerian assemblages.

Resilience. Deep habitats operated as long-term reservoirs where the evolutionary lineages of smooth brachiopods survived the main marine crisis (Vörös, 2005). Deeper-sea fauna is more resilient to extinction events and these areas can be considered as resilient reservoirs to produce/export taxonomic diversity (Thuy et al., 2014). Breakup of the south-Iberian margin could lead the deeper sub-basins as resilient areas (such as CE). Brachiopods recorded in CE are consistent with a smooth stable typical morphotype of deep habitats. High evolutionary stability of this resilient habitats enabled that these forms withstood several perturbations within the extinction interval. They not only survived the main TOAE event in CE, but also developed a radiation during the extinction interval, but not reaching repopulation interval.

Opportunism and homoplasy. Finding in CE of a new Norellid species in the extinction interval and its patent external similarity with *S. bouchardi* (colonizer aftermath extinction), reveals a reasonable case of homoplasy between both taxa. Homoplasy round extinction (so-called Elvis taxa) could appear from the adaptation of different taxa to analogous environmental conditions. The analysis of the internal structure has revealed that the new species is related to Norellidae, and seems not to be phylogenetically related to *S. bouchardi*, which belongs to the Basiliolidae Family. *S. bouchardi* represents an Elvis taxon with the new species, sharing the same morphological pattern. Aditionally, the new species reproduces the possible pattern followed by *S. bouchardi*, distinctive of an opportunistic strategy, and can thus be considered as a "failed crisis progenitor", whereas *S. bouchardi* could be originated in another resilient deep habitat and, in favorable conditions, expanded occupying vacant ecospaces after the extinction boundary, confirming the great dispersal potential of the deep-sea biota.

REFERENCES

Baeza-Carratalá, J.F., García Joral, F., Giannetti, A., Tent-Manclús, J.E., 2015. Evolution of the last koninckinids (Athyridida, Koninckinidae), a precursor signal of the Early Toarcian mass extinction event in the Western Tethys. Palaeogeography, Palaeoclimatology, Palaeoecology 429, 41-56.

García Joral, F., Baeza-Carratalá, J.F., Goy, A., 2015. Size changes in brachiopods associated to the Early Toarcian (Jurassic) Mass Extinction Event. In: Huang,

B., Shen, S. (Eds.): The Brachiopod World. Abstracts for IBC 7. Permophiles 61 (1), 30-31.

Reolid, M., Mattioli, E., Nieto, L.M., Rodríguez-Tovar, F.J., 2014. The Early Toarcian Oceanic Anoxic Event in the External Subbetic (Southiberian Palaeomargin, Westernmost Tethys): geochemistry, nannofossils and ichnology. Palaeogeography, Palaeoclimatology, Palaeoecology 411, 79-94.

Thuy, B., Kiel, S., Dulai, A., Gale, A.S., Kroh, A., Lord, A.R., Numberger-Thuy, L.D., Stöhr, S., Wisshak, M., 2014. First glimpse into Lower Jurassic deep-sea biodiversity: in situ diversification and resilience against extinction. Proc. R. Soc. B 281: 20132624.

Vörös, A., 2005. The smooth brachiopods of the Mediterranean Jurassic: refugees or invaders? Palaeogeography, Palaeoclimatology, Palaeoecology 223, 222-242.

An unexpected discovery in the storage room of the National Museum of Natural History and Science, Lisbon, Portugal: The missing holotypes of the Upper Cretaceous ammonoids *Vascoceras gamai* Choffat, 1898, and *Vascoceras barcoicense* (Choffat, 1898)

Barroso-Barcenilla, Fernando[a,b]; Brandão, José M.[c]; Callapez, Pedro M.[d,e]; Santos, Vanda F.[e,f]

[a] Grupo de Investigación IberCreta, Departamento de Geología y Geografía, Universidad de Alcalá de Henares, 28871 Alcalá de Henares, Spain, Email: fbarroso@geo.ucm.es

[b] Grupo de Investigación Procesos Bióticos Mesozoicos, Departamento de Paleontología, Universidad Complutense de Madrid, 28040 Madrid, Spain

[c] Instituto de História Contemporânea, Centro de Estudos de História e Filosofia da Ciência, Universidade de Évora, 7000-554 Évora, Portugal

[d] Departamento de Ciências da Terra, Faculdade de Ciências e Tecnologia, Universidade de Coimbra, 3030-790 Coimbra, Portugal

[e] Centro de Investigação da Terra e do Espaço, Universidade de Coimbra, 3000-134 Coimbra, Portugal

[f] Museu Nacional de História Natural e da Ciência, Universidade de Lisboa, 1250-102 Lisboa, Portugal

After being given as destroyed by the devastating fire that suffered in March 1978 the National Museum of Natural History (currently National Museum of Natural History and Science), Lisbon, Portugal, the historical holotypes of the Upper Cretaceous ammonite species *Vascoceras gamai* Choffat, 1898 (type of the genus) and *Vascoceras barcoicense* (Choffat, 1898) have been rediscovered in good state of conservation during the work with rescued and stored palaeontological material. After being studied, refigured and discussed (Barroso-Barcenilla et al. in press.), and with the originals and their early labels again available to the research community, these upper Cenomanian specimens can be rehabilitated as holotypes, maintaining and justifying the specific status of both taxa, as same as of *Vascoceras cauvini* Chudeau, 1909, and allowing to detract the subsequently designated lecto- and neotypes (Berthou et al., 1985; Cobban et al., 1989; Callapez and Soares, 2001). In detail, those specimens of *Vascoceras* Choffat, 1898, with compressed and evolute whorls, juvenile ribs, strong umbilical tubercles and relatively large adult size should be assigned to *V. gamai*. Comparatively, those with slightly compressed and moderately involute whorls, nonexistent (or limited to feeble umbilical tubercles) juvenile ornamentation and fine and dense adult ribbing belong to *V. barcoicense*, and those with moderately depressed and involute whorls, and strong and sparse ribbing should be classified as *V. cauvini*.

ACKNOWLEDGEMENTS

Part of this work has been financed by a Research Grant of Ayudas de Movilidad del Personal Docente y Personal Investigador of the Universidad de Alcalá de Henares, and by the Research Projects CGL2011-25894 and CGL2012-35199 of the Ministerio de Ciencia e Innovación (Spain).

REFERENCES

Barroso-Barcenilla, F., Brandão, J.M., Callapez, P.M., Santos, V.F. dos., in press. Rediscovery of the holotypes of the Cenomanian (Upper Cretaceous) ammonites *Vascoceras gamai* Choffat, 1898, and *Vascoceras barcoicense* (Choffat, 1898). Cretaceous Research.

Berthou, P.Y., Chancellor, G.R., Lauverjat, J., 1985. Revision of the Cenomanian-Turonian ammonite *Vascoceras* Choffat, 1898, from Portugal. Comunicações dos Serviços Geológicos de Portugal 71, 55-79.

Callapez, P.M., Soares, A.F., 2001. Fósseis de Portugal: Amonóides do Cretácico Superior (Cenomaniano-Turoniano). Museu Mineralógico e Geológico da Universidade de Coimbra, Coimbra, pp. 106.

Choffat, P.L., 1898. Recueil d'études paléontologiques sur la Faune Crétacique du Portugal, 2: Les Ammonées du Bellasien, des Couches à *Neolobites vibrayeanus*, du Turonien et du Sénonien. Section des Travaux Géologiques du Portugal, Lisbonne, pp. 45.

Chudeau, R., 1909. Ammonites du Damergou (Sahara méridional). Bulletin de la Société Géologique de France 4, 67-71.

Cobban, W.A., Hook, S.C., Kennedy, W.J., 1989. Upper Cretaceous rocks and ammonite faunas of southeastern New Mexico. New Mexico Bureau of Mines and Mineral Resources Memoir 45, 1-137.

Mesozoic nautiloids in the palaeontological collections of the Instituto Superior Técnico of the Universidade de Lisboa, Portugal

Barroso-Barcenilla, Fernando[a, b]*; Costa Pereira, Manuel F.*[c]*;*
Almeida da Rocha, Carla S.[c]

[a] Grupo de Investigación IberCreta, Departamento de Geología y Geografía, Universidad de Alcalá de Henares. 28871 Alcalá de Henares, Spain, Email: fbarroso@geo.ucm.es

[b] Grupo de Investigación Procesos Bióticos Mesozoicos, Departamento de Paleontología, Universidad Complutense de Madrid. 28040 Madrid, Spain

[c] Departamento de Civil, Arquitectura e Georrecursos, Instituto Superior Técnico, Universidade de Lisboa. 1049-001 Lisboa, Portugal

During a research stay developed in October-November 2014 by the first author in Lisboa (Portugal), a revision of the Mesozoic nautiloids nowadays held at the Instituto Superior Técnico (IST) of the Universidade de Lisboa has been developed. The studied cephalopods were collected mainly by Ernest Fleury (1878-1958), Swiss Professor, researcher and responsible of Geological and Palaeontological Didactical Collections, and by Décio Thadeu (1919-1995), Professor of Portuguese Geology and Palaeontology, majoritary in Portuguese classic Mesozoic outcrops (e.g., São Pedro de Moel, Cascais, Falagueira), but also were acquired for didactic purposes by the Instituto Industrial de Lisboa (IIL, mainly in 1852-1869), Instituto Industrial e Comercial de Lisboa (IICL, in 1869-1911) and Geological Commissions of Portugal (Ribeiro 1959; Aires-Barros 1997; Almeida and Carvalhosa, 1999). Among them, the following nautiloid species have been preliminary identified to date: the Lower Jurassic *Cenoceras intermedium* (Sowerby, 1816), *Cenoceras simillimum* (Foord and Crick, 1890), and *Cenoceras* (?) *araris* (Dumortier, 1869); the Lower Cretaceous *Cymatoceras pseudoelegans* (d'Orbigny, 1840), and *Cymatoceras neocomiense* (d'Orbigny, 1840); and the Upper Cretaceous *Angulithes triangularis* Montfort, 1808.

ACKNOWLEDGEMENTS

Part of this work has been financed by a Research Grant of Ayudas de Movilidad del Personal Docente y Personal Investigador of the Universidad de Alcalá de Henares, and by the Research Projects CGL2011-25894 and CGL2012-35199 of the Ministerio de Ciencia e Innovación (Spain).

REFERENCES

Aires-Barros, L., 1997. In Memoriam, Décio Thadeu (1919-1995). Comunicações do Instituto Geológico e Mineiro 83, 173-180.

Almeida, F.M., Carvalhosa, A.B., 1999. O Culto da Geologia: breve resenha histórica sobre a contribuição dos engenheiros de minas portugueses. Boletim de Minas 36, 260.

Dumortier, E., 1869. Études paléontologiques sur les dépôts jurassiques du Bassin du Rhône, 3, Lias moyen. Savy, Paris, pp. 1-348.

Foord, A.H., Crick, G.C., 1890. Description of new and imperfectly defined species of Jurassic Nautili contained in the British Museum (Natural History). Annals and Magazine of Natural History 5, 265-291.

Montfort, D. de., 1808. Conchyliologie systématique, et classification méthodique des coquilles, 1, Coquilles univalves cloisonnées. F. Schoell, Paris, pp. 1-409.

Orbigny, A. d'., 1840. Paléontologie Française, Description des Mollusques et Rayonnés Fossiles, Térrains Crétacées, Céphalopodes, 1 [662 pp. published in parts 1840-1842]. Masson, Paris, pp. 1-120.

Ribeiro, O., 1959. Ernest Fleury e o ensino da Geologia. Boletim da Sociedade Geológica de Portugal 13, 303-308.

Sowerby, J., 1816. The mineral conchology of Great Britain, 2 [251 pp. published in parts 1815-1818]. Meredith, London, pp. 29-116.

Bioestratinomía en ecosistemas mediterráneos: la interpretación de las tafocenosis de mamíferos naturales en antrópicas

Bernáldez-Sánchez, Eloisa[a]; García-Viñas, Esteban[b]; Sánchez-Donoso, Inés[c]; Leonard, Jennifer A.[c]

[a] Laboratorio de Paleobiología, Instituto Andaluz del Patrimonio Histórico, 41092 Sevilla, España. eloisa.bernaldez@juntadeandalucia.es

[b] Departamento de Sistemas Físicos, Químicos y Naturales. Universidad Pablo de Olavide, 41013 Sevilla, España. egarvin@acu.upo.es

[c] Evolutionary and Conservation Genetics Group, Estación Biológica de Doñana (EBD-CSIC), 41092 Sevilla, España. ines.sanchezdonoso@gmail.com, JLeonard@ebd.csic.es

La interpretación tafonómica de las asociaciones fósiles requiere conocer los acontecimientos y los efectos de la actividad carroñera sobre los esqueletos de las carcasas a lo largo del tiempo de exposición. El seguimiento de los procesos postmortem de 46 cadáveres procedentes de 8 especies de mamíferos, con masa de 5 a más de 450 kg, (*Bos taurus*, *Equus caballus*, *Cervus elaphus*, *Dama dama*, *Sus scrofa*, *Herpestes ichneumon*, *Meles meles* y *Vulpes vulpes*) nos ha permitido describir la dinámica de destrucción de los esqueletos de mamíferos terrestres expuestos en el campo. Este estudio se realizó en dos ecosistemas mediterráneos del SW de la Península Ibérica, la Reserva Biológica de Doñana (durante los años 1988 y 1991) y la Sierra Norte de Sevilla (desde el 2004 al 2010).

El análisis estadístico de los datos obtenidos en el seguimiento nos ha permitido cuantificar los efectos destructivos de los carroñeros en tres fases temporales para tres tipos de carcasas de mamíferos terrestres con diferentes rangos de masa corporal. Dichos datos pueden ser usados para medir la intensidad de la actividad carroñera previa a la formación de un depósito óseo y en la interpretación tafonómica de las oryctocenosis de mamíferos como la de Venta Micena en Orce (Bernáldez, 2011). La representación de estas especies en función de la masa corporal nos podría indicar posibles desequilibrios ecológicos que expliquen la frecuencia de cada especie conservada en la asociación fósil e identificar al/ a los posible/s agente/s productor/es.

Durante años hemos seguido los procesos postmortem de cadáveres en dos ecosistemas mediterráneos donde los huesos han ido desapareciendo de la superficie a pesar de que los carnívoros carroñeros como zorros, tejones, meloncillos, perros cimarrones y otros sólo podían o consumir huesos enteros con menos de 80 g o roer los más grandes (Bernáldez, 2011). Lo que pudimos observar a lo largo de este estudio es que la destrucción de los esqueletos se debía principalmente a la actividad carroñera de los jabalíes. En un parque natural de Segovia, donde este suido no formaba parte de la comunidad faunística, se registró una escasa pérdida de huesos en los cadáveres de ciervos seguidos, con excepción de falanges y otros pequeños huesos que fueron transportados por zorros (Cáceres et al., 2008).

Existen trabajos sobre los efectos de la actividad carnívora y carroñera en un determinado momento del muestreo (Behrensmeyer and Millar, 2012) o del seguimiento de uno/s individuo/s de la misma especie (Andrews and Evans, 1983; Bernáldez, 2009; Domínguez-Rodrigo, 2001; Reed, 2009; White and Diedrich, 2012...), pero no de un seguimiento durante años de varias especies de mamíferos desde el que determinar unas pautas temporales de destrucción de los esqueletos. Berhensmeyer y Boaz (1980) midieron esos efectos de la destrucción de cadáveres de ungulados en el Parque Nacional de Amboseli (Kenia) expuestos en el momento del muestreo y observaron que dependía del tamaño de las carcasas, los individuos mejor conservados tenían más de 50 kg, y denominaron *potencial fósil* a la probabilidad de cada especie para formar parte de una posterior asociación fósil. En Doñana y en la Sierra Norte de Sevilla se estimó dicha probabilidad en distintas fases del proceso carroñero actual a través del Índice de Conservación Esquelética o porcentaje de huesos conservados del total de huesos que componían el esqueleto (ICE -SCI) a la que se le denomina *potencialidad fósil*. Los resultados pueden inferirse en la interpretación paleoecológica de las tafocenosis de mamíferos indicándonos el estado de conservación la fase de la actividad carroñera en la que se enterró (Bernáldez, 2009, 2011) y puede caracterizar al agente productor.

Los resultados obtenidos en los estudios bioestratinómicos realizados han sido aplicados, además de en otras tafocenosis naturales del Pleistoceno, en los paleobasureros antrópicos del Holoceno. Se ha obtenido un modelo diversificado de la actividad carroñera de los humanos en los últimos 8000 años en 80 depósitos procedentes de 17 yacimientos arqueológicos con factores similares a los obtenidos para el modelo natural y la entrada de nuevos factores propios de los humanos.

REFERENCIAS

Andrews, P., Evans, E., 1983. Small mammalian bone accumulations produced by mammalian carnivores. Paleobiology 9, 289-307.

Behrensmeyer, A.K., Boaz, D.E.D., 1980. The recent bones of Ambosely National Park, Kenya, in relation to East African paleobiology. In: Behrensmeyer, A.K., Hills, A.P. (Eds.), Fossils in the Making, University Chicago Press, Chicago, pp. 72-92.

Behrensmeyer, A.K., Miller, J.H., 2012. Building links between ecology and paleontology using taphonomic studies of recent vertebrate communities. In: Louys, J. (ed.), Paleontology in Ecology and Conservation: Springer-Verlag, Berlin, pp. 69-91.

Bernáldez, E., 2009. Bioestratinomía de macrovertebrados terrestres de Doñana, Inferencias ecológicas en los yacimientos del S.O. de Andalucía. Archaeopress, Oxford.

Bernáldez, E., 2011. Biostratinomy applied to the interpretation of scavenger activity in paleoecosystems. Quaternary International 243, 161-170.

Cáceres, I., Esteban-Nadal, M., de Lluc Bennásar, M., 2009. Disarticulation and dispersal processes of cervid carcass at the Bosque de Riofrío (Segovia, Spain). Journal of Taphonomy 7, 129-141.

Domínguez-Rodrigo, M., 2001. A study of carnivore competition in riparian and open areas of modern savannas and its implications for hominid behavioral modeling. Journal of Human Evolution 40, 77-98.

Reed, E., 2009. Decomposition and disarticulation of kangaroo carcasses in caves at Naracoorte, South Australia. Journal of Taphonomy 7, 265-284.

White, P.A., Diedrich, C.G., 2012. Taphonomy story of a modern African elephant *Loxodonta Africana* carcass on a lakeshore in Zambia (Africa). Quaternary International 276-277, 287-296.

El *status-quo* del patrimonio paleontológico en las leyes andaluzas: categoría de patrimonio geológico y de interés en el patrimonio arqueológico

Bernáldez, Eloisa[a]; Mayoral, Eduardo[b]; Santos, Ana[b]

[a] Laboratorio de Paleobiología y Paleontología del Instituto Andaluz del Patrimonio Histórico. Avda de los Descubrimientos, 1. Monasterio de la Cartuja. 41092 Sevilla, Email: eloisa.bernaldez@juntadeandalucía.es.

[b] Departamento de Geodinámica y Paleontología, Universidad de Huelva, 21071 Huelva, España,

Consultando la "Guía para el uso sostenible del patrimonio geológico de Andalucía" editado por la Consejería de Medio Ambiente y Ordenación del Territorio"(2013) se comprueba que los fósiles en Andalucía están legalmente protegidos bajo la figura de categoría paleontológica del patrimonio geológico, y no sólo por la Estrategia Andaluza de Gestión Integrada de la Geodiversidad, 2011, de la misma Consejería. A ésta se le unen otras formas legales como la Ley 42/2007 de 13 de diciembre, de Patrimonio Natural y Biodiversidad; considerada como la primera ley a nivel estatal que recoge conceptos y referencias específicas a la geodiversidad y el patrimonio geológico; Ley 9/2010, de 30 de julio, de Aguas de Andalucía; Ley 41/2010, de 29 de diciembre, de Protección del Medio Marino; Ley 7/2007, de 9 de julio, de Gestión Integrada de la Calidad Ambiental; Ley 8/2003, de 28 de octubre, de la Flora y la Fauna Silvestres y Ley 2/1992, de 15 de junio; Forestal de Andalucía.

Esta protección legal y fomento del patrimonio geológico, incluida la categoría paleontológica, no termina aquí, también otras leyes y decretos participan de esa protección: Decreto 15/2011, de 1 de febrero, por el que se establece el régimen general de planificación de los usos y actividades en parques naturales y se aprueban medidas de agilización de procedimientos administrativos; Ley 5/2007, de 3 de abril, de la Red de Parques Nacionales; Ley 2/1989, 18 de julio, del Inventario de Espacios Naturales Protegidos de Andalucía; Planes de Ordenación de los Recursos del Espacio Natural Protegido (PORN) y los Planes de Regulación de Uso y Gestión de los Espacios Naturales Protegidos (PRUG). Los Planes de Desarrollo Sostenibles del ámbito socioeconómico de los Parques Naturales andaluces (PDS) y los Programas de Uso Público de los Espacios Naturales Protegidos (PUP) junto con la Estrategia Andaluza de Gestión Integrada de la Geodiversidad, ya mencionada, completan la protección ambiental.

Por si fuera escasa esta cobertura legal, la Consejería de Cultura de la Junta de Andalucía aporta protección a los restos o vestigios paleontológicos cuando estén relacionados con la historia de la humanidad, es decir, siempre que estén en conexión con restos arueológicos. La Ley 14/2007, de 26 de noviembre, del Patrimonio Histórico Andaluz, Catálogo General del Patrimonio Histórico Andaluz, Red de Espacios Culturales de Andalucía, Sistema Andaluz de Museos y Colecciones Museográficas y el Plan Estratégico de la Cultura en Andalucía son las vías culturales para reconocer, proteger o gestionar las intervenciones en el territorio, siempre que lo paleontológico esté dentro del patrimonio arqueológico y, en consecuencia, bajo el Reglamento de Actividades Arqueológicas. Y si es así, el director de la excavación es un arqueólogo, nunca un paleontólogo.

Así encontramos más leyes, normas, decretos, planes que contemplan la existencia del patrimonio geológico con categoría paleontológica en la vía Turística y Deportiva como la Ley 13/2011, de 23 de diciembre, de Turismo y la Ley 6/1998 de 14 de diciembre de 1988, del Deporte.

Pues bien, cuando nos llega un investigador o cualquier ciudadano al Laboratorio de Paleontología y Paleobiología del Instituto Andaluz del Patrimonio Histórico con el hallazgo de un cráneo de proboscídeo en las terrazas del Cuartenario del Guadalquivir (Sevilla) se determina y se notifica el hallazgo a la Consejería de Cultura. A partir de ahí, solo un arqueólogo puede solicitar permiso de excavación del yacimiento, para ello tenemos que encontrar ese arqueólogo que redacte el proyecto, buscar financiación para ello y esperar que el arqueólogo cuente en su equipo con un paleontólogo que determine la parte orgánica, si lo requiere el arqueólogo, ya que no es una condición reglamentaria.

Si encuentras los restos de cetáceos del Tortoniense con 400 pistas de batoideos en Hornachuelos (Córdoba), el tronco fósil de una conífera con 16 m de longitud del Carbonífero superior en Almadén de la Plata (Sevilla) o las impresiones de medusas del Cámbrico inferior en Constantina (Sevilla), además de cientos de afloramientos de fósiles repartidos por toda Andalucía, y te diriges a la Consejería de Medio Ambiente (ya que el patrimonio paleontológico es una categoría del geológico, competencia legal de dicha consejería) para saber qué hacer con ello, los gestores de dicha consejería contestan que lo comuniques a la Consejería de Cultura, la que a su vez responde que no es su competencia. Y en ese caso, ¿de quién es competencia proteger, conocer, conservar, fomentar y difundir el patrimonio paleontológico o como lo quieran denominar, categoría paleontológica del patrimonio geológico o resto paleontológico del patrimonio arqueológico? ¿Dónde se depositan los fósiles encontrados? ¿Dónde se solicitan permisos de excavación de yacimientos paleontológicos sin conexión con la historia de la Humanidad?¿Dónde están los gestores especialistas en paleontología? El patrimonio paleontológico vive una incongruencia en Andalucía desde el 2003 cuando en el Reglamento de Actividades Arqueológicas desparecieron los directores paleontólogos de excavaciones paleontológicas, y eso que el patrimonio paleontológico ya fue reconocido como entidad, sin tutelas geológicas o arqueológicas, en 1933 por la Ley sobre Defensa, Conservación y Acrecentamiento del Patrimonio Histórico Español. Desde el 2003 los paleontólogos que excaven yacimientos paleontológicos en Andalucía con restos arqueológicos, como ocurre en Orce, son ilegales, y ¿los que excaven yacimientos con restos sin conexión con la historia de la Humanidad?

Molluscs from the fossil site of "Algora" (Cenomanian, Guadalajara, Spain): Palaeoenvironmental and palaeogeographical implications

Berrocal-Casero, Mélani[a]; *Barroso-Barcenilla, Fernando*[a,b]; *Callapez, Pedro M.*[c]; *Carenas, Beatriz*[d]; *Segura, Manuel*[b]

[a] Grupo de Investigación Procesos Bióticos Mesozoicos, Departamento de Paleontología, Universidad Complutense de Madrid. 28040 Madrid, Spain

[b] Grupo de Investigación IberCreta, Departamento de Geología y Geografía, Universidad de Alcalá de Henares. 28871 Alcalá de Henares, Madrid, Spain

[c] Departamento de Ciências da Terra e Centro de Investigação da Terra e do Espaço, Universidade de Coimbra. 3000-272 Coimbra, Portugal

[d] Facultad Departamento de Geología y Geoquímica, Universidad Autónoma de Madrid, 28049 Madrid, Spain

The site is located in the district of Algora (Castilian Branch of the Iberian Ranges, Province of Guadalajara, Central Spain). This fossil site is known by its middle-upper Cenomanian vertebrate remains (fishes, turtles, crocodyliforms, dinosaurs), although the presence of plants and some bivalves is known (Torices et al., 2012). The outcrop is situated in the upper part of the "Arenas de Utrillas" Formation (Aguilar et al., 1971). In Algora, this siliciclastic unit is represented by an interval of sandstones 80-100 m thick (García et al., 1993). The site includes a stratified sandy interval composed of sandstones of medium-large grain size divided into layers 3 m thick, with erosive bases and trough cross-bedding, many of which show two way orientation (herringbone or chevron-bedding), and contain soft muddy clasts, armoured mud balls, fragments of ferruginous crusts and plant and vertebrate remains. At about 4-6 m below the range with the register of plants and vertebrates, a level with bivalves appears. It corresponds to an approximately 20 cm thick sandstone level partially cemented with carbonate. The maximum transgressive surface is recognized in this level. The occurrence in this vertebrate site of the shallow marine invertebrates, mostly molluscs, has been considered of substantial importance, as they provide complementary knowledge on palaeoenvironmental data and paleobiogeographical affinities. The studied material consists of several moulds of bivalves, mostly poorly preserved and of shallow-water. Nevertheless, their taxonomic study has been possible, and the assemblage has been compared with that in very close areas where well-preserved Cenomanian molluscs appear (Berrocal-Casero et al., 2013). A collection of nearly 25 internal and external moulds has been tentatively assigned to the following taxa of the families Ostreidae, Gryphaeidae and Carditidae: *Gyrostrea ouremensis*, *Cerastostreon flabellatum* and *Venericardita forgemoli*. Despite its poor diversity, this assemblage yielded both epifaunal and infaunal suspension-feeders typical of shallow marine environments. *G. ouremensis* has been widely recorded in slightly restricted and brackish tidal flat environments, sometimes with *C. flabellatum*, which was is an euritypic oyster common from inner-shelf, lagoonal and tidal flat areas (Callapez, 2008). The study of these bivalves suggests that this site is related with sedimentary deposition in littoral to upper infralittoral conditions within a coastal marine palaeoenvironment. Their occurrences permit to identify the marine maximum that is situated immediately below the vertebrate levels. Therefore, the vertebrates identified in Algora probably lived near the seashore of an emerged land area close to this sector of the carbonate platform of the Iberian Basin. From a palaeogeographical point of view, it is interesting to note that all species have clear North-African affinities within the Tethyan Realm. *V. forgemoli* is common in the Cenomanian of Tunisia and Egypt (Hewaidy et al., 2012), and apparently cited for the first time to the Iberian Basin. *G. ouremensis* is abundant in the middle Cenomanian of the West Portuguese Carbonate Platform, as well in several north-African areas (Callapez, 2008). Finally, *C. flabellatum* is widespread in middle to upper Cenomanian successions of Tethys and northwest Europe.

ACKNOWLEDGEMENTS

Research Projects CGL2011-25894 and CGL2012-35199 of the MICINN (Spain).

REFERENCES

Aguilar, M.J., Ramírez del Pozo, J., Riba, O., 1971. Algunas precisiones sobre la sedimentación y paleoecología del Cretácico inferior en la Zona de Utrillas Villarroya de los Pinares (Teruel). Estudios Geológicos 27, 497-512.

Berrocal-Casero, M., Barroso-Barcenilla, F., Callapez, P., García Joral., F., Segura, M., 2013. Bioestratigrafía de macrofósiles del Cenomaniense superior-Turoniense inferior en el área de Santamera y Riofrío del Llano (Guadalajara, España). Revista de la Sociedad Geológica de España 26, 85-106.

Callapez, P.M., 2008. Palaeogeographic Evolution and Marine faunas of the Mid-Cretaceous western Portuguese carbonate platform. Thalassas 24, 29-52.

García, A., Segura, M., García-Hidalgo, J.F., Carenas, B., 1993. Mixed siliciclastic and carbonate platform of Albian-Cenomanian age from the Iberian Basin (Spain). American Association of Petroleum Geologists, Memoir 56, 255-269.

Hewaidy, A.G., Awad, M.H., Farouk, S., El-Balkeimy, A., 2012. Cenomanian biostratigraphy and sequence stratigraphy of southern Galala plateau, north eastern desert, Egypt. Egyptian Journal of Paleontology 12, 143-172.

Torices, A., Barroso-Barcenilla, F., Cambra-Moo, O., Pérez-García, A., Segura, M., 2012. Palaeontological and palaeobiogeographical implications of the new Cenomanian vertebrate site of Algora, Guadalajara, Spain. Cretaceous Research 37, 231-239.

El registro de quelonios en los yacimientos arqueológicos del Pleistoceno en la Península Ibérica

Boneta, Iratxe[a]; Pérez-García, Adán[b]; Liesau, Corina[c]

[a]Universidad Autónoma de Madrid. C/Francisco Tomás y Valiente, 1. 28049 Cantoblanco, Madrid, España, Email: iratxeboneta@gmail.com

[b]Grupo de Biología Evolutiva, Facultad de Ciencias, UNED, Paseo de la Senda del Rey 9, 28040 Madrid, España.

[c]Dpto. de Prehistoria y Arqueología. Universidad Autónoma de Madrid. C/Francisco Tomás y Valiente, 1. 28049 Cantoblanco, Madrid, España.

La captura y el consumo de pequeñas presas por parte del ser humano en momentos anteriores al Paleolítico superior es parte de un amplio debate (Stiner et al. 1999). Pese a que algunos autores consideran que el aprovechamiento sistemático de presas pequeñas se asocia al comportamiento humano moderno, existe una serie de yacimientos antiguos en los que se ha documentado el aprovechamiento del llamado *small game*. Los quelonios se incluyen dentro de este concepto de pequeñas presas si bien, al igual que la mayoría de microvertebrados, se estudian principalmente por su valor como bioindicador. El material de quelonios en los yacimientos arqueológicos del Pleistoceno ibérico es relativamente abundante (Fèlix et al., 2006; Morales y Sanchis, 2009). Esta presentación mostrará una aproximación metodológica y varios resultados correspondientes a los estudios que se vienen realizando al respecto, que suponen una detallada puesta al día sobre la información de estos reptiles en el registro arqueológico del Pleistoceno peninsular.

El punto de partida de estos análisis ha consistido en una recopilación bibliográfica exhaustiva. Se ha recolectado, repasado y analizado toda evidencia publicada de la presencia de estos reptiles en yacimientos arqueológicos ibéricos, es decir, con evidencia de actividad de algún representante del género *Homo*. El proceso de investigación ha abarcado tanto publicaciones de índole arqueológica como paleobiológica. Gran parte de la información obtenida se ha organizado en una base de datos, a través del programa FileMaker Pro 8.5.

Como resultado, se ha recopilado información sobre la presencia de restos de quelonios en 50 yacimientos del Pleistoceno ibérico en los que se reconoce industria lítica o restos óseos humanos. En algunos de esos trabajos, los restos de quelonios se habían atribuido a tortugas indeterminadas. En otros, se identificó la presencia de especies hoy en día presentes en territorio peninsular (*Testudo* o *Chersine hermanni*, *Mauremys leprosa*, *Emys orbicularis*), o de taxones cuya atribución sistemática es errónea (como es el caso de las alusiones a *Agrionemys*). Dentro de estos 50 yacimientos, se reconocieron evidencias de consumo humano en seis de ellos, a través de la identificación de huellas de incisiones o de combustión en los restos (ver, por ejemplo, Blasco, 2008).

La recopilación del registro de quelonios en yacimientos arqueológicos del Pleistoceno de la Península Ibérica ha permitido identificarlos como un grupo relativamente abundante. Sin embargo, la naturaleza de esta presencia es discutible en muchos de ellos debido a la falta de evidencias claras que permitan desarrollar una interpretación de cara a su consumo. La mayoría de las publicaciones son antiguas y en ellas los autores se limitaron a señalar la presencia de algún taxón, generalmente sin facilitar figuras que pudieran permitir a otros especialistas valorar el material o comprobar la identificación taxonómica. Incluso, en el caso de realizarse atribuciones sistemáticas mejor justificadas, muchos de esos trabajos no perseguían la interpretación arqueológica de los restos. En la mayoría de estos yacimientos no queda clara la naturaleza de la presencia humana, pues ésta viene indicada por algún artefacto lítico o algún hueso, lo que en ningún caso permite descartar que su naturaleza fuera la de un cubil de hienas o de otro carnívoro. En otros casos, al haber sido excavados hace varias décadas y, generalmente, al carecer de una revisión actual, la información tanto sistemática como interpretativa resulta obsoleta, habiendo sido planteada a modo de información preliminar. Otras publicaciones más modernas incluyen en los análisis tanto el estudio o atribución sistemática, además de su interpretación como desechos alimentarios.

Para concluir, nuestro estudio nos ha revelado la necesidad de desarrollar una revisión sistemática de los restos de quelonios del Pleistoceno peninsular. No sólo resulta ineludible la revisión del material de cara a la confirmación o refutación de la determinación taxonómica, sino que es necesario, con el fin de comprender la posible relación de estos restos con el género *Homo*, un estudio arqueozoológico en cada caso. Los resultados de esta revisión pueden arrojar luz respecto al debate sobre la captura, procesado y consumo de pequeñas presas, situando este tipo de aprovechamiento en períodos más antiguos de lo inicialmente documentado en la Península Ibérica y afianzar el peso del mismo en la reconstrucción paleoeconómica de los grupos cazadores-recolectores.

REFERENCIAS

Blasco, R., 2008. Human consumption of tortoises at Level IV of Bolomor Cave (Valencia, Spain). Journal of Archaeological Science 35, 2839-2848.

Fèlix, J., Budó, J., Capalleras, X., Mascort, R., 2006. The fossil register of the genera *Testudo*, *Emys* and *Mauremys* of the Quaternary in Catalonia. Chelonii 4, 47-51.

Morales, J.V., Sanchis, A., 2009. The Quaternary fossil record of the genus *Testudo* in the Iberian Peninsula. Archaeological implications and diachronic distribution in the Western Mediterranean. Journal of Archaeological Science 36, 1152-1162.

Stiner, M.C., Munro, N.D., Surovell, T.A., Tchernov, E., Bar-Yosef, O., 1999. Paleolithic Population Growth Pulses Evidenced by Small Animal Exploitation. Science 283, 190-194.

Nuevas aportaciones sedimentológicas y cronoestratigráficas sobre las Fms. Higueruelas y Villar del Arzobispo en Benagéber (NO de Valencia)

Campos-Soto, Sonia[a]; Caus, Esmeralda[b]; Benito, M. Isabel[a]; Mas, Ramón[a]

[a] Departamento de Estratigrafía, Instituto de Geociencias IGEO (Universidad Complutense de Madrid-CSIC), 28040 Madrid, España, Email: sonia.campos.soto@ucm.es

[b] Departament de Geologia (Unitat de Paleontologia), Universitat Autònoma de Barcelona, 08193 Cerdanyola del Vallés, España.

El estudio de las Formaciones Higueruelas y Villar del Arzobispo en Benagéber (Jurásico terminal-Cretácico inferior de la Cuenca Suribérica, NO de Valencia) revela nuevos datos sobre el ambiente sedimentario y la edad de estas unidades. En el área de estudio, la Fm. Higueruelas está formada por barras oncolíticas desarrolladas en una plataforma carbonática (p. ej. Gómez, 1979; Aurell et al., 1994). La Fm. Villar del Arzobispo está formada por depósitos mixtos carbonático-siliciclásticos depositados en una plataforma interna-lagoon que evolucionó a sistemas de llanuras mareales (Mas et al., 1984).

En el presente estudio (basado en la cartografía geológica, dos columnas estratigráficas y en el estudio de 74 láminas delgadas) se han diferenciado tres asociaciones de facies en la Fm. Higueruelas que se suceden verticalmente y que, de base a techo, están formadas por: A1) Secuencias granodecrecientes de calizas packstone oncolíticas y calizas packstone peloidales. A2) Calizas packstone-grainstone de oncolitos, peloides y bioclastos y calizas packstone peloidales con ripples de corriente y oscilación. A3) Calizas packstone-grainstone peloidales y bioclásticas con envueltas oncolíticas incipientes que pasan a techo a calizas packstone peloidales con ripples de corriente y oscilación. Estas facies se depositaron como barras submareales que migraban, por la acción de tormentas, en la zona media de una plataforma carbonática progradante (A1) y sucesivamente en la zona interna de la plataforma (A2), en la que la actividad microbiana iba siendo progresivamente menor (A3).

En el área de estudio, la Fm. Higueruelas ha sido asignada al Kimmeridgiense medio y superior y al Kimmeridgiense medio (definido para el Dominio Boreal) por Ramírez del Pozo (en Assens et al. 1973) y Gómez (1979), respectivamente, por la presencia de *Alveosepta jaccardi*. Esta unidad se asignó al Titoniense (definido para el Dominio Tethysiano) en el trabajo del tránsito Jurásico-Cretácico de la Cuenca Ibérica de Aurell et al. (1994), edad que se ha mantenido hasta la actualidad.

En la Fm. Villar del Arzobispo, cuyo contacto con la Fm. Higueruelas es transicional, se han diferenciado tres asociaciones de facies que se suceden verticalmente y que de base a techo están formadas por: B1) Areniscas con laminación paralela y estratificación cruzada. B2) Calizas packstone-grainstone oolíticas que pasan a techo a calizas packstone peloidales, bioclásticas y/o calizas mudstone, que a techo pueden presentar evidencias de exposición subaérea y contienen abundantes ejemplares de *Alveosepta* y *Trocholina* en menor medida. B3) Margas con intercalaciones de areniscas y calizas packstone-grainstone de bioclastos y peloides muy mal seleccionadas que contienen abundantes ostreidos y ejemplares de *Alveosepta* y en menor medida de *Nautiloculina* y *Trocholina*. Estas facies se depositaron en una plataforma interna afectada por tormentas a la que llegaba material siliciclástico del continente (B1) y en la que se desarrollaron bajíos oolíticos que dejaban áreas protegidas que periódicamente quedaban expuestas en superficie (B2) y posteriormente en un lagoon salobre al que llegaba material bioclástico durante las tormentas (B3).

En el área de estudio, la Fm. Villar del Arzobispo es asignada al Portlandiense por Ramírez del Pozo (en Assens et al., 1973) y al Kimmeridgiense superior-Portlandiense (Mas et al. 1984) por la presencia de *Anchispirocyclina lusitanica,* cuyo rango de edad es Titoniense inferior-Berriasiense basal según Bassoullet (1997) y referencias en el interior. Localmente la base de la unidad se asigna al Kimmeridgiense medio (definido para el Dominio Boreal) por la presencia de *Alveosepta jaccardi* (Mas et al. 1984). Más tarde, la unidad se asigna al Titoniense superior-Berriasiense (Aurell et al., 1994; Mas et al., 2004). Cabe señalar que en los trabajos citados los foraminíferos no están figurados. En las secciones estudiadas no se ha observado *Anchispirocyclina lusitanica,* sin embargo, hacia la base y el techo de la Fm. Villar del Arzobispo, se han observado ejemplares de *Alveosepta,* que no muestran evidencias de reelaboración. La edad del género *Alveosepta* es Oxfordiense medio-Kimmeridgiense superior y no ha sido descrita su existencia en el Titoniense (Bassoullet, 1997 y referencias en el interior). Por lo tanto, los datos obtenidos sugieren que al menos gran parte de la Fm. Villar del Arzobispo, en las secciones estudiadas, se depositó durante el Kimmeridgiense y no en el Titoniense-Berriasiense (Aurell et al., 1994; Mas et al., 2004), por lo que la Fm. Higueruelas, asignada previamente al Titoniense, no sería más moderna que Kimmeridgiense. El estudio detallado de estos macroforaminíferos, actualmente en curso, aportará una mayor justificación de estos datos.

REFERENCIAS

Assens, J., Ramírez del Pozo, J., Giannini, G., Riba, O., Vilena, J., Reguant, S., 1973. Mapa Geológico de España a escala 1:50.000, hoja nº 666 (Chelva), IGME, Madrid.

Aurell, M., Mas, R., Meléndez, A., Salas, R., 1994. El tránsito Jurásico-Cretácico en la Cordillera Ibérica: relación tectónica-sedimentación y evolución paleogeográfica. Cuadernos de Geología Ibérica 18, 369-396.

Bassoullet, J.P., 1997. Les Grands foraminifères. In: Cariou, E., Hantzperque, P. (Coords.), Biostratigraphie du Jurassique oust-européen et méditerranéen, Bulletin Centre Recherche Elf Exploration-Production, Mémoire 17, Pau, pp. 293-304.

Gómez, J.J., 1979. El Jurásico en facies carbonatadas del Sector Levantino de la Cordillera Ibérica. Seminarios de Estratigrafía, Serie Monografías 4, 1-683.

Mas, R., Alonso, A., Meléndez, N., 1984. La Fm. Villar del Arzobispo: un ejemplo de llanuras de mareas siliciclásticas asociadas a plataformas carbonatadas. Jurásico terminal. (NW de Valencia y E de Cuenca). Publicaciones de Geología, Univ. Autónoma de Barcelona 20, 175-188.

Mas, R., García, A., Salas, R., Meléndez, A., Alonso, A., Aurell, M., Bádenas, B., Benito, M.I., Carenas, J.F., García-Hidalgo, J., Gil, J., Segura, M., 2004. Segunda fase de rifting: Jurásico Superior-Cretácico Inferior. En: Vera, J.A. (Ed.), Geología de España, SGE-IGME, 503-510.

Estudio tafonómico preliminar de los elasmobranquios reelaborados en el yacimiento cuaternario del Abrigo de Navalmaíllo (Pinilla del Valle, Comunidad de Madrid)

Canales Brellenthin, Patricia [a]; *Sevilla, Paloma*[a]; *Bernárdez, Enrique*[b]; *Laplana, César*[c]; *Martín-García, Miguel A.*[a]; *Pérez-González, Alfredo*[d]; *Baquedano, Enrique*[c]; *Arsuaga, Juan Luis*[a,e]

[a] Departamento de Paleontología, Facultad de Ciencias Geológicas, Universidad Complutense de Madrid, c/José Antonio Novais, 12, 28040 Madrid, España, Email: paty_brellenthin@hotmail.com, psevilla@ucm.es, mamgarcia@ucm.es

[b] Departamento de Geología, Universidad de Atacama, Avenida Copayapu 485, Copiapó, Atacama, Chile, Email: enrique.bernardez@uda.cl

[c] Museo Arqueológico Regional. Alcalá de Henares, Pza. Bernardas s/n, Alcalá de Henares, España, Email: cesar.laplana@gmail.com

[d] Centro Nacional de Investigación sobre la Evolución Humana (CENIEH), Avenida de la Paz 28, 09004, Burgos, España, Email: alfredo.perez@cenieh.es

[e]Centro de Investigación Universidad Complutense de Madrid-Instituto de Salud Carlos III sobre Evolución y Comportamiento Humanos, C/Sinesio Delgado 4, 28029, Madrid, España, Email: jlarsuaga@isciii.es

La presencia de fósiles reelaborados procedentes de las rocas en las que se desarrollan yacimientos cuaternarios no es un hecho excepcional. Sin embargo, el enfoque con el que se estudian estos restos suele ser taxonómico (Jagt et al, 2006; Böttcher, 2014), y los escasos ejemplos en los que el estudio se centra en aspectos tafonómicos suele estar enfocado desde el punto de vista de las modificaciones de éstos como objetos arqueológicos (Lowery et al., 2011). Los sedimentos con registro arqueológico y paleontológico cuaternario de los yacimientos del Calvero de la Higuera (Valle del Lozoya) incluyen ocasionalmente fósiles marinos mesozoicos fundamentalmente braquiópodos y vertebrados (Hontecillas et al., 2015), que se recuperan junto con los fósiles pleistocenos en el procesado de los sedimentos mediante lavado-tamizado. Los fósiles mesozoicos reelaborados suelen destacar por el mayor grado de mineralización y color más oscuro que el de los vertebrados cuaternarios acumulados, siendo los dientes aislados de condrictios los fósiles más frecuentes. En este trabajo se presenta un estudio tafonómico preliminar de estos fósiles y se analiza su interés, no solo desde el punto de vista taxonómico, sino también para la comprensión de la génesis y dinámica de los sedimentos fosilíferos del yacimiento o como fuente de información de aspectos relativos a los ambientes de sedimentación y edades de las rocas mesozoicas que afloran en el Calvero de la Higuera.

Para el análisis tafonómico se han observado aspectos como la alteración superficial del esmalte de los dientes, coloración diferencial, rotura, indicios de abrasión, espectro de tamaños representados en el material, alteraciones recientes como marcas de raíces sobre los dientes y distribución espacial.

Como resultados preliminares cabe indicar que la rotura y abrasión observada en los ejemplares es muy variable, en ciertos casos tan intensa que impide la asignación taxonómica incluso a nivel de suborden. Sin embargo, otros ejemplares se conservan sin prácticamente evidencias de modificación tafonómica, siendo posible reconocer aspectos de relevancia taxonómica que suelen perderse en ejemplares alterados como la presencia de relieves en la superficie de las cúspides. Por otro lado, la distribución espacial de los hallazgos muestra diferencias en forma de gradientes, con dos zonas de máxima abundancia, lo que podría estar relacionado con la existencia de diferentes fuentes de procedencia. Este hecho podría ser un factor de interés a la hora de entender el conjunto de taxones identificados en el yacimiento de Navalmaíllo, pues se caracteriza por ser atípico y no corresponder con ninguna de las asociaciones de condrictios mesozoicos no reelaborados descritas hasta el momento en la Península Ibérica (Bernárdez-Rodríguez, 2002; Kriwet et al, 2007).

AGRADECIMIENTOS

Al prof. Sixto Fernández López por sus valiosos comentarios sobre la procedencia de los fósiles reelaborados de vertebrados en los yacimientos del Calvero de la Higuera. Esta es una aportación al proyecto S2010/BMD-2330 del programa de actividades I+D para grupos de investigación de la Consejería de Educación de la Comunidad de Madrid.

REFERENCIAS

Bernárdez Rodríguez, E. 2002. Los dientes de seláceos del Cretácico de la Depresión Central Asturiana. Tesis Doctoral, Universidad de Oviedo. 476 pp.

Böttcher, R. 2014. Fische, Amphibien und Reptilien aus dem Jungpleistozän der Sesselfelsgrotte (Neuessing, Niederbayern). Freund, G. & Reisch, L. (eds.), Sesselfelsgrotte VI. Naturwissenschaftliche Untersuchungen. Wirbeltierfauna 1. Franz Steiner Verlag, Stuttgart, 141-195.

Hontecillas, D., Houssaye, A., Laplana, C., Sevilla, P., Arsuaga, J. L., Pérez-González, A., Baquedano, E., Knoll, F. 2015. Reworked marine pythonomorph (Reptilia,

Squamata) remains in Late Pleistocene cave deposits in central Spain. Cretaceous Research 54, 188-202.

Jagt, J.W.M., Motchurova-Dekova, N. Ivanov, P., Cappetta, H., Schulp, A.S. 2006. Latest Cretaceous mosasaurs and Lamniform sharks from Labirinta Cave, Vratsa district (northwest Bulgaria): a preliminary note. Annales Géologiques de la Péninsule Balkanique 67, 51-63.

Kriwet, J., Soler-Gijón, R., López-Martínez, N., 2007. Neoselachians from the upper Campanian and lower Maastrichtian (Upper Cretaceous) of the southern Pyrenees, northern Spain. Palaeontology 50, 1051-1071.

Lowery, D., Godfrey, S.J., Eshelman, R. 2011. Integrated Geology, Paleontology and Archaeology: native American use of fossil shark teeth in the Chesapeake Bay Region. Archaeology of Eastern North America 39, 93-108.

Cambios paleoambientales y bioestratigrafía de conodontos en el Carbonífero Medio-Superior de la cuenca del Amazonas, Brasil

Cardoso, Cassiane N.[a, b]; *Sanz-López, Javier*[c]; *Blanco-Ferrera, Silvia*[c]

[a] Universidade Federal do Rio Grande do Sul. Avd. Bento Gonçalves, 9500, 91540-000 Porto Alegre, Rio Grande do Sul, Brasil

[b] CAPES Foundation, Ministry of Education of Brazil, SBN, Quadra 2, 70040-020 Brasília, DF, Brasil

[c] Departamento de Geología, Universidad de Oviedo, C/ Jesús Arias de Velasco s/n, 33005 Oviedo, España, Email: silvia.blanco@uniovi.es

La cuenca intracratónica del Amazonas es una cuenca extensional ubicada entre los escudos de las Guayanas y Brasileño en el norte de Brasil. En su mayor parte, el relleno de la misma tuvo lugar durante el Paleozoico, aunque las rocas de esta edad son generalmente estudiadas en el subsuelo, ya que se encuentran cubiertas por una cobertera de edad más joven y/o una densa selva tropical. El Paleozoico superior (Pensilvánico-Pérmico) corresponde al Grupo Tapajós, que alcanza hasta 2800 m de espesor y está limitado por dos discordancias regionales (Cunha et al., 1994, 2007). La discordancia basal corresponde a un hiato entre el Viseense y el Bashkiriense medio que coincide con un intervalo durante el que gran parte de Sudamérica estaba localizada en latitudes altas. A partir del Bashkiriense, la cuenca del Amazonas llega a estar situada en latitudes bajas como consecuencia del desplazamiento hacia el norte de la parte occidental de Gondwana. En este sentido, el Grupo Tapajós registra un paso desde condiciones cálidas y húmedas hacia otras más secas en una sucesión compuesta por un tramo basal de areniscas fluviales y marinas litorales (Formación Monte Alegre), carbonatos depositados en aguas someras con deposición de evaporitas (Formación Itaituba) que son más frecuentes en facies lagunares (Formación Nova Olinda) y finalmente facies continentales (Formación Andirá).

El estudio de conodontos se ha centrado en sesenta y dos muestras positivas de las noventa y nueve procesadas, con un peso entre 0,3 y 0,5 kilogramos por muestra. Su tamaño es consecuencia de su disponibilidad desde testigos de las perforaciones que realizó la empresa Petróleo Brasilerio SA. Además se han estudiado diez muestras de la cantera de caliza Calminas.

La bioestratigrafía basada en conodontos permite establecer una correlación entre las diferentes localidades, en la que se ha integrado la distribución de esporas y polen descrita previamente en la misma cuenca (Playford y Dino, 2000). En particular, se han reconocido tres zonas de intervalo (*Neognathodus symmetricus*, *Diplognathodus coloradoensis* y *D. ellesmerensis*), una zona de asociación (*Idiognathodus* aff. *incurvus*) y algunas faunas aisladas en la parte más alta de la sucesión. Además, el primer hallazgo de *D. ellesmerensis* en mitad de la Formación Itaituba es correlacionado con la base del Moscoviense y corresponde a una expansión de la sedimentación marina sobre los márgenes de la cuenca. La fauna más alta reconocida es Moscoviense superior y contiene *Neognathodus inaequalis*. Esta fauna se sitúan por debajo de una discordancia detectada mediante perfiles sísmicos en la parte superior de la Formación Nova Olinda proporcionó (Cunha et al., 2007), y que marca un cambio hacia condiciones más áridas en la cuenca (Playford y Dino, 2000). Por encima, se ha obtenido *Streptognathodus firmus*, una especie del Carbonífero Superior.

Los conodontos estudiados, y en particular las especies de *Idiognathodus*, muestran un cierto provincialismo, como también ha sido descrito en varios grupos fósiles del denominado Reino *"Midcontinent"*-Andino (Ross, 1967). En concreto, *I. amplificus, I. crassadens, I. ignisitus, I. rectus* y *D. iowensis* eran hasta ahora especies conocidas exclusivamente en la región del *"Midcontinent"* norteamericano. Otras especies del Moscoviense amazónico como *I.* cf. *obliquus, I. praeobliquus* e *I. podolskiensis* se encuentran en el área sub-ártica de Norteamérica, pero son típicas del Reino Ártico-Eurasiático de donde parecen haber llegado a través del corredor primario boreal de la Provincia Ártica o Franklin-Urálica. Sin embargo, la presencia de I. izvaricus, especie hasta ahora sólo conocida en Europa oriental pero no en Norteamérica, vuelve a sugerir la conexión secundaria entre los océanos del Paleotetis occidental y de la costa oriental de Panthalassa, bien a través del cierre incompleto del Océano Reico, o a través de un corredor entre el norte de África y la cuenca del Amazonas, como algunos autores han sugerido (Baesemann et al., 1998, García-Bellido y Rodríguez, 2005).

REFERENCIAS

Baesemann, J.F., Brenckle, P.L., Gruzlovic, P.D, 1998. Composite standard correlation of the Mississippian-Pennsylvanian (Carboniferous) Lisburne Group from Prudhoe Bay to the eastern Arctic National Wildlife Refuge, North Slope, Alaska. In: Clough, J.G., Larson, F. (Eds.), Short notes on Alaska geology 1997: Alaska Department of Natural Resources, Division of Geological and Geophysical Surveys, Professional Report 118, 23-36.

Cunha, P.R.C., Gonzaga, F.G., Coutinho, L.F.C., Feijó, F.J., 1994. Bacia do Amazonas. Boletim de Geociências da Petrobras 8, 47-55.

Cunha, P.R.C., Melo, J.H.G., Silva, O.B., 2007. Bacia do Amazonas. Boletim de Geociências da Petrobras 15, 227-251.

García-Bellido, D.C., Rodríguez, S., 2005. Palaeobiogeographical relationships of poriferan and coral assemblages during the late Carboniferous and the closure of the western Palaeotethys Sea–Panthalassan Ocean connection. Palaeogeography, Palaeoclimatology, Palaeoecology 219, 321-331.

Playford, G., Dino, R., 2000. Palynostratigraphy of upper Palaeozoic strata (Tapajós Group), Amazonas Basin, Brazil: Part two. Palaeontographica Abteilung B 225, 87-145.

Ross, C.A., 1967. *Eoparafusulina* from the Neal Ranch Formation (Lower Permian), west Texas. Journal of Paleontology 41, 943-946.

On the plant diversity changes during the Ordovician-Mississippian time interval

Cascales-Miñana, Borja

PPP, Département de Géologie, Université de Liège, Allée du 6 Août, B18 Sart Tilman, B4000 Liège, Belgium. Email: bcascales@ulg.ac.be

In this contribution, I explore the temporal dynamics of land plant diversity during the terrestrialization process through the use of both spore taxa and plant megafossils. This study reveals that while the spore diversity pattern can be accommodated into a three-phase diversification model (which responds to the earliest radiations of embryophytes (End-Ordovician to Mid-Silurian), tracheophytes (Late Silurian) and euphyllophytes (Mid-Late Devonian), respectively), the macrofossil-based plant diversity pattern is instead characterized by a set of diversity pulses occurring (in ascending order) in the Pragian, Givetian and Visean. This second pattern results from the overlapping of initial expansion phases of lycophytes, early euphyllophytes and lignophytes, respectively. Results imply that diversity patterns recently extracted from the South China plant fossil record correspond to a genuine dynamic of northeastern Gondwana and cannot be extrapolated. Interestingly, evidence suggests that the plant fossil record does not support any biotic crisis on land environments either at the Ordovician-Silurian boundary, nor at the end of the Devonian Period; consequently the effect of the two first "Big Five" mass extinctions would appear to be restricted to the marine realms.

This research was funded by a Marie Curie COFUND Postdoctoral Fellowship (University of Liege - grant number: 600405)

Further observations on the end-Permian mass extinction based on the palaeobotanical record

Cascales-Miñana, Borja[a]*; Díez, José B.*[b]*; Gerrienne, Philippe*[a]*; Cleal, Christopher J.*[c]

[a]PPP, Département de Géologie, Université de Liège, Allée du 6 Août, B18 Sart Tilman, B4000 Liège, Belgium. *Email: bcascales@ulg.ac.be

[b]Departamento de Xeociencias Mariñas e Ordenación do Territorio, Facultade de Ciencias do Mar, Universidade de Vigo, 36310 Vigo, Spain.

[c]Department of Natural Sciences, National Museum Wales, Cathays Park, Cardiff CF10 3NP, UK

Mass extinctions are crucial to understanding changes in biodiversity through time. However, it is still disputed whether extinction dynamics in the marine and terrestrial biotas followed comparable trajectories. For instance, while marine realms have suffered five strong depletions in diversity, the so-called "Big Five" mass extinctions, only the end-Permian event appears to have also resulted in a major abrupt diminution of continental diversity. However, recent evidence based on the diversity dynamics of land vegetation has suggested the presence of two other major episodes of extinction in the terrestrial environments, at the end-Carboniferous and the end-Permian times. This apparent contradiction is addressed in the present study. Here, we show that while the end-Carboniferous plant extinction was focused on particular environments (e.g. tropical wetlands) and affected mainly the free-sporing plant diversity (i.e. lycopsids, ferns and progymnosperms), only the end-Permian mass extinction had devastating effects on the vegetation on a global scale. If we take the biosphere as a whole, the results highlight that the end-Permian biotic crisis is the most genuine among Earth's mass extinction events, affecting widely both the marine and terrestrial environments.

This research was funded by a Marie Curie COFUND Postdoctoral Fellowship (University of Liege - grant number: 600405)

Is the Darwin's 'Abominable Mystery' still a mystery?

Cascales-Miñana, Borja[a], *Cleal, Christopher J.*[b]; *Gerrienne, Philippe*[a]

[a]PPP, Département de Géologie, Université de Liège, Allée du 6 Août, B18 Sart Tilman, B4000 Liège, Belgium. *Email: bcascales@ulg.ac.be

[b]Department of Natural Sciences, National Museum Wales, Cathays Park, Cardiff CF10 3NP, UK

Since Darwin described the Cretaceous diversification and subsequent rise of flowering plants (angiosperms) as an "abominable mystery", many researchers have tried to explain the phenomenon. Darwin used this expression to describe the sudden appearance of angiosperms in the fossil record during mid-Cretaceous times and the apparent lack of time for them to reach their strong ecological dominance at worldwide scale during the Paleogene. According to Darwin, this was difficult to explain solely on the basis of his theory of natural selection. Here, we suggest that the observed diversity dynamics of angiosperms is far from being a mystery today. New phylogenetic and diversity data combined with palaeogeographic and molecular evidence demonstrate that the explosive character of angiosperm diversity simply responds to the general behaviour of terrestrial diversity. This new scenario strongly supports, in addition, an origin of the angiosperm clade rooted, at the latest, in Late Triassic times.

This research was funded by a Marie Curie COFUND Postdoctoral Fellowship (University of Liege - grant number: 600405)

Preadaptación/Exaptación *vs.* Adaptación. Significado evolutivo

Casinos, Adrià
Departamento de Biología Animal, Universidad de Barcelona, 08028 Barcelona, España,
Email: acasinos@ub.edu

El concepto y el término *preadaptación* fueron establecidos por el zoólogo francés Lucien Cuénot en 1914 (Cuénot, 1914) y durante todo el siglo XX ha sido objeto de discusión y debate, tanto por parte de los paleontólogos, como de los neontólogos. A título de ejemplo, merecen citarse Huxley (1942 [2010]), Simpson (1944), Schmalhausen (1949[1986]), Rensch (1960), Stanley (1979). El concepto fue reformulado por Gould y Vrba (1982) proponiendo el término *exaptación,* considerando que preadaptación tenía un trasfondo teleológico. Cabe decir que en dicho trabajo Gould y Vrba hacían tabla rasa de todas las aportaciones previas, incluyendo la idea original de Cuénot.

Cuénot (1914) pone el énfasis en la posibilidad de que estructuras asociadas a una particular función, puedan luego desempeñar otra diferente. Desde el punto de vista genético, los caracteres preadaptativos se originarían a causa de la heterozigosis de poblaciones ocupando un medio en que dichos caracteres tan solo tendrían propiedades potenciales, en el sentido de que esos caracteres fueran "indiferentes" o "semiútiles". Las propiedades se desarrollarían plenamente en el momento en que una parte de la población invadiera un nuevo hábitat. Todo ello implicaría un doble fenómeno. Por un lado, permitiría a los emigrantes evitar la competencia con individuos de otros ecotipos existentes en la población ancestral; por el otro, implicaría la ocupación de nuevos hábitats. El paso de los vertebrados del medio acuático al terrestre, sería el clásico ejemplo. En resumen, Cuénot reconocía en el fenómeno de la preadaptación un mecanismo con alto significado evolutivo.

Fisher y Stock (1915) fueron los primeros autores en revisar críticamente el concepto de preadaptación de Cuénot. Desde un punto de vista estrictamente gradualista, su crítica lo era al mutacionismo en general. Para ellos la idea de Cuénot o derivaba de una visión teleológica de la evolución (la preadaptación respondería a una tendencia), o si se trataba de cambios fortuitos, no aportaba nada nuevo al concepto de adaptación.

Cabe decir que Cuénot en aquella época se oponía radicalmente a la ortogénesis, en la medida que consideraba que no había evidencia empírica a su favor.

Partiendo de la base de que el concepto de preadaptación no implica necesariamente finalismo, a mi entender la cuestión real es si dicho concepto tiene significado en el contexto de la teoría evolutiva, o queda subsumido en el de adaptación.

Futuyma (2013) considera que el análisis del hecho adaptativo puede enfocarse desde dos perspectivas diferentes, una ahistórica, que liga la adaptación al éxito evolutivo, y otra histórica, que toma en consideración la carga filogenética del carácter. El punto de vista histórico les lleva a Harvey y Pagel (1991) a rechazar la posibilidad de adaptaciones *ex nihilo*; una adaptación sería un carácter derivado (o el estadio derivado de un carácter) que surgiría en respuesta a una presión selectiva específica.

Desde esa óptica se podría diferenciar claramente los conceptos de adaptación y preadaptación. Mientras que aquella implicaría el carácter en su condición apomórfica, el desarrollo de una nueva función por parte del estadio plesiomórfico del carácter, se consideraría una preadaptación.

El carácter en estadio plesiomórfico podría pasar de ser neutralmente adaptativo, a desempeñar una función; o a adquirir una nueva función, diferente a la primitiva. Estas son las dos posibilidades admitidas tanto por Cuénot (1914) como por Gould y Vrba (1982). Pero quizá se podría añadir una tercera, coincidente con lo que Anton Dohrn llamaba "cambio funcional" (Russell, 1916), a saber, convertirse en función principal una anteriormente secundaria.

AGRADECIMIENTOS

Ministerio de Economía y Competitividad, proyecto CGL2011-23919.

REFERENCIAS

Cuénot, L., 1914. Théorie de la préadaptation. Scientia 16, 60-73.

Fisher, R.A., Stock, C.S., 1915. Cuénot on preadaptation. A criticism. Eugenesic Review 7: 46-61.

Futuyma, D.J., 2013. Evolution. Sinauer Asssociates, Sunderland, Massachusetts.

Gould, S.J., Vrba, E.S., 1982. Exaptation- a missing term in the science of form. Paleobiology 8, 4-15.

Harvey, P.H., Pagel, M.D., 1991. The Comparative Method in Evolutionary Biology. Oxford University Press, Oxford.

Huxley, J., 1942 [2010]. Evolution. The Modern Synthesis. MIT Press, Cambridge, Massachusetts.

Rensch, B., 1960. Evolution above the species level. Columbia University Press, Nueva York.

Russell, E.S., 1916. Form and function. A contribution to the history of the animal morphology. John Murray, Londres.

Schmalhausen, I.I., 1949 [1986]. Factors of evolution. The theory of stabilizing selection. The University of Chicago Press, Chicago.

Simpson, G.G., 1953. The major features in evolution. Columbia University Press, Nueva York.

Stanley, S.M., 1979. Macroevolution. Pattern and Process. W.H. Freeman and Company, San Francisco.

Icnitas de terópodo (*Grallator*) en el Kimmeridgiense de Asturias

Castanera, Diego[a]; *Piñuela, Laura*[b]; *García-Ramos, José Carlos*[b]

[a] Aragosaurus–IUCA, Paleontología, Facultad de Ciencias, Universidad de Zaragoza, 50009, Zaragoza, España. Email: dcastanera@unizar.es

[b] Museo del Jurásico de Asturias (MUJA) 33328, Colunga, Asturias, España.

El estudio de icnitas de vertebrados en general, y de dinosaurios en particular, presenta cierta problemática a la hora de clasificar las huellas desde un punto de vista taxonómico ya que la forma de las mismas depende de causas tanto intrínsecas (tipo de dinosaurio y comportamiento) como extrínsecas (propiedades físicas del substrato, superposición de huellas, procesos erosivos y grado de meteorización de la roca; Díaz-Martínez et al., 2009). El icnogénero *Grallator* se caracteriza por huellas de pequeño tamaño, almohadillas digitales bien definidas, una longitud similar de los dedos II y IV, siendo el III claramente más largo (alta mesaxonia), un talón subredondeado, y un bajo ángulo interdigital. Este icnogénero es típico de sucesiones del Triásico Superior y del Jurásico Inferior (Olsen et al., 1998). Trabajos recientes (ej. Castanera et al., 2015) muestran que la utilización de técnicas de morfometría geométrica (análisis con landmarks y de componentes principales) puede ser una herramienta muy útil de cara a discriminar entre distintos tipos de icnitas. De esta forma, Castanera et al. (2015) distinguen icnitas asignadas a *Grallator* del Jurásico Inferior de Norteamérica, de las atribuidas a *Kalohipus bretunensis* Fuentes Vidarte y Meijide Calvo, 1998 del Cretácico Inferior de la Península Ibérica.

En la colección del Museo del Jurásico de Asturias, así como en los acantilados de "la Costa de los Dinosaurios" se han encontrado icnitas de tipo grallatorido de edad Kimmeridgiense (Jurásico Superior); algunas de ellas se han relacionado con los icnogéneros *Grallator* y *Anchisauripus* (Lockley et al., 2008; Avanzini et al., 2012). No obstante, Weems (1992) considera que no se justifica la distinción de *Anchisauripus* como icnogénero diferente. El análisis con técnicas de morfometría geométrica confirma que las icnitas asturianas se asemejan más al material tipo de *Grallator* del Jurásico Inferior que a *Kalohipus bretunensis* del Cretácico Inferior. El estudio de las mismas aporta nuevos datos sobre la persistencia del icnogénero *Grallator* en depósitos posteriores al Jurásico Inferior/Medio.

REFERENCIAS

Avanzini, M., Piñuela, L., García-Ramos, J.C., 2012. Late Jurassic footprints reveal walking kinematics of theropod dinosaurs. Lethaia 45, 238-252.

Castanera, D., Colmenar, J., Sauqué, V., Canudo, J.I., 2015. Geometric morphometric analysis applied to theropod tracks from the Lower Cretaceous (Berriasian) of Spain. Palaeontology 58, 183-200.

Díaz-Martínez, I., Pérez-Lorente, F., Canudo, J.I., Pereda-Suberbiola, X., 2009. Causas de la variabilidad en icnitas de dinosaurios y su aplicación en icnotaxonomía. *En*: Colectivo Arqueológico y Paleontológico de Salas, C.A.S. (Eds.). Actas de las IV Jornadas Internacionales sobre Paleontología de Dinosaurios y su Entorno. Salas de los Infantes, Burgos, 207-220.

Lockley, M.G., Garcia-Ramos, J.C., Piñuela, L., Avanzini, M., 2008. A review of vertebrate track assemblages from the Late Jurassic of Asturias, Spain with comparative notes on coeval ichnofaunas from the western USA: implications for faunal diversity in siliciclastic facies assemblages. Oryctos 8, 53-70.

Olsen, P.E., Smith, J.B., McDonald, N.G., 1998. Type material of the type species of the classic theropod footprint genera *Eubrontes*, *Anchisauripus*, and *Grallator* (Early Jurassic, Hartford and Deerfield basins, Connecticut and Massachusetts, USA). Journal of Vertebrate Paleontology 18, 586-601.

Weems, R.E., 1992. A re-evaluation of the taxonomy of Newark Supergroup Saurischian dinosaur tracks, using extensive statistical data from a recently exposed track site near Culpeper, Virginia. *En*: Sweet, P.C. (Ed.), Proceedings of the 26th Forum on the Geology of Industrial Minerals. Charlottesville, VA, Virginia Division of Mineral Resources, Publication 119, 113-128.

Eventos paleobiológicos en islas oceánicas de bajas latitudes: Islas Canarias (España)

Castillo, Carolina[a]*; La Roche, Francisco*[b]*; García Gotera, Cristo M.*[a]*; Martín-González, M. Esther*[c]*; Valido, Manuel*[d]*; Quesada, María Luisa*[a]*; Nuez, Julio*[a] *de la*

[a] Departamento de Biología Animal, Edafología y Geología, Universidad de La Laguna, 30206 La Laguna, Tenerife, España, Email: ccruiz@ull.edu.es

[b] Departamento de Análisis Matemático. Universidad de La Laguna, 30206 La Laguna, Tenerife, España

[c] Museo de Ciencias Naturales de Tenerife, C/ Fuente Morales 1, 38003 Santa Cruz de Tenerife, Tenerife, España

[d] Instituto de Enseñanzas Superior Lomo de la Herradura, C/ Nicolás Copérnico 37, 35210 Lomo De La Herradura, Telde, Gran Canaria, España

Aunque el Registro Fósil de Canarias abarca de forma discontinua desde el Jurásico-Cretácico hasta el Holoceno, los yacimientos más abundantes pertenecen al Neógeno y Cuaternario, tanto en el ámbito marino como terrestre. En este trabajo nos centramos en los resultados de una de las líneas de investigación desarrollas en el área de Paleontología de la Universidad de La Laguna en el seno de varios proyectos de investigación (BTE 2000-0823; CGL2006-01586; CGL2009-12949). Esta línea trata principalmente sobre el estudio de los eventos paleobiológicos ocurridos en los ecosistemas terrestres del Archipiélago Canario, las consecuencias sobre la biodiversidad y las posibles causas que explican dichos eventos. Se estudiaron y muestrearon más de sesenta niveles sedimentarios pertenecientes al Neógeno y el Cuaternario, principalmente paleosuelos intercalados en paleodunas, de las islas orientales (Lanzarote y sus islotes y Fuerteventura), y las islas centrales (Gran Canaria y Tenerife). Aunque se tuvieron en cuenta todos los restos fósiles hallados, nuestro foco de atención se centró en las asociaciones de gasterópodos terrestres y trazas fósiles de insectos, que son los dominantes. Con respecto a los primeros, los datos obtenidos muestran dos tipos de faunas bien diferenciadas, por una parte la del Neógeno caracterizada por la presencia de géneros extintos en Canarias (p.e. *Leptaxis orzolae*, Gittenberger y Ripken 1985 y *Leonia* sp.) o extinciones parciales como el género endémico *Canariella,* que vive en la actualidad en otras islas del Archipiélago Canario, y en Gran Canaria sólo se han encontrado especímenes fósiles del Neógeno. Otros géneros, como *Theba,* que aparecen en este periodo, se diversificaron y sus especies dominaron en la mayoría de las asociaciones de caracoles terrestres de las islas orientales y parte de la isla de Gran Canaria durante el Cuaternario (García Gotera et al., 2010). En este último periodo, el análisis paleobiológico ha permitido detectar una serie de acontecimientos a diferentes escalas geográficas y temporales, algunos de ellos de interés bioestratigráfico, como la entrada de especies cosmopolitas de gasterópodos terrestres (el denominado evento *Cochlicella* y el evento *Rumina* que permiten diferenciar dos grandes grupos de paleodunas cuaternarias en Fuerteventura) y los eventos de colonización/especiación del género *Theba*. Con respecto al estudio de las trazas fósiles de insectos destacamos el hallazgo de grandes acumulaciones de trazas fósiles de abejas perteneciente a la icnoespecie *Palmiraichnus castellanosi* (La Roche et al,. 2014), aunque la traza dominante en la mayoría de los niveles fosilíferos estudiados corresponde a *Rebuffoichnus*, generalmente asociada a la actividad de coleópteros.

REFERENCIAS

García-Gotera, C.M., Castillo, C., Quesada, M.L., Nuez, J. de la, Ibáñez, M., Alonso, M.R., Valido, M., La Roche, F., Cedrés, J., 2010. Asociaciones de gasterópodos terrestres del Pleistoceno Superior de Gran Canaria (Islas Canarias). Estudio preliminar. Publicaciones del Seminario de Paleontología de Zaragoza 9, 138-141.

Gittenberger, E., Ripken, T.E. 1985. Seven Late Miocene species of terrestrial gastropods (Mollusca: Gastropoda: Pulmonata) from the island of Lanzarote, Canary Islands. Proceedings of the Koninklijke nederlandse akademie van wetenschappen 88, 397-406.

La Roche, F., Genise, J.F., Castillo, C., Quesada, M.L., García-Gotera, C.M., Nuez, J. de la, 2014. Fossil bee cells from the Canary Islands. Ichnotaxonomy, palaeobiology and palaeoenvironments of *Palmiraichnus castellanosi*. Palaeogeography, Palaeoclimatology, Palaeoecology 409, 249-264.

La alfabetización digital en las aulas a través de la creación de modelos 3D en la enseñanza de la Paleontología

Castillo, Carolina[a]*; Saorín, J. Luis*[b]*; Martín-González, M. Esther*[c]*; Torre, Jorge*[b] *de la; Meier, Cecile*[b]*; García-Gotera, Cristo M.*[a]*; Padrón, Elena.*[a]

[a] Departamento de Biología Animal, Edafología y Geología,, Universidad de La Laguna, 38206 La Laguna, Tenerife, España, Email: ccruiz@ull.edu.es

[b] Departamento de Técnicas y Proyectos en Ingeniería y Arquitectura. Universidad de La Laguna, 38200 La Laguna, Tenerife, España

[c] Museo de Ciencias Naturales de Tenerife, C/ Fuente Morales 1, 38003 Santa Cruz de Tenerife, Tenerife, España

En este trabajo presentamos la creación de material multimedia y 3D para la enseñanza de la Paleontología. Un informe que se ha convertido en referente en educación es el "Horizon Report". En España, este informe se presenta desde el Instituto de Tecnologías Educativas del Ministerio de Educación. Según dicho informe, algunas de las tecnologías que se prevé que tengan impacto en la educación son: los dispositivos móviles (tabletas, smartphones y portátiles) propios de los alumnos (denominada Bring Your Own Device, BYOD), la computación en la nube y los espacios de fabricación digital que incluyen impresoras 3D (Johnson et al., 2014, 2015).

En este contexto surgen los proyectos de innovación educativa (cursos 2014/15 y 2015/16) del Área de Paleontología de la Universidad de La Laguna, en colaboración con el Departamento de Técnicas y Proyectos en Ingeniería y Arquitectura y el Museo de Ciencias Naturales de Tenerife, cuyo objetivo general es obtener una colección de modelos digitales tridimensionales de fósiles que se puedan replicar en 3D, y que tengan aplicación a nivel educativo y de divulgación de la ciencia. Para ello se ha seleccionado una serie de fósiles utilizados en la docencia práctica, representativos de los depósitos marinos del Neógeno y Cuaternario de Canarias, se han escaneado y obtenido los modelos 3D en formato STL imprimibles. Estos modelos se han incorporado a un prototipo de libro multimedia y a un repositorio online. Toda esta información se presenta en un objeto de aprendizaje Multimedia al que se puede acceder a través de un código QR.

Los materiales creados han tenido muy buena acogida por los alumnos, según las encuestas de opinión realizadas. Esto se puede deber a varias razones entre las que destacamos, por una parte las ventajas del libro multimedia (Área 2009), y por otra, el enorme atractivo que ejerce la Paleontología por sus características intrínsecas al objeto de estudio, los fósiles (documentos de la Historia de la Vida), y por la incorporación de las tecnologías 3D (Dardon et al., 2010; Bates et al, 2009).

La modelización 3D de los fósiles y su incorporación a materiales digitales con alta aceptación por los alumnos, da más relevancia a la enseñanza de la Paleontología en las aulas ya que contribuirá en gran medida a la denominada alfabetización digital (Gutiérrez Martín, 2003) de los usuarios, que se encuadra en las tendencias internacionales en el ámbito educativo del uso de los libros electrónicos y los dispositivos móviles en la educación (Kwok, 2012). Los recursos paleontológicos por tanto se pueden considerar como vehículos para introducir las tecnologías 3D en las aulas de forma amena.

REFERENCIAS

Area, M.M., 2009. Manual electrónico. Introducción a la tecnología educativa. España, Universidad de La Laguna.

Bates, K.T., Falkingham, P.L., Hodgetts, D., Farlow, J.O., Breithaupt, B.H., O'Brien, M., Matthews, N., Sellers, W.I., Manning, P.L., 2009. Digital imaging and public engagement in palaeontology. Geology Today 25, 134-139.

Dardon, U., de Souza, R.S., Abranches, C.T.S., Bergqvist, L.P., 2010. Modelagem 3D e suas aplicações na pesquisa paleontológica. Gaea-Journal of Geoscience 6, 76-89.

Gutiérrez Martín, A., 2003. Alfabetización digital. Algo más que ratones y teclas. Editorial Gedisa, Barcelona, 245 pp.

Johnson, L., Adams Becker, S., Estrada, V., Freeman, A., 2015. NMC Horizon Report: Edición Educación Superior 2015. Austin, Texas: The New Media Consortium.

Johnson, L., Adams Becker, S., Estrada, V., Freeman, A., 2014. NMC Horizon Report: 2014 Higher Education Edition. Austin, Texas: The New Media Consortium.

Kwok, R., 2012. Going digital. Nature, 485 (7398), 405-407.

Cráneo de Cetotheriidae (Suborden Mysticeti, Cetacea) de Mioceno Superior del sector oriental de la Cuenca del Guadalquivir

Castro, Arancha[a] de, Reolid, Matías[a]; Reolid, Jesús[b]

[a]Departamento de Geología, Universidad de Jaén, Campus Las lagunillas sn, 23071 Jaén, España

[b]Institut für Geologie, Universität Hamburg, Bundesstraβe 55, 20146 Hamburg, Alemania

Son escasos los hallazgos de restos fósiles de mamíferos marinos en el Tortoniense, Mioceno Superior, del sector oriental de la Cuenca del Guadalquivir (Provincia de Jaén). En este trabajo se presenta un estudio detallado de los restos craneales hallados en la sección de Arroyo Escobar (Villanueva de la Reina, Jaén), en la que han aparecido numerosos restos de cetáceos y pinnípedos. Los depósitos estudiados se localizan en el margen norte de la cuenca. La sección estudiada está compuesta por dos tipos distintos de litofacies:

- Arenas finas, cuarcíticasbien clasificadas y poco cementadas, dispuestas en bancos con un espesor variable de entre 1,5 y 4,0 m. Son arenas muy bioturbadas, principalmente por *Ophiomorpha*, *Gyrolites* y *Rosselia*, y con abundantes fragmentos de bivalvos de concha fina.

- Arenas gruesas cementadas, ricas en bioclastos, con un espesor variable entre 15 y 30 cm. En algunos niveles aparecen cantos de tamaño grava y conglomerado a muro, en una clara secuencia granodecreciente. Predominan los restos de bivalvos y gasterópodos bien preservados.

Los restos craneales de cetáceo se encuentran bastante incompletos y fracturados. Concretamente éstos fueron hallados en la litofacies de arenas finas. El conjunto, que incluye además la primera vértebra cervical y parte del maxilar inferior derecho, presenta una longitud total de 55,5 cm, un ancho de 47,4 cm y una altura de 21,2 cm. El cráneo está fragmentado principalmente en la parte más distal del premaxilar y maxilar. Del maxilar inferior se preserva sólo un fragmento de 42 cm que carece de dientes. El cráneo tiene forma cuadrangular en vista dorsal. El rostro tiene una abertura temporal suboval y un amplio supraoccipital de morfología subtriangular. La cresta sagital está bien desarrollada con forma de V. La sutura maxilar tiene una forma poligonal y el nasal está bien desarrollado. Las bullas timpánicas se encuentran bien conservadas y están constituidas por un gran lóbulo posterior con un proceso sigmoidal bien desarrollado, un proceso cónico corto y un lóbulo anterior corto.

Dado que no se han encontrado estructuras sedimentarias de alta energía, la fragmentación que presentan los restos estudiados así como su desarticulación y dispersión respecto al resto de elementos esqueletales del cetáceo debe estar relacionada con la actividad de carroñeros de gran tamaño. Otros restos hallados en diferentes niveles correspondientes a cetáceos, como son fragmentos de costillas y un fragmento de húmero, se encuentran también aislados, lo que en un contexto de baja energía puede deberse únicamente a la acción de carroñeros. La presencia de marcas longitudinales en algunos de estos elementos confirma la actividad de carroñeros de gran talla. En este mismo afloramiento se han hallado dientes de *Isurus*, y un afloramiento próximo (25 km) se ha encontrado un diente de *Carcharocles megalodon* (Reolid y Molina, 2015), siendo ambos posibles predadores y carroñeros de los mamíferos marinos.

El cráneo tiene un fenómeno de imbricación ósea debido al crecimiento hacia delante de los huesos posteriores occipital y supraoccipital, que se alargan hasta llegar al nivel inter orbitario. Este cráneo presenta una bóveda corta alta y amplia, con reducción de los temporales, parietales y etmoides. Estas características son propias del Suborden Mysticeti. La mandíbula no presentan una rama ascendente y es recta y comprimida.

Estos restos presentan muchas similitudes con los restos craneales de *Cephalotropis* que se conservan en el Museo Nacional de História Natural de la Universidad de Lisboa. Dichos ejemplares también pertenecen al Tortoniense (Mocho y Póvoas, 2010). Éste fue descrito por primera vez en 1896 por Cope, lo hizo con unos restos bastantes incompletos del Mioceno. Cope estableció una serie de características principales del género como la presencia de nasales elongados, frontales con ángulos temporales divergentes, presencia de crestas temporales marcadas, presencia de cresta sagital, separación considerable entre el supraoccipital y los frontales, y una amplia superposición de los frontales por parte de los huesos del rostro. Algunas de estas características pueden ser identificadas en los restos estudiados. Si se asume que pertenece a la Familia Cetotheriidae, una reconstrucción del cráneo teniendo en cuenta las partes no preservadas, permite inferir una longitud total del mismo de aproximadamente 117 cm, y de la ballena completa de algo menos de 8 m.

REFERENCIAS

Mocho, P., Póvoas, L., 2010. Contribuição para a revisão sistemática de un crânio de *Cephalotropis* Cope, 1896 (Cetacea: Cetotheriidae) do Miocénico superior (Tortoniano inferior) da Adiça (Sesimbra, Portugal). Actas II Congreso Ibérico de Paleontología pp. 180-183.

Reolid, M., Molina, J.M., 2015. Record of *Carcharocles megalodon* in the Eastern Guadalquivir Basin (Upper Miocene, South Spain). *Estudios Geológicos* (en prensa).

Agraulidae (Trilobita) del Piso 5 del Cámbrico y base del Drumiense (Serie 3 del Cámbrico) de las Cadenas Ibéricas

Chirivella Martorell, Juan B.[a]; *Gozalo, Rodolfo*[a]; *Liñán, Eladio*[b]

[a] Departamento de Geología, Universitat de València, C/ Dr. Moliner 50, 46100 Jaén, España, Email: juanchirivella@ieslesfoies.org

[b] Departamento de Ciencias de la Tierra, Universidad de Zaragoza, C/ Pedro Cerbuna 12, 50009 Zaragoza, España

Se estudia el registro de las especies de los géneros *Agraulos* Hawle & Corda, 1847 y *Skreiaspis* Růžička, 1944 pertenecientes a la familia *Agraulidae* Raymond, 1913; halladas en la Serie 3 del Cámbrico de las Cadenas Ibéricas, concretamente desde el Leoniense superior hasta la base del Caesaraugustiense superior, en la escala regional de pisos cámbricos para la Península Ibérica (Liñán et al. 1993). Se han identificado y descrito tres especies del género *Agraulos*: *A. longicephalus* (Hicks, 1972), *A. arenosus* Sdzuy, 1968 y *A. quadrangularis* (Withfield, 1884), esta última se cita por primera vez en la región Mediterránea, y una del género *Skreiaspis* Růžička, 1944: *S. miqueli* Álvaro & Vizcaïno, 2000, previamente identificada como *S.* aff. *tosali* Sdzuy, 1968 por Liñán y Gozalo (1986). La especie con un registro más antiguo en las Cadenas Ibéricas es *A. quadrangularis* en la zona de *Eccaparadoxides asturianus* (Leoniense superior), que hasta el momento sólo se había encontrado en Avalonia (concretamente en Terranova oriental, Massachusets y Carolina) en los niveles de *E. harlani* que se correlacionan con la parte alta del Leoniense inferior y el Leoniense medio (Geyer y Landing, 2001; Fletcher, 2006). Los otros tres taxones se registran por primer vez de manera casi simultánea. La especie que presenta una mayor distribución bioestratigráfica y geográfica es *Agraulos longicephalus*, que se ha encontrado desde el techo de la zona de *Badulesia granieri* (Caesaraugustiense inferior) hasta la zona de *Solenopleuropsis ribeiroi* (base del Caesaraugustiense superior) (ver Gozalo et al., 2011; Weidner & Nielsen, 2015); mientras que *A. arenosus* y *Skreiaspis miqueli* se registran por primera vez en las Cadenas Ibéricas en la base de la zona de *Pardailhania hispida* (Caesaraugustiense medio), llegando la primera hasta la siguiente zona de *Pardailhania multispinosa* (ver Sdzuy, 1968) mientras que la especie de *Skreiaspis* también llega hasta la zona de *Solenopleuropsis ribeiroi*.

REFERENCIAS

Fletcher, T.P., 2006. Bedrock geology of the Cape St. Mary's Peninsula, southwest Avalon Peninsula, Newfoundland (includes parts of NTS maps sheets 1M/1,

1N/4, 1L/6 and 1K/13), Newfoundland. Government of Newfoundland and Labrador, Geological Survey, Department of Natural Resources Report 06-02, 117 pp.

Geyer, G., Landing, E., 2001. Middle Cambrian of Avalonian Massachusetts: stratigraphy and correlation of the Braintree trilobites. Journal of Paleontology 75, 116-135.

Gozalo, R., Chirivella Martorell, J.B., Esteve, J., Liñán, E., 2011. Proposal of correlation between the base of Drumian Stage and the base of middle Caesaraugustan Stage in the Iberian Chains (NE Spain). Bulletin of Geosciences 86, 545-554.

Liñán, E., Gozalo, R., 1986. Trilobites del Cámbrico Inferior y Medio de Murero (Cordillera Ibérica). Memorias del Museo Paleontológico de la Universidad de Zaragoza 2, 104 pp.

Liñán, E., Perejón, A., Sdzuy, K., 1993. The Lower -Middle Cambrian stages and stratotypes from the Iberian Peninsula: a revision. Geological Magazine 130, 817-833.

Sdzuy, K., 1968. Trilobites del Cámbrico Medio de Asturias. Trabajos de Geología 1, año 1967, 77-133.

Weidner, T., Nielsen, A.T., 2015. *Agraulos longicephalus* and *Proampyx*? *depressus* (Trilobita) from the Middle Cambrian of Bornholm, Denmark. Bulletin of the Geological Society of Denmark 63, 1-11.

Pseudorhapydionina (Foraminifera): a survivor across the Cenomanian/Turonian boundary?

Consorti, Lorenzo[a]*; Boix, Carme*[b]*; Caus, Esmeralda*[a]

[a] Departament de Geologia (Paleontologia), Universitat Autònoma de Barcelona, 08193 Bellaterra, Spain. Email: lorenzo.consorti@e-campus.uab.cat

[b] Repsol Campus, Méndez Álvaro 44, 28045 Madrid, Spain

Pseudorhapydionina De Castro is a medium-size cylindrical porcelaneous foraminifer with the apertural face pierced by multiple cribrate openings. It is characterized by:-a) porcelaneous texture of the wall, b) an early planispiral-involute chamber arrangement that becomes uncoiled in the adult stage, c) and the marginal part of the chamber lumen partially divided by radial septula while the central part is free of endoskeleton elements.

Pseudorhapydionina, which is included in the Soritoidea superfamily, is common in the inner platform facies of the Albian?-Cenomanian age. It occurs from the Iberian Peninsula to the Middle East and in North of Africa (the so-called Mediterranean or Tethyan paleobioprovince); also in the Caribbean area. Nevertheless, *Pseudorhapydionina* has not been documented from the Pyrenees (Pyrenean paleobioprovince) although this genus is very abundant in the nearby age-equivalent deposits of the Iberian Range (Western Tethyan paleobioprovince). It is widely accepted that the genus *Pseudorhapydionina* and its allies (*Edomia* Henson, *Cycledomia*, Hamaoui, *Pseudorhipidionina* De Castro and *Praetaberina* Consorti et al.) from the Middle Cretaceous Global Community Maturation Cycle disappeared during the Cenomanian-Turonian boundary (CTB), when a major extinction took place in the marine realm associated to the Oceanic Anoxic Event 2.

New mapping and detailed stratigraphic studies on the Upper Cretaceous carbonate deposits of the Southern Pyrenees (NE of Spain) have shown the occurrence of *Pseudorhapydionina* morphotypes in the strata dated by means of strontium isotope stratigraphy as early Santonian (Late Cretaceous Global Community Maturation Cycle). In these deposits, *Pseudorhapydionina* morphotypes are associated with *Martiguesia cyclamminiformis* Maync, *Ramirezella montsechiensis* (Caus and Cornella), *Lacazina pyrenaica* Hottinger, Drobne and Caus, *Palandroxina taxyae* Fleury and Trochetti, *Hellenalveolina tappanae* Hottinger, Drobne and Caus, *Iberorotalia reicheli* (Hottinger), *Calcarinella schaubi* (Hottinger) and *Orbitokathina vonderschmitti* Hottinger, which at present are only known from the Late Cretaceous Pyrenean palaeobioprovince.

The detailed study of the architecture of the post-CTB *Pseudorhapydionina* specimens from the Montsec and Pedrafora thrust sheets shows that the Pyrenean Late Cretaceous GCMC morphotypes belong to a new species. This suggests that the "Cenomanian" genus *Pseudorhapydionina* did not go extinct during the OAE2. The reappearance of this taxon in the Pyrenean paleobioprovince poses questions regarding the migration of this genus and the permeability of neighbouring provinces from the south, which may have been favoured by the Turonian transgression.

Distribución de foraminíferos y caracterización sedimentológica de los fondos marinos de la Isla de Benidorm (Alicante): implicaciones para el registro fósil

Corbí, Hugo[a]*; Asensio-Montesinos, Francisco*[b]*; Usera, Juan*[c]

[a] Departamento de Ciencias de la Tierra y del Medio Ambiente, Universidad de Alicante, Apdo. Correos 99, San Vicente del Raspeig, 03080 Alicante, España. hugo.corbi@ua.es

[b] Grado en Ciencias del Mar, Universidad de Alicante, Apdo. Correos 99, San Vicente del Raspeig, 03080 Alicante, España, asensiomontesinos@hotmail.com

[c] Departamento de Geología, Universidad de Valencia, Dr. Moliner, 50. 46100 Burjasot, Valencia, España. juan.usera@uv.es

Se presentan los primeros resultados del estudio de las asociaciones de foraminíferos representadas en los fondos marinos de la isla de Benidorm (Alicante). El fuerte gradiente batimétrico, la complejidad estructural del fondo y los distintos grados de luminosidad de los ambientes infralitorales que circundan a esta isla (Ramos et al., 1993), situada a cerca de 3,5 kilómetros de la costa, hacen que sea el lugar idóneo para analizar la distribución de foraminíferos bentónicos en relación con la profundidad y tipo de sedimento, así como para establecer una serie de consideraciones ecológicas y (paleo)batimétricas de interés en el estudio del registro fósil de ambientes equivalentes.

Se recogieron, mediante inmersiones con equipos de buceo con escafandra autónoma, muestras de sedimento en siete puntos diferentes circundantes a la isla y representativos de los distintos ambientes. Las muestras fueron procesadas en laboratorio mediante las técnicas de levigado convencional y análisis granulométrico por tamizado. Para la caracterización de las asociaciones de foraminíferos se identificaron a nivel específico al menos 300 ejemplares por muestra siguiendo el criterio taxonómico empleado en Colom (1974) y Corbí (2010). Para el análisis y representación de los datos sedimentológicos (selección, histogramas de distribución de tamaño de sedimento y curva granulométrica) fue realizado con el programa Gradistat© (Blott y Pye, 2001).

Los principales resultados ecológicos y sedimentológicos quedan sintetizados en los siguientes aspectos: a) En líneas generales el grupo de los milióidos es el más abundante con cerca de un 30% del total de la asociación de foraminíferos; b) Al margen del grupo de los milólidos, se han identificado taxonómicamente e incluido, por tanto, en la bionomia de la isla de Benidorm, un total de 24 especies de foraminíferos bentónicos, siendo las más representativas *Rosalina bradyi*, *Lobatula lobatula*, *Peneroplis pertusus*, *Cribroelphidium excavatum*, *Asterigerinata mamilla*, *Pileolina patelliformis*, *Elphidium aculeatum*, *Elphidium crispum*, *Elphidium macellum* y *Planorbulina mediterranensis*; c) El porcentaje de foraminíferos planctónicos no llega a alcanzar más del 6% del total de la asociación; d) Las distribuciones de foraminíferos están directamente relacionadas con la profundidad; e) El tipo de sedimento, aunque existen ciertas diferencias, es muy similar en todos los puntos muestreados estando compuesto por arena con algo de grava, y una gran cantidad de bioclastos.

El trabajo permite establecer una serie de conclusiones que pueden ser de interés cuando se analiza el registro fósil en ambientes infralitorales equivalentes, siendo las más significativas las siguientes: a) se han obtenido datos autoecológicos de especies poco conocidas y también presentes en el registro fósil reciente (Mioceno a Cuaternario); b) a pesar de tratarse de profundidades pequeñas (entre 25 y 13 metros) se ha observado una buena correlación entre el porcentaje de foraminíferos planctónicos (con respecto a los bentónicos) y la profundidad; c) se ha detectado una buena correlación positiva entre la especie *Rosalina Bradyi* y la profundidad, así como una correlación negativa entre la profundidad y el grupo *Elphidim* spp. y la especie *Peneroplis pertusus*. El trabajo también pone de manifiesto que no existe una buena correlación entre la profundidad (paleobatimetría) inferida a través del porcentaje de foraminíferos planctónicos, expresada habitualmente con la fórmula propuesta por Van der Zwaan et al. (1990) y la profundidad real obtenida en los distintos puntos de muestreo, existiendo una diferencia de cerca de 25 metros entre ambas profundidades, la real y la inferida.

REFERENCIAS

Blott, S.J., Pye, K. 2001. GRADISTAT: a grain size distribution and statistics package for the analysis of unconsolidated sediments. Earth Surface Processes and Landforms 26, 1237-1248.

Colom, G., 1974. Foraminíferos Ibéricos. Introducción al estudio de las especies bentónicas recientes. Investigación pesquera, CSIC, Barcelona, 38, pp. 245.

Corbí, H., 2010. Los foraminíferos de la cuenca neógena del Bajo Segura (sureste de España): Bioestratigrafía y cambios paleoambientales en relación con la Crisis de Salinidad del Mediterráneo. Tesis Doctoral Universidad de Alicante, 280 pp.

Ramos, A.A., Sánchez, J.L., Aranda, A., Guillen, J.E., 1993. Estudio bionómico de los fondos de la isla de Benidorm (SE Ibérico). Publicación Especial del Instituto Español de Oceanografía 11, 339-346.

Van der Zwaan, G.J., Jorissen, F.J., De Stigter, H.C., 1990. The depth dependency of planktonic/benthic foraminiferal ratios: constraints and applications. Marine Geology 95, 1-16.

Palaeoenvironments of Late Jurassic fluvial system based on unionoids from Dinosaur Coast (Asturias, Spain)

Delvene, Graciela[a]*; Piñuela, Laura*[b]*; García-Ramos, José Carlos*[b]*; Munt, Martin*[c]*;*
Werner, Winfried[d]*; Bermúdez-Rochas, David Didier*[e]

[a] Museo Geominero (Instituto Geológico y Minero de España). C/ Ríos Rosas 23. 28003 Madrid. Spain. g.delvene@igme.es

[b] Museo del Jurásico de Asturias (MUJA). 33328 Colunga, Spain. lpinuela.muja@gmail.com

[c] Department of Earth Sciences, The Natural History Museum, Cromwell Road, London, SW7 5 BD, UK. m.munt@nhm.ac.uk

[d] Bayerische Staatssammlung für Paläontologie und Geologie. Richard-Wagner-Str. 10 D-80333 München. Germany. w.werner@lrz.uni-muenchen.de

[e] Email: bermudez.rochas@gmail.com

The 'Dinosaur Coast' between Gijón and Ribadesella, Asturias (Figure 1A) exposes a sequence of Upper Jurassic sedimentary rocks outcropping along 60 km of coastal cliffs. Dating from the Kimmeridgian (Dubar and Mouterde, 1957; Suárez Vega, 1974; Olóriz et al., 1988), the sequence has a thickness of 700 m, and comprises the Vega, Tereñes and Lastres formations. The Lastres Formation comprises grey sandstones, mudstones, marls and occasional conglomeratic layers. The depositional environment was a fluvial-dominated lagoonal delta. The facies represented in this succession, include: prodelta, crevasse-splay and levee, interdistributary bay, and delta-abandonment. Within the Lastres Formation, laterally extensive shell beds with abundant bivalves and gastropods record short-term transgressive events. At El Tala-meru where the Lastres Formation is very well exposed there is a 30 cm thick layer of grey fine-grained marly sandstone with frequent sandy calcareous concretions. This layer contains thick-shelled, mainly articulated and occasionally isolated valves of unionoid, bivalves, which are sometimes piritized. Three new taxa belonging to the Margaritiferidae and Unionidae have been defined (Delvene et al. in review), being an important discovery giving fresh insight for the origin of Unionoida in Europe. The layer is highly disturbed by dinoturbation due to probable sauropod tracks. The invertebrate trace fossil record includes *Lockeia*, preserved on the top of a sand bed as a concave (negative) epirelief. The bivalves, which are probably associated to them, are typically articulated and not broken, resting on the right valve, therefore we can think such freshwater bivalves are probably the producers of the traces. Other fauna recorded are some small gastropods attributed to the Planorbidae family, fish teeth adscribed to Ginglymodi indet., and bone fragments of turtles; furthermore there are many flattened tree stems and other plant remains. The deposit in the whole represents a small pond, lateral or distal to a crevasse-channel into a fluvial-dominated deltaic system.

ACKNOWLEDGEMENTS

Contribution to the MINECO-Excelencia CGL2013-42643-P, CGL2012-33281. Financial support of the Instituto Geológico y Minero de España and the Natural History Museum, Department of Earth Sciences investment funds are acknowledged.

REFERENCES

Delvene, G., Munt, M.C., Piñuela, L., García-Ramos, J. C. New records of the Unionoida from Dinosaur Coast (Asturias, Spain), and their palaeobiogeographical implications for the Mesozoic fauna of Europe. Papers in Palaeontology (in review).

Dubar, G., Mouterde, R., 1957. Extension du Kimméridgien marin dans les Asturies depuis Ribadesella jusqu'à Gijón. Compte-rendus de l'Académie des Sciences de Paris, sér. D, 244, 99-101.

García-Ramos, J.C., Piñuela, L., Rodríguez-Tovar, F.J. 2011. Introduction to the Jurassic of Asturias. In: Post-workshop Field Trip Guide. XI International Ichnofabric Workshop, Museo del Jurásico de Asturias, Colunga, pp. 3-8.

Olóriz, F., Valenzuela, M., García-Ramos, J.C., Suárez de Centi, C., 1988. The first record of the genus Eurasenia (Ammonitina) from the Upper Jurassic of Asturias (northern Spain). Geobios 21, 741-748.

Suárez Vega, L.C., 1974. Estratigrafía del Jurásico en Asturias. Cuadernos de Geología Ibérica 3, 1-368.

From fossils to palaeoclimate and palaeoecology: new data from the Late Cretaceous vertebrate assemblage of "Lo Hueco" (Central Eastern Spain)

Domingo, Laura[a,b,c]; *Barroso-Barcenilla, Fernando*[d,e]; *Cambra-Moo, Oscar*[f]

[a] Departamento de Geología Sedimentaria y Cambio Medioambiental, Instituto de Geociencias (CSIC, UCM), 28040 Madrid, Spain.

[b] Departamento de Paleontología, Universidad Complutense de Madrid, 28040 Madrid, Spain.

[c] Earth and Planetary Sciences Department, University of California, Santa Cruz, CA 95064, USA.

[d] Grupo de Investigación Procesos Bióticos Mesozoicos, Departamento de Paleontología, Universidad Complutense de Madrid, 28040 Madrid, Spain.

[e] Grupo de Investigación IberCreta, Departamento de Geología y Geografía, Universidad de Alcalá de Henares, 28871 Alcalá de Henares, Spain.

[f] Laboratorio de Poblaciones del Pasado, Departamento de Biología, Facultad de Ciencias, Universidad Autónoma de Madrid, 28049 Madrid, Spain.

Recent isotopic studies of multi-taxa terrestrial vertebrate assemblages have allowed to infer palaeoclimatic and palaeoecological aspects taking in account the different information supplied by each taxon (Domingo et al., 2015). The late Campanian-early Maastrichtian "Lo Hueco" Fossil-Lagerstätte (Central Eastern Spain), located at a subtropical palaeolatitude of ~31ºN, constitutes an ideal setting to carry out this task due to its abundant and diverse vertebrate assemblage. $\delta^{18}O_{PO4}$ analyses on theropods, sauropods, crocodilians and turtles produced $\delta^{18}O_{H2O}$ values close to those observed for modern subtropical precipitation. Theropod $\delta^{18}O_{H2O}$ values are lower than those shown by crocodilians and turtles, indicating terrestrial endothermic taxa record $\delta^{18}O_{H2O}$ values throughout the year, whereas semiaquatic ectothermic taxa $\delta^{18}O_{H2O}$ values represent local meteoric waters over a shorter time period when conditions are favorable for bioapatite synthesis (warm season). Therefore, temperature calculated combining theropod, crocodilian and turtle $\delta^{18}O_{H2O}$ values and gar $\delta^{18}O_{PO4}$ values have enabled us to estimate seasonal variability as the difference between mean annual temperature (MAT, yielded by theropods) and temperature of the warmest months (TWMs, provided by crocodilians and turtles). This difference (ΔTWMs-MAT) does not point to a significant greater seasonal thermal variability when compared to modern coastal subtropical meteorological stations and Late Cretaceous rudists from eastern Tethys, although the "Lo Hueco" value is in the lower end-member of the total range. Bioapatite $\delta^{13}C$ values point to a C_3 environment in the "Lo Hueco" area. The estimated fractionation between sauropod enamel and diet is ~14.6‰. While waiting for palaeoecological information yielded by the ongoing morphological study of the "Lo Hueco" crocodilians, $\delta^{13}C$ and $\delta^{18}O_{CO3}$ results point to incorporation of food items with brackish influence, but preferential ingestion of freshwater. "Lo Hueco" turtles showed the lowest $\delta^{13}C$ and $\delta^{18}O_{CO3}$ values of the vertebrate assemblage likely indicating a diet based on a mixture of aquatic and terrestrial C_3 vegetation and/or invertebrates and ingestion of freshwater.

ACKNOWLEDGEMENTS

Research Projects CGL2009-09000, CGL2009-10766, CGL2011-25894 and CGL2012-35199 of the Ministerio de Ciencia e Innovación (Spain). We thank J.L. Sanz (UAM), F. Ortega (UNED), A. Pérez-García (UCM) and A. Torices (University of Alberta) for the access to the analyzed material and suggestions that helped to improve the manuscript. We are indebted to P.L. Koch (UC Santa Cruz) for valuable comments and access to his laboratory.

REFERENCES

Domingo, L., Barroso-Barcenilla, F., Cambra-Moo, O., 2015. Seasonality and Paleoecology of the Late Cretaceous Multi-Taxa Vertebrate Assemblage of "Lo Hueco" (Central Eastern Spain). PlosOne 10, e0119968.

Los micromamíferos de la Cueva del Estrecho (Holoceno reciente; Villares del Saz, Cuenca)

Domínguez García, Ángel C.[a,c]*; Laplana, César*[b]*; Sevilla, Paloma*[c]

[a] Centro de Estudios para el Medio Ambiente y la Cultura (CEMAC). Calvo Sotelo s/n. 06280 Fuentes de León (Badajoz), España. acdomgar@gmail.com

[b] Museo Arqueológico de la Comunidad de Madrid (MAR). Pza. Bernardas s/n. 28001 Alcalá de Henares, Madrid, España. cesar.laplana@gmail.com

[c] Dpto. de Paleontología, Facultad de Ciencias Geológicas, Universidad Complutense de Madrid. José Antonio Novais, 12, Ciudad Universitaria, 28040 Madrid, España. psevilla@ucm.es

Los micromamíferos fósiles poseen un valor indiscutible como herramientas biocronológicas y para la reconstrucción paleoambiental de los medios continentales del pasado. El número de publicaciones que hacen referencia a esta fauna en el Cuaternario de España o dedicados específicamente a su estudio son tan numerosos que ya hace tiempo que han permitido la elaboración de trabajos síntesis que informan de la evolución de los diferentes grupos y de sus patrones de cambio de distribución geográfica a lo largo del Pleistoceno. Esta situación contrasta con la escasa disponibilidad de datos referentes a su registro en el Holoceno, pues al carecer de valor biocronológico disminuye el interés por su estudio y no suele recogerse material de microfauna en yacimientos del Cuaternario reciente. La pobreza de datos limita las posibilidades de detectar cambios en la distribución geográfica de las diferentes especies de micromamíferos en la península durante los últimos 11ka o analizar el impacto que ha podido tener sobre ellos la humanización de los paisajes. Es en este contexto donde adquiere relevancia la descripción de los micromamíferos hallados en el relleno Holoceno de la Cueva del Estrecho en Cuenca que se presenta en este trabajo.

La Cueva del Estrecho se localiza en el municipio de Villares del Saz (Cuenca). Esta cueva quedó seccionada por las obras realizadas en los años 90 para convertir la antigua carretera N-III (Madrid-Valencia) en autovía, dejando expuesta una galería del sistema kárstico desarrollado sobre las calizas cretácicas que afloran en la zona. La presencia de abundantísimos restos óseos en la base de esta galería en el talud de la vía de servicio de la autovía fue observada por unos senderistas que tomaron unas muestras y las llevaron al Departamento de Paleontología de la Universidad Complutense de Madrid. El material que se describe corresponde al nivel superior, el más rico en restos. La muestra analizada se caracteriza por un predominio de restos de anfibios asociado a un menor número de restos de reptiles y de mamíferos. Entre estos últimos se han identificado un total de 12 taxones, pertenecientes a cuatro órdenes de mamíferos: 1 lagomorfo (*Oryctolagus cuniculus*), 1 soricomorfo (*Crocidura russula*), 4 quirópteros (*Myotis bechsteinii*, *Myotis emarginatus*, *Myotis myotis*, *Myotis nattereri*) y 6 roedores (*Eliomys quercinus*, *Arvicola sapidus*, *Microtus cabrerae*, *Microtus duodecimcostatus*, *Apodemus sylvaticus* y *Mus spretus*).

Todas las especies identificadas viven en la actualidad en la península ibérica y en la zona donde se ubica el yacimiento. La presencia de *Mus spretus* en la asociación, un roedor cuyo primer registro de en la península ibérica data de 4700 BP (Guillem Calatayud, 1999), limita la edad máxima del nivel de acumulación de los restos. Por otro lado, la ausencia de algunas especies comunes que se incorporaron tardíamente a la fauna ibérica, indica que probablemente su edad mínima está dentro de la edad del Bronce-Hierro. Al aplicar el método de análisis bioclimático desarrollado por Hernández-Fernández (2001) se obtuvieron unos parámetros climáticos que corresponderían a un clima mediterráneo templado con verano seco y caluroso, muy similares a los de la zona en la actualidad. Sin embargo, la reconstrucción paleoambiental realizada con la asociación utilizando la metodología de *Habitat Weigthings* (Evans et al., 1981 y Andrews, 2006) indica la existencia de un paisaje que contrasta con el paisaje observable hoy día en la región. Así, la reconstrucción indica el predominio de un medio boscoso o arbolado no homogéneo, alternando con prados húmedos, y asociados al ambiente rocoso de las calizas, prados secos.

REFERENCIAS

Andrews, P., 2006. Taphonomic effects of faunal impoverishment and fauna mixing. Palaeogeography, Palaeoclimatology, Palaeoecology 241, 572-589.

Evans, E.M.N., Van Couvering, J.A.H., Andrews, P., 1981. Palaeoecology of Miocene sites in Western Kenya. Journal of Human Evolution 10, 99-116.

Guillem Calatayud, P.M., 1999. Los micromamíferos (Rodentia, Insectivora y Chiroptera) de la Secuencia Holocena de la Cova de les Cendres y Cova de Bolumini. En: II Congrés del Neolític a la Península Ibèrica. Sagvntvm-plav, Extra-2, pp. 31-36.

Hernández Fernández, M., 2001. Análisis paleoecológico y paleoclimático de las sucesiones de mamíferos del Plio-Pleistoceno Ibérico. Tesis Doctoral. Universidad Complutense de Madrid, 379 p.

Análisis icnológico de la Formación Winnipeg (Ordovícico, Saskatchewan, Canadá): aproximación a los cambios evolutivos post-paleozoicos

Dorador, Javier[a]; *Buatois, Luis A.*[b]; *Mángano, M. Gabriela*[b]; *Rodríguez-Tovar, Francisco J.*[a]

[a] Departamento de Estratigrafía y Paleontología, Universidad de Granada, 18002 Granada, España. javidr@ugr.es

[b] Department of Geological Sciences, University of Saskatchewan, 114 Science Place, Saskatoon, SK, Canada S7N-5E2

La Formación Winnipeg es una de las unidades basales de la Cuenca Williston en el sur de Canadá y norte de Estados Unidos, y está formada principalmente por areniscas y lutitas depositadas durante la expansión de esta cuenca en el Ordovícico (Ferguson et al., 2007). A pesar de su gran extensión, sus afloramientos son muy escasos y la gran mayoría de estudios se han basado en sondeos (Oberg, 1966). Durante el siglo pasado se han llevado a cabo numerosos estudios al tratarse de una formación importante en recursos hidrológicos y energéticos; sin embargo, nunca se ha realizado un estudio sedimentológico e icnológico de la misma en detalle. En este trabajo se plantea un análisis basado en la integración de información aportada por la litología, estructuras sedimentarias y pistas fósiles de la Formación Winnipeg a partir del estudio de cinco sondeos perforados en el sureste de Saskatchewan, Canadá.

Los materiales estudiados están compuestos principalmente por areniscas y, en menor medida, lutitas, correspondientes a depósitos marinos someros, pudiéndose distinguir un total de seis facies comprendidas entre zonas de *upper shoreface* y de *lower offshore*. El análisis icnológico revela un total de 10 icnotaxones: *Arenicolites*, *Asterosoma*, *Diplocraterion*, *Palaeophycus*, *Phycosiphon*, *Planolites*, *Siphonichnus*, *Skolithos*, *Teichichnus* y *Thalassinoides*; siendo englobados dentro de las icnofacies de *Cruziana*, principalmente aquellos intervalos dominados por estructuras horizontales, e icnofacies de *Skolithos* en aquellos donde las pistas verticales son muy abundantes y suelen presentar un menor grado de bioturbación. El análisis comparativo con depósitos similares post-paleozoicos de márgenes marinos someros (p.e. Pemberton y Frey, 1984; Buatois et al., 2003) pone de manifiesto una menor complejidad de las relaciones de *tiering* y de la diversidad de pistas en los ejemplos ordovícicos. Este hecho puede interpretarse como consecuencia de la diferencia evolutiva que existe entre la fauna paleozoica y la moderna. Estructuras biogénicas muy comunes en ambientes de *upper shoreface* y de *lower offshore* durante el Mesozoico, como es el caso de *Thalassinoides*, no son dominantes en la formación estudiada a pesar de que los depósitos analizados alcanzan altos grados de bioturbación. Dado que la mayoría de los modelos icnológicos más utilizados en aplicaciones paleoambientales han sido definidos a partir de depósitos mesozoicos, resulta especialmente interesante el análisis detallado de modelos paleozoicos como el que aquí se presenta.

REFERENCIAS

Buatois, L.A., Bromley, R.G., Mángano, M.G., Bellosi, E., Carmona, N., 2003. Ichnology of shallow marine deposits in the Miocene Chenque Formation of Patagonia: complex ecologic structure and niche partitioning in Neogene ecosystems. Publicación Especial de la Asociación Paleontológica Argentina 9, 85-95.

Ferguson, A.G., Betcher, R.N., Grasby, S.E., 2007. Hydrogeology of the Winnipeg Formation in Manitoba, Canada. Hydrogeology Journal 15, 573-587.

Oberg, R., 1966. Winnipeg conodonts from Manitoba. Journal of Paleontology 40, 130-147.

Pemberton, S.G., Frey, R.W., 1984. Ichnology of Storm-Influenced Shallow Marine Sequence: Cardium Formation (Upper Cretaceous) at Seebe, Alberta. In: Stott, D.F., Glass, D.J. (Eds.), The Mesozoic of Middle North America. Canadian Society of Petroleum Geologists Memoir 9, pp. 281-304.

Venta Micena 40 años después: nuevos datos y escenarios

Espigares, M. Patrocinio[a]; Martínez-Navarro, Bienvenido[b]; Jiménez-Arenas, Juan M.[c]; Ros-Montoya, Sergio[a]; Madurell, Joan[d]; Palmqvist, Paul[a]

[a] Dpto de Ecología y Geología, Facultad de Ciencias, Universidad de Málaga, Campus de Teatinos s/n, 29071 Málaga, España. mpespigares@uma.es

[b] ICREA, Institut Catalá de Paleoecologia Humana i Evolució Social-IPHES, Campus Sescelades, Universitat Rovira i Virgili, 43007 Tarragona, España.

[c] Dpto de Prehistoria y Arqueología, Universidad de Granada. 29071 Granada, España.

[d] Institut Català de Paleontologia Miquel Crusafont, Campus de la Universitat Autónoma de Barcelona, 08193 Cerdanyola del Vallès, Barcelona, España.

Descubierto en 1976 por un equipo liderado por Josep Gibert, Venta Micena se ha manifestado como uno de los mejores yacimientos paleontológios del Pleistoceno inferior europeo, tanto por la cantidad de restos óseos que contiene en su nivel fértil, cuya extensión aflora durante más de 2,5 km en superficie, como por el estado de conservación de los mismos.

Casi desde el comienzo de las investigaciones, que durante gran parte de la historia de esta localidad estuvieron focalizadas en el denominado Corte III, los análisis sistemáticos indican la presencia de una excepcional paleomastocenosis con presencia de fauna de origen europeo, asiático y africano, siendo especialmente importante la presencia del félido con dientes de sable *Megantereon whitei* (Martínez-Navarro, 1991; Martínez Navarro y Palmqvist, 1995). Por otra parte, aunque se ha publicado reiteradamente la presencia de restos de homininos en Venta Micena, hasta el momento no existen evidencias claras de presencia o actividad antrópica en este yacimiento (Martínez Navarro, 2002; Espigares, 2010).

Los estudios tafonómicos, paleoecológicos y paleobiológicos realizados en las primeras décadas de investigación de este yacimiento pusieron en evidencia el importante papel jugado por los hiénidos en la acumulación de la tafocenosis (Palmqvist et al., 1996; Palmqvist y Arribas, 2001). Sin embargo, en los últimos años se han realizado nuevos estudios que han puesto de manifiesto la presencia de especies que no se habían identificado previamente (vg. *Hemibos* cf. *gracilis*) (Martínez-Navarro et al., 2011) y, asimismo, han permitido redibujar los sesgos tafonómicos que afectan al registro de esta localidad, estableciendo un modelo detallado de la actuación de *Pachycrocuta brevirostris,* cuyos hábitos estrictamente carroñeros (Palmqvist et al., 2011) implican una intensa modificación de los cadáveres de los animales de los que se alimentaban, reflejada en un consumo diferencial en función del potencial nutricional y del grado de mineralización, así como en la presencia de distintos tipos de marcas de dentición (surcos, depresiones, bordes crenulados o vaciado) y en la abundancia y ubicación anatómica de las mismas (Espigares, 2010).

En los años 2005, 2013 y 2014 se han iniciado los trabajos en una nueva área de excavación, el Corte IV, situado en el sector oriental del yacimiento, que está aportando importantes novedades. En primer lugar, los elementos óseos se conservan más enteros, con una mayor representación del esqueleto axial, numerosos restos de vértebras, costillas y pelvis, así como abundantes elementos en conexión anatómica (muy inusual en los otros cortes de Venta Micena), documentados tanto en el esqueleto axial como en el apendicular. Además, es también relativamente frecuente la aparición de restos correspondientes a un mismo individuo, que aunque no estén en conexión anatómica, aparecen asociados espacialmente.

Parece claro, tras el primer análisis de las superficies óseas, la abundancia de elementos que evidencian marcas producidas por dentición, por lo que, al igual que en el Corte III, los carnívoros tuvieron un papel importante en la acumulación del Corte IV. Sin embargo, las diferencias enumeradas anteriormente, junto a otros datos (como un registro de cánidos excepcionalmente elevado) parecen indicar que el escenario en el que se formó el Corte IV fue algo diferente al del Corte III.

REFERENCIAS

Espigares, M.P., 2010. Análisis y modelización del contexto sedimentario y los atributos tafonómicos de los yacimientos pleistocénicos del borde nororiental de la Cuenca de Guadix-Baza. Tesis doctoral. Universidad de Granada. 533 pp.

Martínez-Navarro, B., 1991. Revisión Sistemática y Estudio Cuantitativo de la Fauna de Macromamíferos de Venta Micena (Orce, Granada). Tesis doctoral. Universidad Autónoma de Barcelona. 264 pp. Inédita.

Martínez-Navarro, B., 2002. The skull of Orce: parietal bones or frontal bones?. Journal of Human Evolution. 42, 265-270.

Martínez-Navarro, B., Palmqvist, P., 1995. Presence of the African Machairodont *Megantereon whitei* (Broom, 1937) (Felidae, Carnivora, Mammalia) in the Lower Pleistocene Site of Venta Micena (Orce, Granada, Spain), with some Considerations on the Origin, Evolution and Dispersal of the Genus. Journal of Archaeological Science 22, 569-582.

Palmqvist, P., Arribas, A., 2001. Taphonomic decoding of the paleobiological informaron locked in a lower Pleistocene assemblage of large mammals. Paleobiology 27, 512-530.

Palmqvist, P., Martínez-Navarro, B., Arribas, A., 1996. Prey selection by terrestrial carnivores in a lower Pleistocene paleocommunity. Paleobiology 22, 514-534.

Palmqvist, P., Martínez-Navarro, B., Pérez-Claros, J.A., Torregrosa, V., Figueirido, B., Jiménez-Arenas, J.M., Espigares, M.P., Ros-Montoya, S., Renzi, M., 2011. The giant hyena Pachycrocuta brevirostris: modelling the bone-cracking behavior of and extinct carnivore. Quaternary International 243, 61-79.

Martínez-Navarro, B., Ros-Montoya, S., Espigares, M.P., Palmqvist, P., 2011. Presence of Asian Origin Bovini, *Hemibos* sp. aff. *H. gracilis* and *Bison* sp., at the Early Pleistocene site of Venta Micena, (Orce, Spain). Quaternary International 243, 54-60.

Los fósiles como componentes de la geodiversidad: algunas consideraciones para su gestión

Fernández-Martínez, Esperanza

Departamento de Geografía y Geología, Facultad de Ciencias Biológicas y Ambientales, Campus de Vegazana, Universidad de León, 24071 León, España. e.fernandez@unileon.es

Uno de los principales avances de las disciplinas geológicas y medioambientales en los últimos años ha sido la renovación en la visión de los elementos geológicos, tradicionalmente considerados como recursos de abastecimiento, y que ahora se analizan como recursos de regulación, de soporte y culturales (Gray et al., 2013). En este contexto, y concretamente dentro de los recursos culturales, se enmarcan aspectos relativamente nuevos de la Geología, como el patrimonio geológico, la geodiversidad, la geoconservación, el geoturismo o los geoparques, denominados por Carcavilla Urquí (2012) "las nuevas 5 G de la geología". Es también en este mismo contexto donde debería situarse el análisis de los fósiles, los yacimientos donde se encuentran y las colecciones que integran, de cara a establecer su valor y diseñar estrategias para su gestión (preservación, conservación, usos, divulgación, estudio científico, etc.).

Como objetos de origen natural y actualmente constituyentes de la geosfera, los fósiles son considerados de forma unánime como integrantes de la geodiversidad. Su valor como tal ha sido destacado por diversos autores (Noffke, 2005; Henriques, 2015; Thomas, 2012; entre otros). Los aspectos señalados para establecer la importancia de los fósiles son variados y, en su mayoría, de índole científica o educativa. Entre ellos podemos citar: ser archivo de los organismos y ambientes del pasado (Noffke, 2005), constituir un registro de acontecimientos básicos en la historia del planeta (Thomas, 2012), o ser reflejo de la biodiversidad del pasado (Henriques y Pena do Reis, 2015). Como componentes importantes de la geodiversidad, los fósiles tienen un valor patrimonial, incluyendo aquellos que, por no haber entrado en inventarios o en trabajos relacionados con patrimonio geológico, no han sido valorados de manera formal y, por tanto, no entran dentro del patrimonio geológico en su sentido estricto (Díaz-Martínez y Fernández-Martínez, 2015). Además, y teniendo en cuenta su carácter de elementos no renovables, deben ser gestionados utilizando estrategias similares a las utilizadas en otros trabajos de geoconservación (Henriques y Pena do Reis, 2015)

Considerados como recurso natural, los fósiles tienen una serie de rasgos particulares, como el hecho de que pueden generar patrimonio mueble e inmueble, o el que estén regulados al unísono por normativas de patrimonio natural y cultural. Al mismo tiempo, comparten rasgos con otros elementos del patrimonio geológico. Entre ellos cabe destacar los siguientes: 1) Tiene que existir una exposición que permita el acceso a los mismos; 2) esta exposición puede tener un origen antrópico (el talud de una carretera, una cantera, etc.); 3) son elementos no renovables, considerándose los yacimientos como lugares del tipo "finite site" (Townley y Larwood, 2012a); 4) tienen una alta capacidad explicativa; y 5) muestran un altísimo riesgo de degradación por vulnerabilidad antrópica.

En el caso de los fósiles, la vulnerabilidad antrópica tiene tres fuentes principales: a) el uso como recurso de abastecimiento de las rocas donde están contenidos, b) la utilización de estas mismas rocas como sustrato de obras públicas, y c) el expolio con fines de coleccionismo y/o comercio. Los dos primeros casos pueden solucionarse con normativas similares a las existentes en otros patrimonios, o mediante acuerdos específicos entre empresas e investigadores (Alcalá et al., 2015). La tercera fuente, la recolección de fósiles con fines educativos o de coleccionismo, sigue siendo objeto de debate y la solución oscila desde la prohibición de recolectar a la aplicación de códigos de buenas prácticas en aquellos países donde la recolección está regulada (Townley y Larwood, 2012a, b).

Nuevos enfoques generan nuevos retos científicos y sociales. En el caso de los fósiles, su visión como recursos culturales nos obliga a revisitar las formas de gestionar los yacimientos y las colecciones paleontológicas, y a desarrollar un abanico de estrategias que nos permitan conservar estos elementos, siempre en el doble sentido de preservar su valor y favorecer su uso.

REFERENCIAS

Alcalá, L., Espílez, E., Mampel, L., y nueve autores más, 2012. New Lower Cretaceous vertebrate bonebed near Ariño (Teruel, Aragón, Spain); found and nanaged in a joint collaboration between a mining company and a palaeontological park. Geoheritage 4, 275-286.

Carcavilla Urquí, L., 2012. Geoconservación. Editorial Los libros de la catarata, colección Planeta Tierra. 126 pp.

Díaz-Martínez, E., Fernández-Martínez, E., 2015. El valor del patrimonio geológico: 1, fundamentos y significado. En: Patrimonio geológico y geoparques, avances de un camino para todos. Cuadernos del Museo Geominero 18, 13-18.

Gray, M., Gordon, J.E., Brown, E.J., 2013. Geodiversity and the ecosystem approach: the contribution of the geoscience in delivering integrated environmental management. Proceedings of the Geologist's Association 124, 659-673.

Henriques, M.E., Pena do Reis, R., 2015. Framing the Paleontological Heritage within the Geological Heritage: An integrative vision. Geoheritage, DOI 10.1007/s12371-014-0141-9

Noffke, N., 2005. Geobiology, a holistic scientific discipline. Palaeogegraphy, Palaeoclimatology, Palaeoecology 219, 1-3.

Thomas, M.F., 2012. Geodiversity and landscape sensitivity: a geomorphological perspective. Scottish Geographical Journal 128, 195-210.

Townley, H., Larwood, J., 2012a. Managing geological specimen collecting: guidance. Natural England Technical information note TIN 111. Natural England. 8 pp.

Townley, H., Larwood, J., 2012b. Managing geological specimen collecting: responsible collecting. Natural England Technical information note TIN 112. Natural England. 3 pp.

Reconstrucción morfológica y estimación de tamaño corporal de *Dunkleosteus terrelli* (Arthrodira, Placodermi)

Ferrón, Humberto G.; Botella, Héctor; Martínez-Pérez, Carlos

Departamento de Geología, Universitat de València, Avda. Dr. Moliner, 50, 46100 Burjassot, España.
Humberto.Ferron@uv.es, Hector.Botella@uv.es, Carlos.Martinez-Perez@uv.es

Dunkleosteus terrelli, del Devónico Superior de EEUU y Marruecos, es probablemente una de las especies más icónicas dentro del grupo de los placodermos. Interpretaciones paleoecológicas recientes, y modelos biomecánicos de su cráneo sugieren que *D. terrelli* sería un placodermo pelágico activo de gran tamaño (Carr, 2010) con una de las mordidas más potentes del reino animal (Anderson y Westneat, 2009). Sin embargo, a pesar del interés mediático que despierta esta especie, llama la atención que no exista una idea clara acerca de su morfología y tamaño corporal dado que únicamente se conoce a partir de su escudo cefálico y de escasos restos articulados. Ante la falta de especímenes completos, las estimaciones y reconstrucciones realizadas hasta el momento se han basado en un criterio de proximidad filogenética, inspirándose en *Coccosteus cuspidatus,* un pequeño artródiro basal bien conocido a partir de ejemplares completos perteneciente al mismo orden que *D. terrelli* (Carr, 2010). En consecuencia, clásicamente se ha presentado a *D. terrelli* siguiendo los patrones morfológicos de *Coccosteus,* con un cuerpo anguiliforme y una aleta caudal marcadamente heterocerca. Por otro lado, las referencias a su tamaño corporal encontradas en la literatura no se fundamentan en modelos cuantitativos a partir de datos de otros placodermos u otros grupos de peces actuales o fósiles. Según esto, el presente trabajo plantea dos objetivos principales, por un lado, estimar la longitud total de *Dunkleosteus* en base a aproximaciones cuantitativas y, por otro, reconstruir algunos aspectos anatómicos del animal, principalmente los relativos a su aleta caudal.

Para la estimación del tamaño de *D. terrelli* se siguieron dos aproximaciones diferentes. En primer lugar se estudió la relación entre la longitud del escudo cefálico y la longitud total de 25 ejemplares completos de *Coccosteus cuspidatus* de entre 30 y 60 cm. Los ejemplares estudiados proceden de diferentes museos del Reino Unido (Huntarian Museum of Glasgow, National Museum of Scotland, Fossil and Heritage Center of Orkney, etc) así como de diversas colecciones privadas. En segundo lugar se estudió la relación entre el perímetro de la mandíbula superior y la longitud total de *Carcharodon carcharias* (tiburón blanco) en 33 ejemplares de entre 3 y 6,5 metros. Para la extrapolación del tamaño de *D. terrelli* en ambas aproximaciones, se midió tanto la longitud del escudo cefálico como el perímetro de la mandíbula superior en el mayor ejemplar de *D. terrelli* depositado en el Museo de Cleveland (Ohio) (CMNH 5768). Para la reconstrucción de la cola se analizó la variabilidad morfológica en la aleta caudal de 417 especies de tiburones actuales, cubriendo un amplio rango taxonómico y ecológico, a partir de un análisis de morfometría geométrica en dos dimensiones usando 5 landmarks de tipo 2 (máxima curvatura). En paralelo, el mismo análisis se repitió incluyendo únicamente las aletas caudales de tiburones pelágicos activos (80 especies), en este caso usando 9 landmark de tipo 2. Para este segundo análisis se estudió también la regresión entre la morfología de la aleta caudal y la longitud total corporal con el fin de comprobar la existencia de alometría.

Nuestros resultados nos dan unas estimaciones de tamaño corporal de *D. terrelli* de 4 y 6 metros a partir de los datos de *C. cuspidatus* y *C. carcharias* respectivamente. Según esto, *C. Cuspidatus* no parece ser un buen modelo para estimar el tamaño de placodermos de gran tamaño, dando unas proporciones anatómicas no naturales para *D. terrelli*. En contraposición, el rango de tamaños de los tiburones blancos considerados en la segunda aproximación sí estaría dentro del orden de magnitud de los tamaños esperados para *D. terrelli*. Así, una longitud total de unos 6 m parece más razonable, siendo muy similar a las medidas más conservativas presentes en la literatura pero estando muy alejada de las aproximaciones más al alza de hasta 10 m.

Por otro lado, nuestro análisis morfométrico demuestra que la morfología de la aleta caudal en tiburones es convergente para grupos alejados filogenéticamente estando determinada en gran medida por el modo de vida del animal. Además, existe una uniformidad muy marcada en la morfología de la aleta caudal de todos los tiburones pelágicos existiendo alometría que afecta principalmente a la altura de la aleta caudal. Por lo tanto, dado que la morfología de la aleta caudal en vertebrados acuáticos está fuertemente determinada por el modo de vida (Thomson y Simanek, 1977) las reconstrucciones de ésta basadas en un criterio de proximidad ecológica son más parsimoniosas que aquellas que siguen un criterio de proximidad filogenética. Así, considerando a los grandes tiburones pelágicos como los organismos más similares en términos ecológicos a *D. terrelli*, nuestro análisis predice una aleta caudal alta con un lóbulo ventral bien desarrollado y grandes ángulos entre el eje corporal y los lóbulos dorsal y ventral para un *D. terrelli* de unos 6 metros de longitud.

Este trabajo ha sido financiado por el proyecto BFU2008-00643/BFI

REFERENCIAS

Anderson, P.S., Westneat, M.W. 2009. A biomechanical model of feeding kinematics for Dunkleosteus terrelli (Arthrodira, Placodermi). Journal Information 35(2). 76-79.

Carr R (2010). Paleoecology of *Dunkleosteus terrelli* (Placodermi: Arthrodira). Kirtlandia, The Cleveland Museum of Natural History 57, 36-45.

Thomson KS y Simanek DE (1977). Body form and locomotion in sharks. American Zoologist 17, 343-354.

Implicaciones bioestratigráficas y paleobiogeográficas de la nueva especie de nanofósiles calcáreos *Crepidolithus cantabriensis* nov. sp.

Fraguas, Angela[a,b]

[a] Departamento de Paleontología, Universidad Complutense de Madrid, 28400 Madrid, España. arfraguas@geo.ucm.es

[b] Institute of Geosciences, Goethe-University Frankfurt, 60438 Frankfurt am Main, Alemania

Los nanofósiles calcáreos son uno de los principales constituyentes de los sedimentos margosos y calcáreos del Mesozoico, e incluyen taxones comunes y fácilmente identificables tanto en el dominio Boreal como en el del Tethys (Bown y Cooper 1998; Mattioli y Erba 1999; Fraguas et al. 2015). Por estas razones, este grupo fósil es considerado una herramienta muy útil para datar las rocas y para realizar reconstrucciones paleoceanográficas.

Un nuevo nanofósil calcáreo, *Crepidolithus cantabriensis* nov. sp., se ha descrito en las margas y margocalizas de cuatro secciones del intervalo Sinemuriense Superior-Pliensbachiense (Jurásico Inferior) de la Cordillera Cantábrica (N de España). Las secciones de Santotis y Tudanca están situadas en el Valle del Río Nansa, en una posición proximal respecto al Macizo Ibérico, mientras que las secciones de Camino y San Andrés se encuentran el área de Reinosa, ocupando una posición más distal.

C. cantabriensis nov. sp. se caracteriza por incluir cocolitos de talla mediana, entre normal y estrechamente elípticos y con un área central abierta. Utilizando el microscopio óptico, con los nícoles cruzados y en posición distal, *C. cantabriensis* nov. sp. muestra una figura de interferencia característica con un patrón de extinción bicíclico, ya que, mientras su zona interna muestra colores de birrefringencia de primer orden entre blanco y amarillento, el borde externo presenta tonalidades más oscuras tendentes al gris, y ambos están separados por una línea sigmoidal.

Teniendo en cuenta sus características morfológicas y estructurales, las relaciones filéticas entre *C. cantabriensis* nov. sp. y *Crepidolithus crassus* parecen claras. Ambas especies presentan un escudo distal constituido por treinta elementos subverticales, dextralmente imbricados. La anchura del área central de *C. cantabriensis* nov. sp. es aproximadamente la mitad de la anchura del cocolito, mientras que en *C. crassus* el área central presenta únicamente dos pequeños huecos lenticulares. *C. crassus* es la especie índice de la Zona de nanofósiles NJ3 Crepidolithus crassus establecida por Bown y Cooper (1998). En el esquema bioestratigráfico propuesto por Fraguas et al. (2015) para el Jurásico Inferior de la Cordillera Cantábrica, la especie nueva da nombre a la Subzona de nanofósiles NJ4a Crepidolithus cantabriensis. Por lo tanto, distinguir correctamente ambas especies es primordial para establecer un esquema bioestratigáfico preciso.

Los primeros especímenes de *C. cantabriensis* nov. sp. se han reconocido en la Zona Raricostatum (Sinemuriense Superior) en la sección de Tudanca del Valle del Río Nansa. Sin embargo, esta especie parece ser más abundante en el área de Reinosa, que durante el intervalo temporal estudiado ocupaba una situación más distal respecto al Macizo Ibérico. Reggiani et al. (2010) sugirieron que el aporte de siliciclásticos y nutrientes del Macizo Ibérico probablemente redujeron la cantidad de luz y la amplitud de la zona fótica en las áreas más proximales, disminuyendo la abundancia de *Crepidolithus* spp. Entre las especies del género *Crepidolithus*, *C. crassus* es considerado un cocolito robusto y pesado que tal vez habitó en la parte inferior de la zona fótica (Mattioli et al. 2008; Fraguas y Erba 2010; Reggiani et al. 2010). Considerando las similitudes morfológicas y estructurales entre *C. crassus* y *C. cantabriensis* nov. sp., la nueva especie aquí descrita podría haber vivido también en la parte inferior de la zona fótica.

AGRADECIMIENTOS

Trabajo financiado por el proyecto CGL2011-25894.

REFERENCIAS

Bown, P.R., Cooper, M.K.E., 1998. Jurassic. In: Bown, P.R. (Ed.), Calcareous Nannofossil Biostratigraphy, Kluwer Academic, London, 34-86.

Fraguas, A., Erba, E., 2010. Biometric analyses as a tool for the differentiation of two coccolith species of the genus Crepidolithus (Pliensbachian, Lower Jurassic) in the Basque-Cantabrian Basin (Northern Spain). Marine Micropaleontology 77, 125-136.

Fraguas, A., Comas-Rengifo, M.J., Perilli, N., 2015. Calcareous nannofossil biostratigraphy of the Lower Jurassic in the Cantabrian Range (Northern Spain). Newsletters on Stratigraphy 48, 179-199.

Mattioli, E., Erba, E., 1999. Synthesis of calcareous nannofossil events in Tethyan Lower and Middle Jurassic successions. Rivista Italiana di Paleontologia e Stratigrafia 105, 343-376.

Mattioli, E., Pittet, B., Suan, G., Mailliot, S., 2008. Calcareous nannoplankton changes across the Early Toarcian oceanic anoxic event in the western Tethys. Paleoceanography 23, PA3208, http://dx.doi.org/10.1029/2007PA001435.

Reggiani, L., Mattioli, E., Pittet, B., 2010. Spatial distribution of Late Pliensbachian (Early Jurassic) calcareous nannofossils within the Lusitanian basin (Portugal). Geobios 43, 87-97.

Foraminíferos planctónicos del Cuaternario reciente del Mar de Alborán

García, Ignacio; Usera, Juan; Guillem, Jordi; Giner-Baixauli, Alicia; Alberola, Carmen

Departamento de Geología. Universitat de València. Doctor Moliner, 50. 46100 Burjassot, Valencia, España. igarsanz@alumni.uv.es

El mar de Alborán se encuentra en la parte más occidental del Mar Mediterráneo, en contacto a través del estrecho de Gibraltar con el Atlántico. Por esta circunstancia se convierte en un área de especial interés científico. Existen numerosos estudios basados en foraminíferos del Cuaternario centrados en cambios paleoclimáticos del Mar de Alborán (Pujol y Vergnaud Grazzini, 1994; González Donoso et al, 1991; Linares et al, 1999), mientras que otros se basan en la variedad de especies estudiadas (Usera y Alberola, 2009; Usera et al., 2010; Giner-Baixauli et al., 2012). A partir de diversos estudios realizados por el Instituto Español de Oceanografía se han obtenido una serie de muestras del sedimento superficial de los fondos de la zona norte y central del Mar de Alborán. En este trabajo se pretende llevar a cabo una primera aproximación a la distribución de los foraminíferos planctónicos, estudiando posibles relaciones entre su frecuencia relativa y la profundidad en la que quedaron depositados, en 122 muestras recogidas por el buque oceanográfico *Vizconde de Eza* en la campaña de 2003.

Se tomaron 50 g de sedimento por muestra que fueron sometidos a lavado y tamizado sobre una malla de 63 µm. Con posterioridad se recuperó un mínimo de entre 300 a 500 foraminíferos por muestra y se procedió a su clasificación, fijación a un portaobjetos y recuento. Se representó gráficamente la proporción de las distintas especies en las muestras ordenando éstas de menor a mayor profundidad y se llevó a cabo el cálculo del índice de correlación de Pearson entre la profundidad y la proporción de cada una de las especies, teniendo sólo en cuenta aquellas que superaran el 3% en al menos una muestra. Las especies consideradas fueron las siguientes: *Globigerina bulloides* D'Orbigny, *Globigerina falconensis* Blow, *Globigerinella siphonifera* (D'Orbigny), *Globigerinita glutinata* (Egger), *Globigerinoides ruber* (D'Orbigny), *Globigerinoides sacculifer* (Brady), *Globorotalia inflata* (D'Orbigny), *Neogloboquadrina dutertrei* (D'Orbigny), *Neogloboquadrina pachyderma* (Ehrenberg), *Orbulina universa* D'Orbigny, *Truncorotalia truncatulinoides* (D'Orbigny) y *Turborotalita quinqueloba* (Natland).

Sólo tres de las especies estudiadas mostraron una correlación significativa con un valor superior al valor crítico (0,232; $p<0,01$). *Orbulina universa* y *Globigerinella siphonifera* son algo más abundantes en muestras más profundas, con coeficientes de correlación de 0,391 y 0,365 respectivamente. Por el contrario, *Globigerinoides ruber* parece seguir una tendencia opuesta (correlación: –0,359) con frecuencias que tienden a ser mayores en aguas más someras. Ninguna otra especie parece tener relación con la profundidad a la que se depositaron, incluyendo las dos especies dominantes en Alborán: *Globorotalia inflata* (correlación: 0,141) o *Globigerina bulloides* (correlación: –0,23; p<0,02), si bien en este último caso la correlación sí hubiera sido positiva con un nivel de significación distinto.

REFERENCIAS

Giner-Baixauli,A., Usera, J., Guillem, J., Alberola, C., 2012. Foraminíferos del cuaternario reciente del mar de Alborán III: sector sur de Motril (Granada). Libro de resúmenes XXVIII S.E.P. Valencia-Soller 2012, 71-73.

González Donoso, J.M., González Padilla, I.M., Palmqvist, P., 1991. Contribución al conocimiento de la paleoceanografía del mar de Alborán (Mediterráneo occidental) mediante el estudio de los foraminíferos planctónicos de un testigo de sondeo. Revista Española de Paleontología 6, 191-205.

Linares, D., González Donoso, J.M., Serrano, F., 1999. Paleoceanografic conditions during the quaternary at sites 976 (Alboran sea) and 975 (Menorca Rise) inferred from the planktonic foraminiferal assemblages: Basis for a Biostratigraphy. Proceedings of the Ocean Drilling program. Scientific Results 161, 441-455.

Pujol, C., Vergnaud Grazzini, C., 1995. Distribution patterns of live planktic foraminifers as related to regional hydrography and productive systems of the Mediterranean Sea. Marine Micropaleontology 25, 187-217.

Usera, J., Alberola, C., 2009. Foraminíferos del cuaternario reciente del Mar de Alborán. Parte I: Sector Cabo Sacratif. En : XXV Jornadas de la Sociedad Española de Paleontología. Comunicaciones, 270-271.

Usera, J., Alberola, C., Brito, J.M., 2010. Foraminíferos del cuaternario reciente del Mar de Alborán. Parte II: Sector Golfo de Almería. Publicaciones del seminario de Paleontología de Zaragoza 9, 302-304.

Creación y Gestión de una base de datos conjunta como herramienta en un Grupo de Trabajo Virtual: Ejemplo BD Eventos del Devónico Español.

García-Forner, Anna[a]; *Ruiz-Gijón, Tonny*[b]; *Valenzuela Ríos, J. Ignacio*[c]

[a] Museo de Geología de la Universitat de València. 46100 Burjassot (Valencia), España, Email: anna.garcia@uv.es

[b] LSyM - IRTIC. Universitat de València, España

[c] Departamento de Geología, Universitat de València, 46100 Burjassot (Valencia), España

En la actualidad, los proyectos de investigación basan sus objetivos en la participación de grupos de investigación multidisciplinares y con proyección internacional. Esto permite la creación de grupos de trabajo formada por varios miembros, que interactúan y trabajan juntos para conseguir los objetivos del proyecto. En el trabajo conjunto, el comportamiento y/o rendimiento de un miembro del equipo es influenciado por el comportamiento y/o rendimiento de otros miembros (Rincón y Zambrano, 2008; Ruiz, 2002; Jiménez, 2007).

Esta multidisciplinariedad y dispersión geográfica, que tradicionalmente era un hándicap para la generación de sinergias y acciones conjuntas, ha dado paso al desarrollo de trabajo en equipos a distancia. Ya no es indispensable que las personas se encuentren en el mismo sitio y al mismo tiempo para trabajar juntas en un mismo propósito: Grupos de Trabajo Virtual (GTV). Los GTV se conciben como conjuntos de personas que, si bien se encuentran distribuidas geográficamente, persiguen una meta común, que se facilita de forma importante si utilizan tecnologías de la información para comunicarse y cooperar a través del tiempo y del espacio (Bell y Kozlowski, 2002).

Ante las distancias, las TIC permiten alcanzar ahorros en tiempo y dinero aprovechando las capacidades de miembros de una organización o diferentes organizaciones en puntos geográficos distantes. El trabajo en equipo bajo estas condiciones puede hacerse incluso sin necesidad de coincidir en un mismo tiempo.

Estos conceptos y metodología han sido la base para la creación de un GTV y una base de datos asociado al proyecto "Eventos Globales en el Devónico Inferior de España y su correlación mundial", coordinado desde el Museo de Geología de la UV, dada la experiencia en creación y gestión de bases de datos de fondos paleontológicos (Márquez-Aliaga et al., 2012).

La creación de una base de datos que unifique los resultados tiene sentido como resultado de una unificación de criterios e intercambio de información y contrastación de resultados: Gestión de la Información, es decir, no sólo a la recolección y manejo de datos provenientes de una o más fuentes sino también al correcto uso del sistema que gestiona dicha información (Powell, 2003).

Para ello, y gracias a la colaboración de uno de los firmantes (especialista en multimedia), se ha creado una aplicación web que permite acceder y compartir a los miembros del GTV toda la información sobre las piezas y colecciones en las que se esté trabajando. La privacidad de los datos es una de las premisas tenidas en cuenta, y para ello se han creado credenciales únicas que permitirán diversos niveles de acceso a la información.

Internamente, se trata de una base de datos relacional que cuenta con una estructura completa donde poder almacenar toda la información conocida de las piezas. El diseño del sistema es modular, por lo que se pueden añadir campos de información en función de nuevas necesidades de forma sencilla.

Para facilitar el uso, el sistema cuenta con ayudas visuales y complementos como autocompletado de campos que se irán actualizando conforme se vaya introduciendo nueva información. Además se ofrecen métodos para el filtrado sencillo de las listas de elementos mediante criterios elegidos por los investigadores.

Por otra parte, este sistema permite la visualización de las imágenes asociadas como una galería y, si la pieza dispone del recurso, la visualización 3D en un visor interactivo.

Los campos que se incluyen en la BD se han definido en función de la información que albergan (taxonómica, estratigráfica, archivos PDF, etc), siendo posible la creación de nuevos campos si fuera necesario.

AGRADECIMIENTOS

Este trabajo ha sido financiado gracias al proyecto el proyecto GCL2011-24775 del MINECO, y representa una contribución al PICG-596.

REFERENCIAS

Bell, B.S., Kozlowski, S.W.J., 2002. A typology of virtual teams: Implications for effective leadership. Retrieved [20/09/2014], from Cornell University, School of Industrial and Labor. Relations site: http://digitalcommons.ilr.cornell.edu/hrpubs/8/.

Jiménez, J., 2007. Retos de los equipos virtuales de trabajo. Internetips, Revista Digital. Disponible en http://www.internetips.com/ articulos/detalle.php?iid=127.

Márquez-Aliaga, A., García-Forner, A., González-Pardos, M., 2012. La Colección del Triásico del MGUV en plataforma *Wiki*. In: XXVIII Jornadas Sociedad Española de Paleontología, 2012 y Simposios de los Proyectos nº 587 y 596 del PICG, Valencia-Sóller, pp. 127-130.

Powell, M., 2003. Information Management for Development Organisations, Oxfam, pp. 97-98.

Rincón, Y., Zambrano, E., 2008. Equipos de trabajo virtual: los desafíos del trabajo compartido a distancia. Disponible en: http://www.revistanegotium.org.ve 11 (4) 104-119.

Ruiz, J., 2002. Gestionar Equipos Virtuales. Disponible en: http://www.expansionyempleo.com/edicion/noticia/0,2458,136032,00.html.

Relación entre el desarrollo mandibular y la erupción dental

Gea, Cristina[a]; *García-González, Rebeca*[a]; *Carretero, José Miguel*[a]; *Rodríguez, Laura*[a]; *Arsuaga, Juan Luis*[b]

[a] Laboratorio de Evolución Humana, Universidad de Burgos, 09001 Burgos, España. clg0019@alu.ubu.es

[b] Centro Mixto UCM-ISCIII de Evolución y Comportamiento Humanos, 28029, Madrid, España

El interés en el crecimiento y el desarrollo craneofacial de nuestra especie ha motivado una gran cantidad de estudios en los que se han propuesto diversas hipótesis sobre la integración morfológica de las distintas regiones del cráneo y su crecimiento (Moss y Salentijn, 1969; Enlow, 1982). También se han realizado multitud de estudios en los que se presta especial atención a la mandíbula y su relación con la dentición, los músculos del tracto bucal o las fuerzas masticatorias (Coquerelle el at., 2013; Holton et al., 2014). El patrón de erupción dental se ha relacionado siempre con el crecimiento mandibular, aunque existen discrepancias sobre si esta relación es simplemente espacial, en la que el desarrollo dental y mandibular deben ser sincrónicos para asegurar un crecimiento y desarrollo normales, pero sin causa-efecto (Diamond, 1944), o si el desarrollo de uno de los elementos desencadena el desarrollo del otro (Dean, 2007).

En este estudio se relaciona la erupción dental con el cambio de forma que experimenta la mandíbula durante su crecimiento y desarrollo. Para ello se han modificado los estados eruptivos descritos por Dean (2007) y se han definido tres estados preeruptivos para los molares inferiores. A continuación se realizó la Tomografía Axial Computarizada (TAC) de las mandíbulas de 29 individuos en distintos estados de desarrollo y se determinó mediante morfometría geométrica y análisis de componentes principales el cambio en la forma mandibular explicado por la consecución de los diferentes estados de erupción dental. Para comprobar en qué medida el cambio de forma se debe a la edad en lugar de a la propia erupción, se ha evaluado la correlación de los cambios de forma con el desarrollo dental, el cual está mucho más correlacionado con la edad que la erupción (Demirjian et al., 1973).

Los resultados muestran que la correlación entre la erupción dental y el desarrollo mandibular es muy alta, y es mayor que la correlación entre la edad y el desarrollo mandibular, lo que parece indicar que es la erupción la que principalmente influye en el cambio de forma mandibular durante el crecimiento. Para pasar a considerar si esta relación entre el desarrollo mandibular y la erupción dental es de causa efecto o no, y de serlo cuál es el proceso desencadenante, serían necesarios más estudios a nivel bioquímico y genético (Marcks et al. 1995). El esclarecimiento de estas cuestiones podría ayudar a comprender el patrón de desarrollo no solo de *Homo sapiens* sino también de otros homininos extintos.

REFERENCIAS

Coquerelle, M., Prados-Frutos, J.C., Benazzi, S., Bookstein, F.L., Senck, S., Mitteroecker, P., Weber, G.W., 2013. Infant growth patterns of the mandible in modern humans: a closer exploration of the developmental interactions between the symphyseal bone, the teeth, and the suprahyoid and tongue muscle insertion sites. Journal of Anatomy 222, 178-192.

Dean, M.C., 2007. A radiographic and histological study of modern human lower first permanent molar root growth during the supraosseous eruptive phase. Journal of Human Evolution 53, 635-646.

Demirjian, A., Goldstein, H., Tanner, J.M., 1973. A new system of dental age assessment. Human Biology 45, 211-227.

Diamond, M., 1944. The development of the dental height. American Journal of Orthodontics and Oral Surgery 30, 589-605.

Enlow, D.H., 1982. Handbook of facial growth, 2ª ed. Philadelphia: Saunders.

Holton, N.E., Franciscus, R.G., Rovosa, M.J., Southard, T.E., 2014. Functional and morphological correlates of mandibular symphyseal form in a living human sample. American Journal of Physical Anthropology 153, 387-396.

Marcks, S.C., Gorski, J.P., Wise, G.E., 1995. The mechanisms and mediators of tooth eruption - Models for developmental biologists. International Journal of Developmental Biology 39, 223-230.

Moss, M.L., Salentijn, L., 1969. The primary role of functional matrices in facial growth. American Journal of Orthodontics 55, 566-577.

Caracterización paleontológica de una asociación de gasterópodos terrestres del Cuaternario de La Gomera (Islas Canarias)

González, Alberto; Notario del Pino, Jesús S.; García-Gotera, Cristo; Castillo, Carolina

Departamento de Biología Animal, Edafología y Geología, Universidad de La Laguna, 38206 La Laguna, España, Email: alberto.glez.rguez.93@gmail.com

En este trabajo realizamos el estudio paleontológico de una asociación de gasterópodos terrestres del yacimiento de Camiña, en el N de La Gomera, una de las islas más pequeñas de Canarias, cuya superficie es de 369,76 km^2, y cuya cima es el pico Garajonay (1.487 m). Se sitúa en el océano Atlántico, en la parte occidental del archipiélago y pertenece a la provincia de Santa Cruz de Tenerife. Es la única isla del archipiélago que no ha tenido actividad volcánica durante el Cuaternario, y es una de las tres islas (junto con Fuerteventura y La Palma) donde es visible el Complejo Basal, compuesto por rocas plutónicas, filonianas y la denominada "Serie Submarina" formada por rocas volcánicas y sedimentos, ambos de carácter submarino (Cendrero, 1970).

La localidad estudiada es un paleosuelo muy rico en gasterópodos terrestres, a 230 m sobre el nivel del mar, formado sobre coladas basálticas con niveles de brechas subordinadas, que afloran en la zona de desembocadura del barranco de Hermigua, sobre el complejo de basaltos antiguos inferiores. La vegetación en la zona del yacimiento es básicamente un cardonal de *Euphorbia canariensis* L. y se incluye en el biotopo de tipo basal caracterizado por la presencia de matorral de tipo tabaibal-cardonal con formaciones naturales afines del tipo desarbolado y clima macaronésico.

Para la realización de este trabajo se tomaron 10 muestras de 1 Kg de suelo, que posteriormente fueron llevadas al laboratorio para su análisis. Se realizó un tamizado en seco de las 10 réplicas con tamices de luz de malla de 2 y 1 mm, se separaron los restos fósiles del sedimento y se procedió al conteo de las diferentes especies halladas y el grado de fragmentación. La determinación de los fósiles de gasterópodos terrestres se realizó por comparación con la colección de gasterópodos terrestres de Canarias depositada en el Museo de Ciencias Naturales de Tenerife, y con las especies citadas y figuradas en la bibliografía (Serna & Gómez, 2008; Groh, 1985) de la isla de la Gomera. Tras la identificación taxonómica se realizó la documentación fotográfica del material con una cámara AxioCam HRC incorporada a una lupa binocular. Las medidas para el análisis biométrico se hicieron sobre estas fotos con la aplicación informática ImageJ y con calibrador electrónico. Para la caracterización de la asociación se utilizó la abundancia relativa de cada especie, y en función de este parámetro se diferenció entre especies fundamentales, aquellas que tienen más del 10% de abundancia relativa, y especies acompañantes representada con valores inferiores al 10%.

Se estudiaron 869 restos fósiles de gasterópodos terrestres, pertenecientes a 807 individuos de ocho especies y siete familias. El grado de fragmentación es superior al 60% en cuatro especies, y los más fragmentados son las conchas de mayor tamaño. La abundancia relativa de especies reveló que la asociación incluye dos especies fundamentales (*Pomatias laevigatus* y *Hemicycla fritschi*). El grado de fragmentación es similar al de otros paleosuelos (Yanes et al., 2008). Al comparar esta asociación de gasterópodos terrestres con otras halladas en Canarias entre 0 y 300 m de altitud, observamos que su composición es similar a las del N de Gran Canaria, caracterizadas por la abundancia de los géneros *Pomatias* y *Hemicycla* (García-Gotera et al., 2010). Todas las especies muestreadas en este yacimiento se encuentran actualmente en La Gomera, salvo el género *Pomatias* que de momento solo está citado como fósil (Groh, 1985). Si bien no se dispone de datos actuales de abundancia, estos hechos implicarían cambios en la composición de las asociaciones de gasterópodos terrestres respecto a la actualidad, perdiendo importancia una de las especies mayoritarias, relicta del Terciario.

El análisis físico-químico de la matriz edáfica revela que el perfil del suelo examinado constaría de tres horizontes, todos ellos carbonatados y por tanto con valores de pH básico. Si bien el suelo exhibe características vérticas (algunas caras de deslizamiento en agregados poliédricos angulares y grietas de retracción), la granulometría impediría encuadrar el perfil en esta categoría, ya que el contenido en arcilla se sitúa por debajo del 30%. La conductividad eléctrica (pasta saturada) revela la presencia de importantes concentraciones salinas, propias de los suelos próximos a la línea costera.

Apenas existen datos de fósiles de gasterópodos terrestres de la Gomera, por lo que este trabajo contribuye al conocimiento de este grupo de gran interés en la reconstrucción paleoambiental y paleoecológica (Castillo, 2002; Yanes et al., 2008), ya que permiten interpretar cambios temporales en los ecosistemas y evaluar posibles perturbaciones o alteraciones en los ecosistemas actuales. Los fósiles también forman parte del patrimonio histórico, por lo que su conservación y estudio se hacen indispensables para comprender la historia biológica de La Gomera.

REFERENCIAS

Castillo, C., Martín-González, E., Yanes, Y. , Ibáñez, M., De la Nuez, J., Alonso, M.R. y Quesada, M.L., 2002. Estudio preliminar de los depósitos dunares de los Islotes del Norte de Lanzarote. Implicaciones paleoambientales. Geogaceta 32, 51- 54.

García-Gotera, C.M., Castillo, C., Quesada, M.L., Nuez, J. de la, Ibáñez, M., Alonso, M.R., Valido, M., La Roche, F., Cedrés, J., 2010. Asociaciones de gasterópodos terrestres del Pleistoceno Superior de Gran Canaria (Islas Canarias). Estudio preliminar. Publicaciones del Seminario de Paleontología de Zaragoza 9, 138-141.

Groh, K., 1985. Landschnecken aus quartären wirbeltierfundstellen der kanarischen inseln (gastropoda). Bonn. zool. Beitrage 3/4 (36), 395-415.

Herrera, R., Huertas Coronel, M. J., Ancochea Soto, E., 2008. Edades ^{40}Ar-^{39}Ar del complejo basal de la isla de la gomera. Geogaceta 44, 7-10.

Serna, J.T., Gómez, J.T., 2008. Contribución al conocimiento de los moluscos fósiles de las islas canarias. Spira 2, 199-221.

Yanes, Y., Tomasovych, A., Kowalewski, M., Castillo, C., Aguirre, J., Alonso, M.R., Ibáñez, M., 2008. Taphonomy and compositional fidelity of Quaternary fossil assemblages of terrestrial gastropods from carbonate-rich environments of the Canary Islands. Lethaia 249, 235-256.

Bathymetric distribution of selected recent benthic foraminifera in the Alboran Sea

Guillem, Jordi; Usera, Juan; Giner-Baixauli, Alicia; García Sanz, Ignacio; Alberola, Carmen

Departament de Geologia, Universitat de Valencia Estudi General, 46100 Burjassot, Valencia, España. Jorge.Guillem@uv.es; juan.usera@uv.es; aliciaginer@gmail.com; nachetegarci87@hotmail.com; carmenalberola.ca@gmail.com.

It is widely accepted that benthic foraminiferal distribution is controlled by a large number of parameters including temperature, salinity, pH, light and turbulence, sediment substrate, food availability and vertical carbon flux, oxygen concentration and water depth among others (Murray, 2006). Our main purpose is to determine the bathymetric distribution of some of the most common benthic species in the Alboran Sea. Due to its special geographical location in the westernmost Mediterranean, in direct contact with the Atlantic Ocean, the Alboran Sea is an area of particular interest. Both fossil Quaternary and Recent benthic foraminifera have been studied in numerous paleoceanographic, paleoclimatic or taxonomic papers (Mateu, 1971; Sánchez Ariza, 1983; Caralp, 1988; De Rijk et al., 1999; Milker et al., 2009, 2011; Milker and Schmiedl, 2012).

Samples were collected during a cruise carried out by the *B/O Vizconde de Eza* in 2003 in a wide area of the Alboran Sea (from 2º10'0,2" to 4º 41'33" W and from 35º42'53" to 36º45'34" N). Subsequently, they were washed over a >63 µm sieve and dried under hot lamps. At least 300-500 foraminifera (both benthic and planktonic) were picked in each sample, but only those with at least 100 benthic foraminifera are considered here. Frequencies of selected relatively abundant foraminiferal species (>3% in at least one sample) have been plotted against water depth and the Pearson linear correlation coefficient between both parameters (relative abundance and depth) has been calculated for each species.

A group of species can be easily distinguished as shallow water taxa. Either they show a significant negative linear correlation with depth, like *Ammonia* spp., *Bulimina acanthia* Costa and *Lobatula lobatula* (Walker and Jacob), or they are clearly restricted to low depth ranges: *Textularia* spp., *Dorothia pseudoturris* (Cushman), *Sahulia conica* (d'Orbigny), *Spiroplectammina sagittula* (Defrance), *Elphidium crispum* (Linné), *Elphidium complanatum* (d'Orbigny) or *Cibicides refulgens* de Monfort. A second group includes species positively correlated with depth and clearly characterized by a deeper distribution: *Pseudoclavulina mexicana* (Cushman), *Cibicides wuellerstorfi* (Schwager), *Cibicidoides pseudoungerianus* (Cushman), *Globobulimina affinis* (d'Orbigny), *Hansenisca soldanii* (d'Orbigny), *Hyalinea balthica* (Schröter), *Lenticulina orbicularis* (d'Orbigny) or *Uvigerina mediterranea* Hofker. A third group is composed by species that show no linear correlation but whose distribution, nevertheless, seems to be somewhat related to depth: e.g. *Bulimina marginata* d'Orbigny abounds between 200-600 m, *Cassidulina laevigata* d'Orbigny between 100-600 m and *Nonion fabum* (Fichtel and Moll) reaches a maximum at the interval 200-400 m, but the three species are rare or absent at depths greater than 600 m. *Uvigerina peregrina* Cushman attains its maximum around 200 m but its depth range extends down to 1200 m and deeper, etc. Finally, some foraminifera show no clear depth-related pattern, e.g. *Bigenerina nodosaria* d'Orbigny, *Amphicoryna scalaris* (Batsch), *Chillostomella oolina* Schwager or *Globobulimina pyrula* (d'Orbigny). Our results broadly agree with those obtained by De Rijk et al. (1999) for the Mediterranean Sea. Some observed differences are most probably due to the narrower interval of depths explored here, 75-1200 m instead of 20-4000 m in De Rijk et al. (1999), or to local particularities of the bathymetric distribution of the Alboran foraminifera.

REFERENCES

Caralp, M.H., 1988. Late Glacial to Recent Deep-sea Benthic Foraminifera from the Northeastern Atlantic (Cadiz Gulf) and Western Mediterranean (Alboran Sea): Paleoceanographic Results. Marine Micropaleontology 13, 265-289.

De Rijk, S., Troelstra, S.R., Rohling, E.J., 1999. Benthic foraminiferal distribution in the Mediterranean Sea. Journal of Foraminiferal Research 29, 93-103.

Mateu, G., 1971. Foraminifères de la mer d'Alboran. Leur importance comme indicateur des différentes masses d'eau qui confluent dans cette mer et l'influence des courants marins dans la distribution de leurs biocénoses planctoniques et benthoniques. Rapport Communications internes Mer Méditerranéenne 20, 211-213.

Milker, Y., Schmiedl, G., 2012. A taxonomic guide to modern benthic shelf foraminifera of the western Mediterranean Sea. Palaeontologia Electronica 15, 1-134.

Milker, Y., Schmiedl, G., Betzler, C., Römer, M., Jaramillo-Vogel, D., Siccha, M., 2009. Distribution of recent benthic foraminifera in shelf carbonate environments of the Western Mediterranean Sea. Marine Micropaleontology 73, 207-225.

Milker, Y., Schmiedl, G., Betzler, C., 2011. Paleobathymetric history of the Western Mediterranean Sea shelf during the latest glacial period and the Holocene: Quantitative reconstructions based on foraminiferal transfer functions. Palaeogeography, Palaeoclimatology, Palaeoecology 307, 324-338.

Murray, J., 2006. Ecology and Applications of Benthic Foraminifera. Cambridge University Press, 426 pp.

Sánchez Ariza, M.C., 1983. Specific associations of recent benthic foraminifera of the neritic zone in the Motril-Nerja area, Spain as a function of depth: Diversity and constancy. Journal of Foraminiferal Research 13, 13-20.

Análisis taxonómico de los foraminíferos del tránsito Aaleniense – Bajociense en el perfil de Talveila (Soria, España) y comparación con las asociaciones reconocidas en el perfil de Murtinheira (GSSP del Bajociense) (Cabo Mondego, Portugal)

Hernández, Laura[a]; *Canales, M. Luisa*[b]; *Henriques, M. Helena*[a]; *Ureta, Soledad*[b]

[a] Departamento de Ciências da Terra, Centro de Geociências, Faculdade de Ciências e Tecnologia, Universidade de Coimbra (Polo II), Rua Sívio Lima, 3030-790 Coimbra, Portugal, Email: laura_52_7@hotmail.com; hhenriq@dct.uc.pt

[b] Departamento de Paleontología, Facultad de Ciencias Geológicas, Universidad Complutense de Madrid, C/José Antonio Novais, 12, 28040 Madrid, España, Email: mcanales@geo.ucm.es; solureta@geo.ucm.es

La sección de Talveila está situada en la provincia de Soria, a 0,5 km al sur de la localidad que le da nombre. Desde un punto de vista geológico, esta sección forma parte de la banda de afloramientos jurásicos situados en el sector suroccidental de la Sierra de la Demanda (NW de la Cordillera Ibérica). Los materiales estudiados corresponden a la parte superior de la Formación Turmiel (Grupo Ablanquejo), Formación Casinos y parte inferior de la Formación El Pedregal (Grupo Chelva) (Gómez et al., 2003; Gómez y Fernández López, 2004). Estos materiales, correspondientes al Aaleniense p. p. y Bajociense inferior, consisten en una alternancia de calizas y margas y tienen un espesor aproximado de 6,5 m (Subzona Comptum-Subzona Laeviuscula).

Para la realización de este trabajo fueron recogidas 13 muestras en niveles margosos que posteriormente fueron procesadas en el laboratorio siguiendo una metodología clásica para la preparación de levigados. Los ejemplares recuperados fueron clasificados a nivel supragenérico y genérico siguiendo la clasificación propuesta por Loeblich y Tappan (1988). Para su clasificación a nivel específico fue consultada la base de datos de Ellis y Messina (1940-1990). El material estudiado se encuentra depositado en el Departamento de Paleontología de la Facultad de Ciencias Geológicas de la Universidad Complutense de Madrid (España).

Las asociaciones de foraminíferos registradas en esta sección presentan una elevada variabilidad en cuanto a abundancias y diversidad, siendo mayores en el Aaleniense inferior que en el Bajociense inferior, donde disminuyen significativamente. A partir de la realización del análisis tafonómico de los ejemplares, son observables diferentes estados de conservación. Se han podido identificar mecanismos de alteración tafonómica como rellenos sedimentarios, bioerosiones, abrasiones, fragmentaciones, disoluciones parciales o totales, roturas, distorsiones mecánicas y recristalizaciones, que a veces han dificultado la clasificación de los ejemplares a nivel específico.

Composicionalmente, los taxones identificados corresponden a asociaciones de foraminíferos típicas de las plataformas carbonatadas jurásicas del Hemisferio Norte. A lo largo de todo el intervalo estratigráfico estudiado, se han identificado 6 subórdenes (Textulariina, Spirillinina, Miliolina, Lagenina, Robertinina y Rotaliina), 10 superfamilias, 14 familias, 29 géneros y más de 70 especies. Los subórdenes Textulariina y sobre todo Lagenina son los más abundantes en todas las asociaciones analizadas, el género más frecuente es *Lenticulina* y la especie más abundante es *Lenticulina helios*.

En la sección de Murtinheira (GSSP del Bajociense), estudiada por Canales & Henriques (2008, 2013), fueron reconocidos para el mismo intervalo estratigráfico 5 subórdenes (Textulariina, Spirillinina, Miliolina, Lagenina y Robertinina), 8 superfamilias, 12 familias, 24 géneros y 54 especies. Los Subórdenes Lagenina y Spirillinina son los más abundantes; el género predominante es *Lenticulina*, y *Lenticulina muensteri* es la especie más abundante.

Las diferencias observadas en las asociaciones de foraminíferos de ambos perfiles parecen estar relacionadas con los ambientes deposicionales en que se desarrollaron. Así, las facies de Cabo Mondego corresponden a la parte distal de una plataforma carbonatada, mientras que en Talveila las facies se corresponden con ambientes marinos mucho más someros. Los datos obtenidos ponen de manifiesto que estas últimas condiciones son más apropiadas para el desarrollo de las asociaciones con mayor diversidad taxonómica que en zonas marinas más profundas.

AGRADECIMIENTOS

Este trabajo ha sido financiado por el proyecto CGL2011-25894 (Ministerio de Ciencia e Innovación) y por el grupo de Investigación UCM 910431 (Universidad Complutense de Madrid). El trabajo de laboratorio ha sido financiado por el Consorcio Galp-Petrobras-Partex y las fotografías del material estudiado han sido realizadas en el Centro de Microscopía Electrónica de la Universidad Complutense de Madrid.

REFERENCIAS

Canales, M.L., Henriques, M.H., 2008. Foraminifera from the Aalenian and the Bajocian GSSP (Middle Jurassic) of Murtinheira section (Cabo Mondego, West

Portugal): Biostratigraphy and paleoenvironmental implications. Marine Micropaleontology 67, 155-179.

Canales, M. L., Henriques, M. H., 2013. Foraminiferal Assemblages from the Bajocian Global Stratotype Section and Point (GSSP) at Cape Mondego (Portugal). Journal of Foraminiferal Research 43, 182-206.

Ellis, B. F., Messina, A., 1940-1990. Catalogue of Foraminiferal. Museum of Natural History, New York.

Gómez, J.J., Comas-Rengifo, M.J., Goy, A., 2003. Las unidades litoestratignificas del Jurasico Inferior de las cordilleras Ibérica y Costero Catalana. Revista de la Sociedad Geológica de España 16, 227-237.

Gómez, J.J., Fernández-López, S.R., 2004. Las unidades litoestratigráficas del Jurásico Medio de la Cordillera Ibérica. Geogaceta 35, 97-94.

Loeblich, A. R., Tappan, H., 1988. Foraminifera genera and their classification. Van Nostrand Reinhold Company, New York, 2, 970 pp.

Eucharitina (Braquiópodo Rinconélido) del Devónico Inferior celtibérico

Herrera, Zarela; García-Alcalde, Jenaro L.[b]

[a] Museo de los Mares Paleozoicos, Santa Cruz de Nogueras, Teruel, España.

[b] Departamento de Geología, Universidad de Oviedo, España.

Las relaciones paleogeográficas durante buena parte del Paleozoico Medio en el Norte de Gondwana prueban la existencia de una cuenca intra-cratónica entre Bretaña, en Francia, y la región celtibérica, en España, que bordeaba los macizos Armoricano y Cántabro-Ebroico. El grado de semejanza faunística a lo largo de dicha cuenca es notable pero aún lo sería más si se completase la necesaria labor paleontográfica que, en ciertos grupos fósiles, es deficiente.

En esta comunicación se presentan varios taxones de braquiópodos del género *Eucharitina* Schmidt, 1955, bien conocido en el Lochkoviense y Praguiense del Macizo Armoricano (Francia), Bohemia (Chequia) y Norte de África (Marruecos, Argelia y Mauritania), pero que, hasta ahora, no había sido descrito en España. El más antiguo de ellos, *Eucharitina bultyncki* n. sp. es propio del Lochkoviense inferior (parte alta) de Celtiberia (Guadarrama oriental y Cordillera Ibérica Oriental, CIO, Depresión Axial del Río Cámaras, DARC). Se trata de una forma próxima a la especie bretona *Eucharitina drotae* Brice, 1991, del Lochkoviense y Praguiense del Macizo Armoricano, en Francia y fue denominada variablemente, por autores anteriores (Bultynck y Soers, 1971, Drot y L'Hotellier, 1976, Carls, 1983, entre otros) como *Lanceomyonia*, "*Lanceomyonia*", *Lanceomyonia* sp., *Lanceomyonia borealiformis*, *Lanceomyonia* cf. *borealiformis*, "*Lanceomyonia*" cf. *borealiformis*, *Lanceomyonia borealiformis occidentalis* Drot, 1964 y "*Lanceomyonia*" *occidentalis* Drot, 1964. Pero el taxon celtibérico presenta callosidad apical en el interior de la valva dorsal cubriendo gran parte de la plataforma cardinal como apófisis cardinal provista de algunas laminillas, carácter que lo separa de *Lanceomyonia* y, en particular, de *Lanceomyonia borealiformis occidentalis* Drot, 1984 *sensu stricto*, que tiene septalio libre. *E. bultyncki* n. sp. es una forma primitiva del género, probablemente derivada de *L. borealiformis occidentalis* Drot, 1964 s. str. o de formas próximas, sin apófisis cardinal, y parece la antecesora directa de *E. drotae* Brice, 1991 de la que se diferencia en la concha menos espesa y menor desarrollo de la callosidad cardinal, particularmente sobre la cavidad septalial.

Un segundo taxón, para el que propondremos el nombre de *Eucharitina iberica* n. sp., es una forma escasa de la mitad superior de la Formación Nogueras (Lochkoviense superior o Praguiense inferior) de la DARC, con caracteres próximos a *E. oehlerti* (Bayle, 1878) en el perfil y tipo de costación, reducida a las comisuras, pero el tamaño es bastante mayor y el contorno transverso, mientras que el de la especie francesa suele ser siempre alargado.

Otro taxón, de la parte baja de la Formación Santa Cruz (Praguiense inferior) de la DARC, que conocemos por un único ejemplar bivalvo, algo deformado y roto, posee perfil, contorno y talla similares al anterior, pero la costación cubre prácticamente la concha completa, por lo que se determina tentativamente como *Eucharitina* cf. *eucharis* (Barrande, 1847).

La morfología distintiva y abundancia relativa de *E. bultyncki* n. sp. posibilita su fácil reconocimiento y permite excelentes correlaciones regionales en al área celtibérica, entre las formaciones Cercadillo, del Guadarrama oriental y Nogueras, de la CIO, evidenciando niveles propios del Lochkoviense inferior terminal.

AGRADECIMIENTOS

El presente trabajo es una contribución al Proyecto Internacional de Correlación Geológica, PICG 596 "Climate change and biodiversity patterns in the Mid-Palaeozoic (Early Devonian to Late Carboniferous)".

REFERENCIAS

Barrande, J., 1847. Über die Brachiopoden der silurischen Schichten von Böhmen. Naturwissenschaftlichen Abhandlungen I, 357-475.

Bayle, E., 1878. Explication de la carte géologique de la France, t. 4, Atlas, Première partie. Fossiles principaux des terrains.

Brice, D., 1991. Précisions nouvelles sur des Brachiopodes Pentameroidea et Rhynchonelloidea du Dévonien Inférieur du Synclinorium de Laval (Massif Armoricain, France). Annales de Paléontologie 77, 21-50.

Bultynck, P., Sours, E., 1971. Le Silurien supérieur et le Dévonien inférieur de la Sierra de Guadarrama (Espagne centrale). Première partie;: stratigraphie et tectonique. Bulletin de l'Institut royal des Sciences naturelles de Belgique 47, 1-22.

Carls, P., 1983. On the redefinition of Lower Devonian stages. Open Letter Field Meeting SDS in France, 1983, 13 pp.

Drot, J., 1964. Rhynchonelloidea et Spiriferoidea Siluro-Dévoniens du Maroc Pré-Saharien. Notes et Mémoires du Service Géologique, Maroc 178, 1-287.

Drot, J., L'Hotellier, J., 1976. Les Brachiopodes Rhynchonellida. In: Lardeeux, H. (Coord.) Les Schistes eodévoniens de Saint-Cénéré (Massif Armoricain, France). Sédimentologie, Paléontologie, Stratigraphie. Mémoires de la Société Géologique et Minéralogique de Bretagne, 19, pp. 263-271.

Schmidt, H. (1955). Devonische Gattungen der Rhynchonellacea (Brach.). Senckenbergiana lethaea 36(1/), 115-122.

Un caso de asociaciones de microvertebrados pleistocenas mezcladas por reelaboración en ambientes cársticos: La Cueva de la Buena Pinta (Pinilla del Valle, Comunidad de Madrid)

Laplana, César[a]*; Sevilla, Paloma*[b]*; Arriaza, Mari Carmen*[c]*; Pérez-González, Alfredo*[d]*; Baquedano, Enrique*[a]*; Arsuaga, Juan Luis*[e]

[a] Museo Arqueológico Regional. Alcalá de Henares, Pza. Bernardas s/n, Alcalá de Henares, España. cesar.laplana@gmail.com, enrique.baquedano@madrid.org

[b] Departamento de Paleontología, Facultad de Ciencias Geológicas, Universidad Complutense de Madrid, José Antonio Novais, 12, 28040 Madrid, España. psevilla@ucm.es

[c] Departamento de Geología, Geografía y Medio Ambiente, Universidad de Alcalá, Edificio de Ciencias, Campus Externo, Ctra. A-II-km 33,600, 28871 Alcalá de Henares, Madrid, España. mcarmen.arriaza@uah.es

[d] Centro Nacional de Investigación sobre la Evolución Humana (CENIEH), Avenida de la Paz 28, 09004, Burgos, España. alfredo.perez@cenieh.es

[e] Centro de Investigación Universidad Complutense de Madrid-Instituto de Salud Carlos III sobre Evolución y Comportamiento Humanos, Sinesio Delgado 4, 28029 Madrid, España. jlarsuaga@isciii.es

La Cueva de la Buena Pinta es una pequeña cavidad completamente colmatada por sedimentos situada en las proximidades de Pinilla del Valle, en el valle alto del río Lozoya (Sierra de Guadarrama, Sistema Central). Su serie sedimentaria conservada refleja sucesivas etapas de relleno y erosión a lo largo de su historia. En el centro de su cámara exterior, parcialmente desmantelada, se conserva una serie compuesta por un nivel superior de edad holocena, y al menos cuatro niveles por debajo del primero, de edad Pleistoceno Superior. Las dataciones disponibles por termoluminiscencia sitúan al conjunto de estos cuatro niveles en un intervalo entre el inicio del MIS4 y el inicio del MIS3 (69-55 ka) (Pérez-González et al., 2010).

En estos niveles del Pleistoceno Superior se han recuperado unas muestras de microvertebrados muy ricas tanto en número de restos como de especies. Una parte de esta riqueza es debida a la mezcla en ellos de, al menos, dos asociaciones de microvertebrados de edad diferente. Una de ellas corresponde a los microvertebrados de la misma edad que los sedimentos, mientras que otra incluye microvertebrados de edad más antigua, de finales del Pleistoceno Medio, y que se encuentra reelaborada en los niveles del Pleistoceno Superior. Los criterios principales que han permitido confirmar la mezcla son dos. Por un lado, el significado biocronológico de algunas de las especies de microvertebrados presentes en estos niveles es incoherente entre sí y con respecto a las edades obtenidas por termoluminiscencia. Uno de los casos más evidentes es la presencia en los mismos niveles del arvicolino *Microtus brecciensis* y su descendiente *Microtus cabrerae*. En la península ibérica, estas especies se suceden temporalmente, siendo la primera característica del Pleistoceno Medio y la segunda del Pleistoceno Superior y Holoceno (Laplana y Sevilla, 2013). Por otro, existen diferencias en la conservación de los restos de las especies con un significado cronológico más antiguo y el resto. Las primeras suelen presentar con frecuencia extensas impregnaciones de óxidos de manganeso que les dan un color oscuro, distinto del color más claro de los restos de las especies más modernas.

En este trabajo, se aborda el problema de cuantificar el grado de mezcla de ambas asociaciones en los niveles del Pleistoceno Superior, y de precisar si es posible extraer inferencias de tipo paleoclimático y paleoecológico del registro de microvertebrados de estos niveles a pesar de incluir elementos mezclados de edades diferentes.

AGRADECIMIENTOS

Esta es una aportación al proyecto S2010/BMD-2330 del programa de actividades I+D para grupos de investigación de la Consejería de Educación de la Comunidad de Madrid.

REFERENCIAS

Laplana, C., Sevilla, P., 2013. Documenting the biogeographic history of Microtus cabrerae through its fossil record. Mammal Review 43, 309-332.

Laplana, C., Sevilla, P., Blain, H.-A., Arriaza, M.C., Arsuaga, J.L., Pérez-González, A., Baquedano, E. (aceptado). Cold-climate rodent indicadors for the Late Pleistocene of Central Iberia: new data from the Buena Pinta Cave (Pinilla del Valle, Madrid Region, Spain). Comptes Rendus Palevolution

Pérez-González, A., Karampaglidis, T., Arsuaga, J. L., Baquedano, E., Bárez, S., Gómez, J. J., Panera, J., Márquez, B., Laplana, C., Mosquera, M., Huguet, R., Sala, P., Arriaza, M. C., Benito, A., Aracil, E., Maldonado, E., 2010. Aproximación geomorfológica a los yacimientos del Pleistoceno Superior del Calvero de la Higuera en el Valle Alto del Lozoya (Sistema Central Español, Madrid). Zona Arqueológica 13, 403-420.

Excavación de un esqueleto casi completo del rinoceronte *Stephanorhinus* cf. *etruscus* en los niveles inferiores de la cuenca de Villarroya (Plioceno Superior; La Rioja, España)

Laplana, César [a]*; Nicolás, María Elena*[b]*; Muñoz, Arsenio*[c]*; Sancho, David*[b]*; Domínguez, Ángel C.*[d,e]*; Galindo-Pellicena, María Ángeles*[f]*; Pueyo, Emilio L.*[g]

[a] Museo Arqueológico Regional, P/ Bernardas s/n, 28801 Alcalá de Henares, Madrid, España. cesar.laplana@gmail.com

[b] Paleoconsult SL, Carrero Juan Ramón, 8 28025 Madrid, España. elena.paleoestudios@gmail.com, paleoconsultsl@gmail.com

[c] Departamento de Ciencias de la Tierra, Universidad de Zaragoza, C/ Pedro Cerbuna 12, 50009 Zaragoza, España. armunoz@unizar.es

[d] Dpto. de Paleontología, Facultad de Ciencias Geológicas, Universidad Complutense de Madrid. José Antonio Novais 12, Ciudad Universitaria, 28040 Madrid, España.

[e] Centro de Estudios para el Medio Ambiente y la Cultura (CEMAC). Calvo Sotelo s/n. 06280 Fuentes de León, Badajoz, España. acdomgar@gmail.com

[f] Centro Mixto UCM-ISCIII de Evolución y Comportamiento Humanos, C/ Monforte de Lemos 5, pabellón 14, 28029 Madrid, España. mariangape79@hotmail.com

[g] Instituto Geológico y Minero de España. Unidad de Zaragoza. Manuel Lasala 44, 50006 Zaragoza, España. unaim@igme.es

La cuenca de Villarroya es bien conocida desde el punto de vista de la paleontología de vertebrados por incluir el yacimiento de grandes mamíferos del mismo nombre. Este yacimiento, dado a conocer en los años 20 del siglo pasado por el ingeniero E. Carvajal, y excavado posteriormente por distintos equipos en etapas sucesivas del mismo siglo, incluye una de las mejores representaciones de la fauna villafranquiense de España y de Europa. Sin embargo, hasta ahora los hallazgos de grandes mamíferos en la cuenca se limitaban a este único nivel fosilífero, no habiendo sido documentada la presencia de otros restos paleontológicos de este tipo en el resto del relleno de la cuenca.

A finales de 2014, uno de los firmantes (A. M.) localizó en la cuneta de la carretera que atraviesa la cuenca, en el término municipal de Muro de Aguas, unos huesos que afloraban en su superficie, y que probablemente salieron a la luz a consecuencia de unas obras de acondicionamiento realizadas en dicha carretera diez años antes. Tras informar del hallazgo al Servicio de Conservación del Patrimonio Histórico Artístico del Gobierno de La Rioja, se autorizó una primera intervención encaminada a la extracción de los restos óseos visibles en la cuneta de la carretera y que corrían peligro de deteriorarse por su exposición a la intemperie o por expolio incontrolado. Esta primer actuación, realizada en noviembre de 2014, fue ejecutada por la empresa Paleoconsult SL, y en ella se recuperaron dos fémures, un radio-ulna, varios huesos carpales y varios fragmentos de costillas, todos ellos pertenecientes con gran probabilidad a un mismo individuo. Durante dicha intervención se apreció, además, que los huesos extraídos se encontraban articulados con otros huesos que quedaron en el afloramiento protegidos a la espera de una excavación posterior.

La segunda intervención se realizó en junio de 2015 y en ella se confirmaron las expectativas generadas en la primera. En esta excavación se pudo recuperar un esqueleto prácticamente completo y articulado de un rinoceronte. Solo faltan la mitad de las extremidades posteriores (zeugópodos y autópodos), los extremos distales de las extremidades anteriores (autópodo completo de una de ellas, y metápodo y acrópodo de la otra) y algunos extremos distales de las costillas, que fueron destruidos por las mismas obras de acondicionamiento de la carretera que permitieron descubrir el esqueleto. Por ello, se trata probablemente del esqueleto más completo de esta especie recuperado hasta ahora en la península ibérica. A la espera de su restauración y preparación, que será realizada en los próximos meses, los datos biométricos de los fémures recuperados en 2014 son muy próximos a los de la especie *Stephanorhinus etruscus*, por lo que de forma preliminar se ha identificado el rinoceronte como *S.* cf. *etruscus*.

Otro esqueleto especialmente bien conservado, procedente de Crespià (García-Fernández *et al*., 2001), carece por completo de las extremidades posteriores y de gran parte de la caja torácica, destruidas por la acción de las máquinas que trabajaban en la cantera en la que se localizó el esqueleto.

AGRADECIMIENTOS

La excavación del rinoceronte ha sido autorizada y financiada por el Servicio de Conservación del Patrimonio Histórico Artístico del Gobierno de La Rioja. M.A. Galindo-Pellicena disfruta de una ayuda de investigación postdoctoral de la Fundación Atapuerca.

REFERENCIAS

García Fernández, D., Cerdeño, E., Galobart, A., Ros, X. 2001. *Stephanorhinus etruscus* (Rhinocerotidae) del Plioceno superior de Crespià (Gerona, NE de España). Revista Española de Paleontología, 16 (1), 145-160.

El Evento Tagánico (Devónico Medio) en el Pirineo Central Español

Liao, Jau-Chyn[a]; Valenzuela-Ríos, José I.[a]; Gouwy, Sofie[b]

[a] Departamento de Geología, Universidad de Valencia, 46100 Burjasot, España. jau.liao@uv.es

[b] Paleontology Section, Geological Survey of Canada, Calgary, T2L 2A7Canadá

En el Devónico se han reconocido más de una veintena de eventos globales (Walliser, 1996, House, 2002) de características muy variadas. Los materiales devónicos del Pirineo Central Español son muy extensos y presentan una gran variedad de facies que han permitido su subdivisión en cuatro áreas principales y subáreas menores (Mey, 1967). En el área sur, destacan los afloramientos de la Subfacies Compte constituida fundamentalmente por rocas carbonatadas agrupadas en seis formaciones principales. Una de estas formaciones, la Fm. Comabella comenzaría en el Emsiense Superior (Devónico Inferior) y alcanzaría hasta el Fameniense (Devónico Superior).

En las proximidades de Villech se ha estudiado una sección parcial de la Fm. Comabella (Sección Villech); esta sucesión está formada por unos 54 m de calizas y comienza con calizas pizarrosas rojas a verdosas que gradualmente cambian a bancos nodulares de pequeño a medio espesor y que continúan en su parte superior por bancos de calizas grises y masivos con desarrollo de niveles de hard-ground. El estudio de conodontos indica una edad comprendida entre el Eifeliense inferior y el Frasniense Inferior (Gouwy et al., 2013).

El análisis de facies muestra dos grandes tipos, Wackestone/packstone de dacrioconáridos y wackestone microbioclástico bioturbado que se interpretan como depósitos típicos de ambientes de sedimentación profunda (Liao, 2014). Esta autora señala que en esta sucesión carbonatada dominan los ambientes profundos y que desde el Eifeliense hasta el Givetiense Medio se da una tendencia transgresiva generalizada que a partir del Givetiense Superior y hasta el Frasniense Medio cambia a una tendencia regresiva.

Dentro de esta potente sucesión carbonatada se ha registrado un nivel de 7 cm de espesor de pizarra y caliza negra con una acumulación masiva de conchas pequeñas. Los estudios de conodontos muestran que este nivel se encontraría en la Zona *semialternans* (Givetiense Medio) y por tanto tendría que corresponder al Evento (o crisis) Tagánico, que según Aboussalan (2003) es un evento complejo multifásico, caracterizado por varios episodios transgresivos-regresivos que comenzarían en la Zona *ansatus* y alcanzarían hasta el final de la Zona *semialternans*.

Nuestros estudios combinados de facies y micropaleontología demuestran que no hubo un cambio de ambiente y sugieren que se podría tratar de un intervalo hipóxico dentro de un episodio corto y rápido de profundización dentro de la parte media de la Zona *semialternans*. Por tanto, este acontecimiento sucedería dentro de la fase superior del Evento Tagánico que tradicionalmente se ha venido relacionando con un pulso transgresivo global.

Estos nuevos datos registrados en los Pirineos contrastan con lo conocido hasta ahora, indicarían que el Evento Tagánico podría ser más complejo y sugieren la necesidad de estudios paleontológicos detallados que evalúen con precisión la edad de las diferentes fases o pulsos dentro del Evento/Crisis Tagánico.

Este trabajo ha sido financiado por los proyectos CGL2011-24775 del MINECO y M100131201 (Hi-Res Correlation Mid-Paleozoic) y representa una contribución al PICG 596.

REFERENCIAS

Aboussalam, Z.S., 2003. Das "Taghanic Event" im höheren Mittel-Devon von West-Europa und Marokko. Münstersche Forschungen zur Geologie und Paläontologie 97, 1-330.

Gouwy, S., Liao, J-C., Valenzuela-Ríos, J-I., 2013. Eifelian (Middle Devonian) to Lower Frasnian (Upper Devonian) conodont biostratigraphy in the Villech section (Spanish Central Pyrenees). Bulletin of Geosciences 88, 315-338.

House, M.R., 2002. Strength, timing, setting and cause of mid-Palaeozoic extinctions. Palaeogeography, Palaeoclimatology, Palaeoecology 181, 5-25.

Liao, J-C., 2014. Givetian Middle Devonian conodont biostratigraphy from the Central Pyrenees. European Ph.D. Thesis. Universidad Complutense of Madrid. 332 pp.

Mey, P.H.W., 1967. Evolution of the Pyrenean Basins during the Late Paleozoic. International Symposium on the Devonian System, Calgary 2, 1157-1166.

Walliser, O.H., 1996. Global Events in the Devonian and Carboniferous. In: Walliser, O.H. (Ed.), Global Events and Event Stratigraphy in the Phanerozoic, pp 225-250.

Early Albian coral faunas in North Iberia

Löser, Hannes[a]; Fernández-Mendiola, Pedro Ángel[b]

[a] Instituto de Geología. UNAM. 83000 Hermosillo, Sonora, México. loeser@paleotax.de

[b] Universidad del País Vasco, Facultad Ciencia y Tecnología, Dpto Estratigrafía y Paleontología, Apdo 644, 48080 Bilbao, España

Coral diversity increased during the Cretaceous beginning in the Hauterivian, reaching a diversity peak in the Lower Aptian. Oceanic Anoxic Events 1a and 1b are associated with coral Tethyan faunas reduction and decrease in the diversity of genera. Different regions around the world show various patterns of coral diversity.

Western and central Tethyan Late Aptian to Albian coral faunas are poorly known. From the Late Albian on, coral faunas started to establish in cooler Boreal regions, whereas (?) in north Africa and the Arabian peninsula high sea-surface water temperatures suppressed extensive coral growth. In the west Pacific, carbonate sedimentation stopped during the Late Aptian and coral colonisation terminated and did not return before the Eocene. In the Western Hemisphere carbonate platforms persisted and yielded coral faunas up to the Early Cenomanian, but corals practically disappeared with the opening of the Western Interior Seaway and did not return before the Campanian. Cretaceous coral faunas of the Western and Central Tethys - best studied because of its long research history - show a slow recovery after the demise of the carbonate platforms during the Early Aptian. The crisis persisted until the Late Albian. The short flourishing of Cenomanian faunas was abruptly stopped through OAE II. This was the case for almost entire Europe, with the exception of the Iberian Peninsula. Coral faunas became reduced from the Late Aptian on, but can be found throughout the whole Albian into the Cenomanian. Because coral faunas of these periods do not exist in other areas or are poor in species, the Iberian faunas may be the key to understand the evolution of corals during the late Early Cretaceous.

In the focus of our research are Early Albian coral faunas of Northern Iberia (Cantabria and Vizcaya regions) including new documented sections. The most striking feature of those faunas is their richness in families that compares only to Early Aptian faunas of the Central Tethys. Of the circa 30 coral families that have records in the Albian about 20 are present in these Early Albian faunas. There are numerous new genera and species. We also compare the taxonomic inventory of the newly studied faunas with well studied faunas in southern France, East Iberia and the Western Atlantic.

Correlaciones bioestratigráficas supracontinentales mediante carofitas: hacia un modelo conceptual

Martín-Closas, Carles; Sanjuán, Josep; Vicente, Alba; Villalba-Breva, Sheila

Departament d'Estratigrafia, Paleontologia i Geociències Marines, Facultat de Geologia, Universitat de Barcelona, 08028 Barcelona, España. cmartinclosas@ub.edu

Las carofitas son algas continentales antecesoras de las plantas terrestres cuyos microfósiles (girogonitos y utrículos) se han utilizado en bioestratigrafía desde principios del siglo XX. A partir de la década de 1960 se observó que algunas especies presentaban una distribución muy amplia, incluso cosmopolita en una franja latitudinal. Esto propició que dichas especies se consideraran útiles para realizar correlaciones entre cuencas muy distantes, por ejemplo entre Europa y China. Aunque estas correlaciones bioestratigráficas han sido apoyadas por numerosos estudios con otros indicadores bioestratigráficos o geocronológicos (paleomagnetismo), se carecía de un estudio detallado sobre las posibilidades y las limitaciones de este tipo de correlaciones intercontinentales. Con el objetivo de explorar estos límites se han desarrollado en los últimos años, dentro del marco de tres proyectos sucesivos del Plan Nacional, un conjunto de estudios paleobiogeográficos que han permitido conocer: (1) qué especies europeas de los intervalos Cretácico inferior, Maastrichtiense-Paleoceno y Eoceno superior-Oligoceno han tenido extensiones supracontinentales, (2) bajo qué condiciones paleogeográficas y paleoecológicas se han producido estos rangos biogeográficos amplios, (3) qué duración tienen las migraciones de carofitas a escala intercontinental y (4) qué hipótesis paleobiológicas pueden explicar que estas especies alcanzasen dichos rangos.

Los resultados de estos estudios se sintetizan a continuación para los intervalos estudiados.

a) Cretácico inferior. Este intervalo corresponde con el máximo desarrollo de las clavatoráceas. De las 18 especies evolutivas conocidas solo 4 desarrollaron en algún momento de su evolución rangos supracontinentales, *Atopochara trivolis, Clavator grovesii* (var. *discordis* y var. *combei*), *Clavator harrisii* y *Hemiclavator neimongolensis*. Estas especies derivan por lo general de antecesores endémicos de la Mesogea. Los máximos rangos biogeográficos se dieron en el Barremiense-Aptiense y en menor medida en el Berriasiense en intervalos relativamente cortos de 2-5 Ma. Las especies que alcanzaron rangos supracontinentales presentan una baja especificidad paleoecológica, colonizando tanto lagos permanentes, como efímeros y lagunas salobres (Martín-Closas, en prensa).

b) Maastrichtiense-Paleoceno. Durante el Maastrichtiense dominaron algunos géneros antiguos de caráceas que están representados en gran parte del mundo (*Microchara, Peckichara, Platychara*), pero solo una especie parece tener una distribución cosmopolita, al menos en la franja latitudinal subtropical-templada del hemisferio norte, *Microchara cristata* (Villaba-Breva y Martín-Closas, 2013; Vicente et al., 2015). Esta especie dominó, sobre todo, en charcas efímeras de llanura de inundación pero fue capaz de colonizar también lagos permanentes de agua dulce. No se desarrolló en lagos salobres, donde dominaba otra especie de amplio rango biogeográfico, perteneciente a las últimas porocaráceas, *Feistiella malladae*. El límite K/Pg no parece incrementar el desarrollo de especies de ámbito supracontinental. En el Paleoceno se ha detectado por el momento una única especie de distribución amplia, se trata de *Peckichara varians*, que ha sido hallada en toda la masa continental Euroasiática. Estas especies son de gran utilidad en las correlaciones bioestratigráficas intercontinentales y en la caracterización del límite K/Pg en facies continentales.

c) Eoceno superior-Oligoceno. Durante este intervalo el número de especies con una distribución supracontinental parece haberse mantenido bajo. Recientemente se han descrito dos linajes que presentan patrones biogeográficos muy distintos (Sanjuan y Martín-Closas, 2015). *Lychnothamnus stockmansii–L. major* presenta una expansión rápida de 2-3 Ma en todo Eurasia, durante parte del Rupeliense, mientras que *Nitellopsis merianii–N. obtusa* desarrolló una expansión lenta (más de 10 Ma, incluyendo el Chattiense y el Mioceno inferior) hasta alcanzar un rango Euroasiático. Estas diferencias se han atribuido a la disposición conjunta o disjunta de los gametangios. En las especies monoicas la dispersión sería mucho más rápida, como sucede en *Chara* actual.

En consecuencia, con estas observaciones, la correlación intercontinental mediante fósiles ligados a facies, en el caso de las carofitas parece poder efectuarse únicamente a partir de unas pocas especies. Tanto la continuidad paleogeográfica como especialmente la adaptabilidad de dichas especies a diferentes hábitats constituyeron la clave para su expansión. Adicionalmente la distribución conjunta de los gametangios ayudó a que las expansiones pudieran ser rápidas (2-5 Ma), ofreciendo así una mayor utilidad bioestratigráfica.

REFERENCIAS

Martín-Closas, C. (en prensa). Cosmopolitanism in Northern Hemisphere Cretaceous Charophyta (Clavatoroidae). Palaeogeography, Palaeoclimatology, Palaeoecology.

Sanjuan, J., Martín-Closas, C., 2015. Biogeographic history of two Eurasian Cenozoic charophyte lineages. Aquatic Botany 120, 18-30.

Vicente, A., Martín-Closas, C., Arz, J.A., Oms, O., 2015. Maastrichtian-basal Paleocene charophyte biozonation and its calibration to the Global Polarity Time Scale in the southern Pyrenees (Catalonia, Spain). Cretaceous Research 52, 268-285.

Villalba-Breva, S., Martín-Closas, C., 2013. Upper Cretaceous paleogeography of the Central Southern Pyrenean Basins (Catalonia, Spain) from microfacies analysis and charophyte biostratigraphy. Facies 59, 319-345.

Tomografía computerizada aplicada al estudio de la dentición en tiburones primitivos

Martín-Lázaro, Alba; Gisbert-Cardona, Vicent; Ferrón, Humberto G.; Martínez-Pérez, Carlos; Botella, Héctor

Departamento de Geología, Universitat de València, Avda. Dr. Moliner, 50, 46100 Burjassot, España. almarla2@alumni.uv.es, vigiscar@alumni.uv.es, Humberto.Ferron@uv.es, Carlos.Martinez-Perez@uv.es Hector.Botella@uv.es.

Uno de los mayores acontecimientos en la historia evolutiva de los vertebrados es la aparición el sistema dental. La evolución de la dentición permitió explorar nuevas estrategias tróficas, aumentando considerablemente la eficiencia en la obtención de alimentos, lo que desencadenó una rápida diversificación en los vertebrados gnatostomados. En condrictios, el registro fósil de dientes se remonta al Devónico Inferior, con el aparición de *Leonodus carlsi* MADER 1984 en sedimentos del Lochkoviense de la Cordillera Ibérica. Este registro representa una de las primeras evidencias de un patrón de reemplazamiento regular en la dentición de vertebrados (Botella, 2006; Botella et al., 2009). Tradicionalmente, en función de la organización de los tejidos mineralizados que los forman, se han diferenciado dos histotipos dentales en condrictios: los dientes de tipo ortodonto, que poseen una cavidad pulpar durante todo el desarrollo del diente, y los dientes de tipo osteodontos que se va rellenando progresivamente a lo largo del desarrollo del diente por osteodentina (Moyer et al. 2015). Dentro de esta clasificación, además de las propias diferencias histológicas (ortodentina *vs* osteodentina), la estructura y disposición del sistema vascular interno se convierte en un elemento básico para la caracterización de ambos histotipos. Sin embargo, el análisis de este aspecto se plantea complicado, especialmente en fósiles, dado que esta vascularización es una estructura interna tridimensional compleja difícil de estudiar en detalle con métodos convencionales, normalmente destructivos. En el presente trabajo, se ilustra la utilidad del uso de la tomografía de rayos X de alta resolución, mediante la aplicación del Sincrotrón, para la reconstrucción digital tridimensional del sistema vascular de diversos dientes de tiburón actuales y fósiles, técnica que ha sido aplicada con gran existo para el estudio de las estructuras internas en otros grupos fósiles (Donoghue et al., 2006; Dupret et al., 2013). Entre los ejemplares estudiados se han seleccionado dientes de taxones que representan los dos extremos en estructura dental (*Hybodus minor* como ejemplo de diente de tipo Ortodonto y *Alopias vulpinus* como representante de diente de tipo Osteodonto) para poder comparar directamente estos histotipos con la estructura dental presente en los dientes de los tiburones más basales conocidos hasta el momento, *L. carlsi*.

Los ejemplares fueron escaneados con el detector TOMACT (Swiss Light Source) del Instituto Paul Scherrer en Suiza. La segmentación individual del sistema vascular de los distintos ejemplares estudiados evidencia que el sistema vascular reconstruido en *Leonodus carlsi* muestra importantes diferencias con los dos tipos histológicos presentes en los tiburones más modernos, presentando una combinación única de caracteres, con una base fuertemente vascularizada y una serie de canales principales independientes. Nuestros resultados preliminares sugieren que ambos tipos histológicos distinguidos tradicionalmente en tiburones difieren en varios aspectos con el estado encontrado en los dientes de *Leonodus*. La consideración de alguno de los dos tipos histológicos, ortodonto o osteodonto, como la condición plesiomórfica en condrictios podría ser erróneo, demostrando que la evolución de la vascularización es más compleja de lo que se pensaba hasta el momento. Por último, nuestro trabajo pone de manifiesto que la aplicación de esta técnica tomográfica de alta resolución es de gran utilidad para el estudio de la evolución de la vascularización en los elementos exoesqueléticos de vertebrados primitivos, permitiendo plantear nuevos enfoques para la compresión del origen y la evolución temprana de los tejidos mineralizados en vertebrados.

AGRADECIMIENTOS

Este trabajo ha sido financiado por el proyecto BFU2008-00643/BFI

REFERENCIAS

Botella, H., Valenzuela-Ríos, J.I., Martínez-Pérez, C., 2009. Tooth replacement rates in early chondrichthyans: a qualitative approach. Lethaia 42, 365-376.

Botella, H., 2006. The oldest fossil evidence of a dental lamina in sharks. Journal of Vertebrate Paleontology 26, 1002-1003.

Donoghue, P.C.J., Bengtson, S., Dong, X.-P., Gostling, N.J., Huldtgren, T., Cunningham, J.A., Yin, C., Yue, Z., Peng, F., Stampanoni, M., 2006. Synchrotron X-ray tomographic microscopy of fossil embryos. Nature 442, 680-683.

Dupret, V., Sánchez, S., Goujet, D., Tafforeau, P., Ahlberg, P.E., 2010. Bone vascularization and growth in placoderms (Vertebrata): The example of the premedian plate of *Romundina stellina* Ørvig, 1975. Comptes Rendus Palevol 9, 369-375.

Moyer, J.K., Riccio, M.L., Bemis, W.E., 2015. Development and microstructure of tooth histotypes in the blue shark, *Prionace glauca* (Carcharhiniformes: Carcharhinidae) and the great white shark, *Carcharodon carcharias* (Lamniformes: Lamnidae). Journal of Morphology 276, 797–817.

Estudio taxonómico de los elasmobranquios mesozoicos reelaborados del yacimiento de Navalmaíllo (Pinilla del Valle, Comunidad de Madrid)

Martín-García, Miguel A.[a]; *Sevilla, Paloma*[a]; *Bernárdez, Enrique*[b]; *Laplana, César*[c]; *Pérez-González, Alfredo*[d]; *Baquedano, Enrique*[c]; *Arsuaga, Juan Luis*[a,e]

[a] Departamento de Paleontología, Facultad de Ciencias Geológicas, Universidad Complutense de Madrid, José Antonio Novais 12, 28040 Madrid, España. psevilla@geo.ucm.es

[b] Departamento de Geología, Universidad de Atacama, Avenida Copayapu 485, Copiapó, Atacama, Chile. enrique.bernardez@uda.cl

[c] Museo Arqueológico Regional. Alcalá de Henares, Pza. Bernardas s/n, Alcalá de Henares, España. cesar.laplana@gmail.com

[d] Centro Nacional de Investigación sobre la Evolución Humana (CENIEH), Avenida de la Paz 28, 09004, Burgos, España. alfredo.perez@cenieh.es

[e] Centro de Investigación Universidad Complutense de Madrid-Instituto de Salud Carlos III sobre Evolución y Comportamiento Humanos, Sinesio Delgado 4, 28029, Madrid, España. jlarsuaga@isciii.es

El yacimiento del Abrigo de Navalmaíllo de Pinilla del Valle, situado en el Calvero de la Higuera (Valle del Lozoya), forma parte de un conjunto de yacimientos cuaternarios desarrollados como consecuencia de la karstificación de las rocas carbonatadas mesozoicas que afloran en el centro de la Sierra de Guadarrama, al norte de la Comunidad de Madrid. Este yacimiento consiste en un abrigo de amplia abertura y escaso fondo formado por materiales del Cretácico Superior con relleno sedimentario con registro arqueológico y paleontológico del Pleistoceno Superior. El procesado de los sedimentos mediante lavado-tamizado para recuperar los fósiles de pequeño tamaño puso en evidencia la existencia entre ellos de fósiles reelaborados procedentes de las rocas mesozoicas, siendo éstos fundamentalmente restos de reptiles (Hontecillas et al., 2015), elasmobranquios y braquiópodos.

En este trabajo se presentan los primeros resultados obtenidos del estudio de los restos de elasmobranquios, constituidos casi exclusivamente por dientes aislados. El interés del estudio de estos fósiles es doble. Por un lado presenta interés taxonómico, ya que, pese a que los datos sobre elasmobranquios del Cretácico Superior de Europa son abundantes e indican una alta diversidad (Guinot, 2013), la península ibérica cuenta con datos comparativamente escasos. Por ello, este trabajo contribuye a mejorar el conocimiento del registro mesozoico de estos vertebrados en España. Por otro lado, al tratarse de fósiles reelaborados, proporcionan información relevante sobre la evolución de los depósitos cretácicos registrados en el valle del Lozoya y la génesis de los sedimentos en los que se encuentran los yacimientos cuaternarios.

Este estudio se ha centrado en el material recogido hasta el año 2010, con algo más de un centenar de dientes asignables a elasmobranquios. Las diversas alteraciones tafonómicas presentes en el material redujeron sensiblemente el número de restos con caracteres diagnósticos relevantes. No obstante, el material mejor preservado ha permitido reconocer la presencia de fósiles pertenecientes a cuatro géneros diferentes de galeomorfos (*Scapanorhynchus*, *Anomotodon*, *Paranomotodon* y *Carcharias*) y dos de batomorfos (*Angolabatis* y *Parapaleobates*). De todos ellos, el taxón mejor representado en términos de abundancia absoluta es el material asignado a *Scapanorhynchus* aff. *minimus*.

El material estudiado reúne ciertas peculiaridades que serán objeto de estudios posteriores. Por un lado, muestra escasa afinidad a nivel específico con relación a otras localidades españolas del Cretácico Superior (Bernárdez Rodríguez, 2002; Kriwet et al., 2007), e incluye varios taxones que hasta el momento no se habían citado en la Península. Asímismo, el conjunto de taxones identificados indican una probable edad Campaniense, aunque la escasez de datos sobre el registro de condrictios del suroeste de Europa y Norte de África no permite descartar otras edades como Santoniense o Coniaciense, representadas hoy día en los materiales mesozoicos sobre los que se desarrollan los yacimientos del Calvero de la Higuera (Bellido et al., 1988).

AGRADECIMIENTOS

Esta es una aportación al proyecto S2010/BMD-2330 del programa de actividades I+D para grupos de investigación de la Consejería de Educación de la Comunidad de Madrid.

REFERENCIAS

Bellido, F., Escuder, J., Klein, E., del Olmo Sanz, A., Casquet, C., Navidad, M., Peinado, M. 1988. Mapa Geológico de España, 1:50.000, Buitrago de Lozoya (nº484). IGME. Madrid.

Bernárdez Rodríguez, E. 2002. Los dientes de seláceos del Cretácico de la Depresión Central Asturiana. Tesis Doctoral, Universidad de Oviedo. 476 pp.

Guinot, G. 2013. Regional to global patterns in Late Cretaceous selachian (Chondrichtyes, Euselachii) diversity. Journal of Vertebrate Paleontology, 33(3): 521-531.

Hontecillas, D., Houssaye, A., Laplana, C., Sevilla, P., Arsuaga, J. L., Pérez-González, A., Baquedano, E., Knoll, F. 2015. Reworked marine pythonomorph (Reptilia, Squamata) remains in Late Pleistocene cave deposits in central Spain. Cretaceous Research, 54: 188-202.

Kriwet, J., Soler-Gijón, R., López-Martínez, N., 2007. Neoselachians from the upper

Campanian and lower Maastrichtian (Upper Cretaceous) of the southern Pyrenees,

northern Spain. Palaeontology, 50 (5), 1051-1071.

Integración morfológica en el esqueleto apendicular en felinos y dientes de sable, y su relación con el modo de caza

Martín Serra, Alberto; Figueirido, Borja; Serrano, Francisco J.; Palmqvist, Paul

Departamento de Ecología y Geología, Facultad de Ciencias, Campus de Teatinos s/n, Universidad de Málaga, 29071 Málaga, España. Email: almarse@uma.es

Las extremidades anteriores de los carnívoros con dientes en forma de sable son robustas y relativamente cortas. Tradicionalmente se han interpretado como una adaptación a su particular modo de caza. Así, existe un amplio consenso en que estos depredadores efectuaban un mordisco rápido y mortal con sus caninos hipertrofiados en el cuello de sus presas (Salesa et al., 2010), con lo que seccionarían la tráquea y los vasos sanguíneos. Al presentar caninos muy largos y comprimidos lateralmente, necesitarían inmovilizar la presa antes de morderla para minimizar los riesgos de fractura. Por el contrario, los felinos actuales no necesitan unas extremidades anteriores tan poderosas para sujetar a sus presas, pues sus caninos, de sección cónica y más cortos, tienen menos riesgo de fracturarse al morder la nuca, el cuello o el hocico de sus presas para asfixiarlas. Según esta interpretación, los dientes de sable debían poseer, a diferencia de los felinos, unas extremidades anteriores más robustas que las posteriores, pues estas últimas no estarían directamente involucradas en la captura de las presas. Pese a todo ello, resulta sorprendente que los estudios en los que se han comparado cuantitativamente el tamaño y la morfología de los huesos de las extremidades anteriores y posteriores en estos depredadores formidables sean relativamente escasos (Meachen-Samuels y Van Valkenburgh, 2010; Lewis y Lague, 2010).

En este trabajo se investiga si los cambios morfológicos que conlleva el aumento de potencia y robustez de las extremidades de los carnívoros con dientes de sable (macairodontinos, nimrávidos y barbourofélidos) en comparación a las de los felinos actuales se producen de forma independiente en el miembro anterior y el posterior.

Para ello, se tomaron las coordenadas de una serie de puntos homólogos o *landmarks* en tres dimensiones en el húmero, el radio, la ulna, el fémur y la tibia de un conjunto de especies de felinos actuales con caninos cónicos y de formas extintas con dientes de sable, pertenecientes a diferentes familias (Felidae, Nimravidae y Barbourofelidae). A continuación, se realizaron comparaciones entre los huesos del estilopodio y el zeugopodio de ambas extremidades: esto es, húmero-fémur para el estilopodio, y radio-tibia y ulna-tibia para el zeugopodio. En primer lugar, se comparó la morfología de los huesos usando las variables obtenidas a partir de las coordenadas de los *landmarks*, para lo que se usó el método de mínimos cuadrados parciales entre dos bloques o *2B-PLS* (siglas en inglés de *two block partial least squares*). Posteriormente, se realizaron una serie de regresiones bivariantes para las mismas comparaciones, usando distintas variables: (i) el tamaño del centroide de cada hueso, un estimador de sus dimensiones; (ii) el tamaño del centroide de la sección transversal de la diáfisis, un estimador de la resistencia de los huesos a los esfuerzos axiales; y (iii) la robustez relativa de los huesos, medida como el cociente entre la longitud del eje mayor del hueso y el diámetro de su sección transversal, lo que proporciona un indicador de la resistencia de los huesos tanto a los esfuerzos axiales como a los de torsión.

Los resultados obtenidos sugieren que, tanto en las comparaciones donde se usó el *2B-PLS* (en el que el primer eje indica cambios en el grado de robustez) como en las realizadas para el tamaño y la robustez relativa de los huesos, los carnívoros con dientes de sable entran dentro del intervalo de confianza calculado para los felinos actuales, por lo que siguen su misma tendencia. Por ello, el grado de robustez de los huesos cambia de forma coordinada, tanto en los felinos actuales como en los dientes de sable, sin que se observen diferencias entre la extremidad anterior y la posterior. Esto resulta particularmente sorprendente si se tiene en cuenta que algunos dientes de sable muestran un grado de robustez en ambas extremidades que resulta mucho mayor que el de ningún felino actual.

A modo de conclusión, se puede decir que tanto los felinos con caninos cortos y cónicos como los carnívoros que presentaban caninos alargados y comprimidos lateralmente comparten el mismo patrón de integración entre las extremidades anteriores y posteriores. Una posible explicación para este resultado es que las extremidades anteriores robustas de los dientes de sable tengan un origen adaptativo, debido a su modo peculiar de caza, mientras que sus miembros posteriores, también robustos, sean el resultado inevitable de las limitaciones del desarrollo (*developmental constraints*), pues ambas extremidades comparten procesos ontogenéticos resultantes de su homología serial. Sin embargo, una interpretación alternativa es que el carácter robusto de los miembros posteriores de los dientes de sable tuviera también una explicación adaptativa, a efectos de soportar la masa corporal del depredador mientras usaba sus extremidades anteriores para inmovilizar la presa. Por ello, resulta necesario realizar en el futuro nuevas investigaciones que permitan aclarar si el elevado grado de integración morfológica de las extremidades en los felinos y los dientes de sable tiene un origen interno (legado histórico, en tanto limitaciones morfogenéticas) o externo (factor funcional).

REFERENCIAS

Lewis, M.E., Lague, M.R., 2010. Interpreting sabertooth cat (Carnivora; Felidae; Machairodontinae) postcranial morphology in light of scaling patterns in felids. In: Goswami, A., Friscia, A.R. (Eds.), Carnivoran evolution: new views on phylogeny, form and function. Cambridge University Press, Cambridge, pp. 411-465.

Meachen-Samuels, J.A., Van Valkenburgh, B., 2010. Radiographs reveal exceptional forelimb strength in the sabertooth cat, *Smilodon fatalis*. PLoS ONE 5, e11412.

Salesa, M.J., Antón, M., Turner, A., Morales, J., 2010. Functional anatomy of the forelimb in *Promegantereon ogygia* (Felidae, Machairodontinae, Smilodontini) from the Late Miocene of Spain and the origins of the sabre-toothed felid model. Journal of Anatomy 216, 381-396.

Ejemplos de evolución iterativa en Hammatoceratinae (Ammonitina) durante el intervalo Toarciense-Aaleniense en la Cordillera Ibérica.

Martínez, Gemma; Ureta, Soledad; García-Frank, Alejandra

Departamento de Paleontología, Facultad de CC. Geológicas, UCM, Madrid. Email:gemmamar@geo.ucm.es

Los Hammatoceratinae constituyen un grupo de ammonoideos que tiene un registro amplio en el dominio del Tethys. Sin embargo, son relativamente escasos y representan aproximadamente el 3% del total en el intervalo estudiado en la Cordillera Ibérica. Solo en episodios muy puntuales, llegan a constituir el 30-40% del total de los ammonoideos obtenidos en materiales toarcienses y aalenienses (Ureta, 1985; Martínez, 1992; Goy y Martínez, 1990, García-Frank, 2007, entre otros). El análisis detallado de los muestreos realizados en las diferentes secciones ha permitido identificar tres intervalos en los que aumenta significativamente la abundancia de los especímenes así como la diversidad específica: 1) Zona Variabilis y parte inferior de la Zona Thouarsense, 2) Zona Dispansum y parte inferior de la Zona Pseudoradiosa (Subzona Levesquei) y 3) Zona Aalensis (Subzona Aalensis)-Zona Opalinum (Subzona Comptum). Estos episodios están separados por dos lagunas registráticas situadas en la Zona Thouarsense (Subzona Thouarsense-Subzona Fascigerum) y en la Zona Pseudoradiosa (Subzona Pseudoradiosa) (Martínez, 1992).

Si bien la Subfamilia Hammatoceratinae tendría su origen en faunas autóctonas de áreas mesogeas o submesogeas, en determinados momentos se debieron producir migraciones o derivas hacia áreas de plataforma que, como se observa en la Cordillera Ibérica, pudieron dar lugar a una colonización efectiva siguiendo un modelo iterativo. Es en estos casos cuando los Hammatoceratinae presentan un mayor número de ejemplares involucrando a especies de los géneros *Geczyceras*, *Hammatoceras* y *Bredyia*. Es destacable que estas formas muestran notables similitudes en sus caracteres morfológicos y, en determinados casos, una evidente simplificación de la línea de sutura respecto a otros géneros de la subfamilia.

El registro de las asociaciones de estas especies coincide aproximadamente con los momentos de máximo transgresivo de los ciclos de carácter eustático identificados en la plataforma ibérica (Gómez y Goy, 2005). Concretamente se pueden correlacionar con el LJ3-3 en las Zonas Bifrons y Variabilis, el LJ4-1 en la parte superior de la Subzona Insigne y el LJ4-2 en la parte superior de la Zona Aalensis. Por otra parte, el aumento de abundancia constatado en la Subzona Comptum coincide con un ciclo generalizado de profundización identificado en esta subzona (Goy et al., 1996; García-Frank, 2007).

En el límite entre las Zonas Bifrons y Variabilis, el episodio transgresivo LJ3-3 es algo anterior al registro más abundante de especímenes y esto concuerda con el tipo de asociaciones registradas, en las que escasean los individuos juveniles (Asociación tipo 3 según Fernández López, 1985).

En la Subzona Insigne y en la parte superior de la Zona Aalensis (episodios transgresivos LJ4-1 y LJ4-2) así como en la Subzona Comptum, los episodios trangresivos son prácticamente contemporáneos con el registro mayoritario de especímenes y presentan asociaciones con predominio de individuos jóvenes que pueden ser monoespecíficos y con presencia de pares dimórficos (Asociaciones tipo 1 y 2 según Fernández López, 1985).

Por tanto, se pueden establecer distintos grados de efectividad en la colonización de la plataforma ibérica. Concretamente, la especie *Geczyceras costatum* (Gabilly) y otras formas afines (en la Zona Variabilis) debieron sufrir deriva necroplantónica desde otras áreas y por lo tanto, no se produjo una colonización efectiva, mientras que *Hammatoceras insigne* (Schlübler in Zieten) (en la Subzona Insigne) y, probablemente, *Bredyia subinsignis* (Oppel) (en determinados episodios de las Subzona Buckmani y Comptum) constituyen asociaciones que vivieron cerca del lugar de enterramiento y podrían haberse adaptado de manera ocasional a estos ambientes, en ambos casos a partir de formas del género *Geczyceras*.

AGRADECIMIENTOS

Estudio financiado por los Proyectos: CGL2011-25894 MICINN, CGL2011-23947 MICINN y Grupo UCM nº 910431 DGI (Dirección General de Investigación, España).

REFERENCIAS

Fernández López, S.R., 1985. El Bajociense de la Cordillera Ibérica. Tesis doctoral. Dpto. Paleontología, UCM, 850 pp.

García-Frank, A., 2007. Evolución biosedimentaria y secuencial del Jurásico Medio inferior en la Cuenca Ibérica (Sector NO). Tesis Doctoral. E-prints Complutense, (http://biblioteca.ucm.es/tesis/geo/ucm-t29198.pdf), 528 pp.

Gómez, J.J., Goy, A., 2005. Late Triassic and Early Jurassic palaeogeographic evolution and depositional cycles of the Western Tethys Iberian platform system (Eastern Spain). Palaeogeography, Palaeoclimatology, Palaeoecology 222, 77-94.

Goy, A., Ureta, S., Arias, C., Bernad, J., Barrón, E., Canales, M.L., García Joral, F., Gialanella, P.R., Gómez, J.J., Herrero, C., Martínez, G., Osete, M.L., Perilli, N., Villalaín, J.J., 1996. The Toarcian transition in Fuentelsaz section. In: 1st Toarcian and 4th Aalenian Working Groups Meeting, Madrid, pp. 51-77.

Goy, A., Martínez, G., 1990. Biozonación del Toarciense en el área de la Almunia de Doña Godina-Ricla (Sector Central de la Cordillera Ibérica). Cuadernos de Geología Ibérica 14, 11-53.

Martínez, G., 1992. Hammatoceratinae (Ammonitina) del Toarciense superior y Aaleniense en la Cordillera Ibérica. Colección Tesis Doctorales, Universidad Complutense, 374/92, Madrid. 331 pp.

Ureta, M.S., 1985. Bioestratigrafía y Paleontología (Ammonitina) del Aaleniense en el Sector Noroccidental de la Cordillera Ibérica. Colección Tesis Doctorales, Universidad Complutense, 158/85, Madrid. 452 pp.

Revisión de las especies de *Isogramma* Meek & Worthen, 1870 (Dictyonellida, Brachiopoda) de la Cordillera Cantábrica

Martínez Chacón, M. Luisa
Departamento de Geología, Universidad de Oviedo, España, Email: mmchacon@geol.uniovi.es

El género *Isogramma* Meek & Worthen, 1870 es uno de los géneros de braquiópodos más extraños y también más fáciles de reconocer por sus particulares características. La concha es muy transversa, aplanada, ovalada, con ornamentación de crestas concéntricas elevadas que cubren todo el exterior de ambas valva, excepto una placa triangular, lisa y deprimida, que se extiende desde el gancho de la valva ventral hasta una cierta distancia por delante del umbo. La concha es densamente puntuada, lo que le da una estructura esponjosa.

Lo más característico de la concha de *Isogramma* es la presencia de un área triangular en el umbo ventral, desprovista de la fuerte ornamentación concéntrica del resto de la concha y situada en un plano inferior al resto de la valva. Esta región sin ornamentación concéntrica es consecuencia de una perforación existente en la valva ventral que se extiende delante del umbo y que está cubierta por una placa, el *colleplax* (Holmer, 2000). Esta placa presenta una hendidura en su final anterior que comunica con el interior de la valva. En el interior ventral da lugar a una plataforma elevada sobre el fondo de la valva. La naturaleza y función de la placa ha sido muy discutida, y se le han dado distintos nombres por distintos autores. Wright (1981) propone el término *colleplax* (*kollesis* - que pega y *plax* – placa), porque supone que la concha se fijaba al sustrato por medio de una almohadilla quitinosa adherente, segregada por el epitelio externo, que en vida del animal cubría la superficie externa del *colleplax*. El término *colleplax* y la función atribuida por Wright son los más aceptados.

La plataforma elevada sobre el fondo del interior ventral, a la que da lugar el *colleplax*, no presenta ningún problema para su interpretación y se ha considerado de un modo general como lugar de inserción de músculos.

El género se conoce desde el Viséense (Carbonífero) hasta el Pérmico tardío en prácticamente todo el mundo. Representantes del género *Isogramma* se han descrito o citado en el Carbonífero de la Cordillera Cantábrica de materiales moscovienses y kasimovienses. *Isogramma davidsoni* fue descrita originalmente de dicha región por Barrois (1882) y citada posteriormente por numerosos autores, Delépine (1943), entre otros; Breimer en Martínez Álvarez (1962) citó *I. concentrica*; e *I.* aff.

paotechowensis (Grabau & Chao) fue citada en Sánchez de Posada et al., (1999 y siguientes).

Una parte del material considerado en trabajos anteriores como *I. davidsoni* se incluye ahora en una nueva especie, *Isogramma* sp. nov. 1. *I. davidsoni,* única especie descrita originalmente de la Cordillera Cantábrica, presenta algunos problemas. Las figuras originales de Barrois (1882) son dibujos y es difícil compararlos con material real. Barrois (1882) no fijó un holotipo para su especie, y de su descripción tampoco se puede deducir cuál es la localidad tipo. El ejemplar mejor conservado parece ser la valva ventral figurada en su Lám. 16, fig. 6 a-b, procedente de Villallana, pero Barrois no precisa más la situación de la localidad y no hemos logrado consultar su material original. Como los ejemplares revisados en este trabajo, procedentes de la región de Villamanín (N de León), parecen tener diferencias con las figuras de Barrois, consideramos de momento que en *I. davidsoni* se incluyen solamente las descripciones y figuras de Barrois, y los ejemplares de Villamanín se atribuyen a una nueva especie.

El material de la región de Caso (Asturias), citado como *I. concentrica* es muy distinto de *I. germanica* Paeckelmann (= *I. concentrica*) y se considera ahora perteneciente a la nueva especie *Isogramma* sp. nov. 2.

Así mismo, los ejemplares citados previamente como *I.* aff. *paotechowensis*, se considera ahora que tienen suficientes diferencias con esta especie para separarlos de ella y establecer una nueva, *Isogramma* sp. nov. 3. Las tres nuevas especies serán descritas formalmente en breve.

El trabajo es una contribución al PICG 596.

REFERENCIAS

Barrois, Ch., 1882. Recherches sur les terreins anciens des Asturies et de la Galice. Mem. Soc. Géol. Nord, 2(1), 1-630, pls. 1-20.

Delépine, G., 1943. Les faunes marines du Carbonifère des Asturies (Espagne). Mem. Acad. Sci. Inst. Fr., 66(3): 1-122, pls. 1-6.

Holmer, L.E., 2000. Dictyonellida. In: Kaesler, R.L. (Ed.). Treatise on Invertebrate Paleontology, Part H, Brachiopoda, Revised, vol 2: Linguliformea, Craniiformea and Rhynchonelliformea (part), The Geological Society of America, Inc. and The University of Kansas, 196-200.

Martínez Álvarez, J.A., 1962. Estudio geológico del reborde oriental de la cuenca carbonífera central de Asturias. Vol. 1, Texto: 1-229. Vol. 2, Mapas. Instituto de Estudios Asturianos.

Sánchez de Posada, L.C., Villa, E., Martínez Chacón, M.L., Rodríguez, R.M., Rodríguez, S., Coquel, R., 1999. Contenido paleontológico y edad de la sección de Demués (Carbonífero, Zona Cantábrica). Trabajos de Geología 21, 339-352.

Wright, A.D., 1981. The external surface of *Dictyonella* and other pitted brachiopods. Palaeontology 24, 443-481.

Estrategias para la conservación del patrimonio paleontológico en un contexto educativo

Martínez Diego, Candela[a]; *Fernández-Martínez, Esperanza*[b]

[a] Barrio Barcenilla, 242, Tezanos de Villacarriedo, 39649 Cantabria, España. candelacienciasambientales@gmail.com

[b] Área de Paleontología, Departamento de Geografía y Geología, Universidad de León, 24171 León, España. e.fernandez@unileon.es

Desde un punto de vista patrimonial, los yacimientos paleontológicos se caracterizan por estar formados por unos elementos (los fósiles) que son finitos, no renovables, muy atractivos para determinado público y que pierden gran parte de su valor si se extraen de forma no controlada. Debido a estos rasgos, y por tratarse de materiales rocosos, los yacimientos muestran un alto riesgo de degradación por vulnerabilidad antrópica, tanto por explotaciones de materiales geológicos, como por obras públicas y por expolio con diversos fines (comercio, coleccionismo privado, educación, etc.).

En el caso de los dos primeros tipos de vulnerabilidad, diversas acciones han mostrado que es posible rescatar los elementos fósiles mediante acuerdos específicos con las administraciones y empresas (Gutiérrez-Marco y Bernárdez, 2003; Alcalá et al., 2012; Marcos-Fernández et al., 2014; entre otros).

Los problemas relacionados con el expolio son más difíciles de controlar, utilizándose principalmente las medidas físicas (vallado o similar) y legales (prohibiciones de entrada o de recolecta). Junto a ellas, hay otras actuaciones que funcionan a más largo plazo pero que pueden llegar a ser más efectivas. Entre estas últimas pueden citarse los acuerdos de tipo custodia del territorio, bien con poblaciones locales o bien con empresas que "explotan" el yacimiento con fines educativos y turísticos, y que comienzan a ser usuales en algunos países como Reino Unido (Whiteley y Browne, 2013).

Paralelamente a estas medidas y actuaciones se encuentra la educación ambiental orientada al conocimiento y valoración de los fósiles. Los trabajos realizados sobre este tema han mostrado que se obtienen resultados bastante efectivos realizando campañas de sensibilización con usuarios de visitas a yacimientos (ver, por ejemplo, Hockett, 2008).

En este contexto se enmarca este trabajo, cuyo objetivo ha sido diseñar una serie de estrategias que ayuden a conocer la importancia de los yacimientos fósiles y a valorar la información científica que se obtiene de ellos. Debido a su amplitud, hemos acotado el objetivo a un grupo formado por niños y niñas de educación primaria (entre 6 y 12 años), visitantes ocasionales de yacimientos en las actividades fuera del centro educativo, bien de forma autónoma, bien a través de centros de interpretación de la naturaleza. Este grupo ha sido seleccionado por varios motivos: son personas usualmente muy atraídas por los fósiles; su juventud facilita el asentamiento de unas actitudes ambientalistas y también por la escasez de trabajos realizados sobre este colectivo.

Las estrategias desarrolladas han consistido en establecer una serie de pautas de buen comportamiento en yacimientos con fósiles. Para introducir estas pautas dentro del contexto educativo se han desarrollado dos actividades, una de concienciación del interés de los fósiles mediante el empleo de audiovisuales y una actividad de buenas prácticas a partir del desarrollo y adaptación de un código buenas prácticas en yacimientos paleontológicos (CBPP).

La primera de estas actividades tiene como objetivo que los niños y niñas comprendan la importancia científica de los fósiles y, con ella, la necesidad de aplicar un código de conducta que no lesione el valor del yacimiento. Para que esto ocurra se deben adquirir previamente unos conocimientos acerca de los fósiles, de la información que aportan los yacimientos paleontológicos y de las consecuencias que tiene hacer un mal uso de estos lugares. Esta actividad consiste en un material audiovisual formado por cuatro vídeos.

Para desarrollar el CBPP se han utilizado códigos ya existentes (Scottish Natural Heritage, 2008; Townley y Larwood, 2012), adaptando los resultados al contexto de educación primaria y expresando el código a través de un póster.

REFERENCIAS

Alcalá, L., Espílez, E., Mampel, L. y otros nueve autores., 2012. A New Lower Cretaceous Vertebrate Bonebed Near Ariño (Teruel, Aragón, Spain); Found and Managed in a Joint Collaboration Between a Mining Company and a Palaeontological Park. Geoheritage 4, 275-286.

Gutiérrez-Marco, J.C., Bernárdez, E., 2003. Un tesoro geológico en la Autovía del Cantábrico. Ministerio de Fomento, Madrid, 398 pp.

Hockett, K.S., 2008. Influence of interpretation on visitors' knowledge gain and respect for fossil resources in a national monument. Dissertation submitted to the faculty of the Virginia Polytechnic Institute and State University in partial fulfillment of the requirements for the degree of Doctor of Philosophy In Forestry, 146 pp.

Marcos-Fernández, F., Mocho, P., Elvira, A., Páramo, A., Escaso, F., Ortega, F., 2014. The sauropod that stopped the train. 74th SVP Symposium of Vertebrate Paleontology (SVP), Berlin, USA 5th- 8th November. Program and Abstract, pp. 120.

Scottish Natural Heritage, 2008. URL: www.snh.org.uk/pdfs/fossil_code/fossilcode_08.pdf [Consultada: 11-04-2015].

Townley, H., Larwood, J., 2012. Managing geological specimen collecting: guidance. Natural England Technical Information Note TIN111.

Whiteley. M.J., Browne,M.A.E., 2013. Local geoconservation groups –past achievements and future challenges. Proceedings of the Geologists' Association 124, 674-680.

Sobre la paleobiología de *Hippopotamus antiquus* Desmarest, 1822: ¿Un megaherbívoro acuático sin análogos vivientes?

Martínez-Navarro, Bienvenido[a]*; Madurell-Malapeira, Joan*[b]*; Ros-Montoya, Sergio*[c,d]*; Espigares, M. Patrocinio*[c,d]*; Figueirido, Borja*[c]*; Guerra-Merchán, Antonio*[c]*; Palmqvist, Paul*[c]

[a] ICREA, Institut Català de Paleoecologia Humana i Evolució Social-IPHES, Universitat Rovira i Virgili, Campus Sescelades, 43007 Tarragona, España. bienvenido.martinez@icrea.cat

[b] Institut Català de Paleontologia Miquel Crusafont, Universitat Autònoma de Barcelona, 08193 Cerdanyola del Vallès, Barcelona, España

[c] Departamento de Ecología y Geología, Universidad de Málaga, 29071 Málaga, España

[d] Museo de Prehistoria y Paleontología, 18858 Orce, España

Los hipopótamos se encuentran representados hoy día por dos especies africanas, *Hippopotamus amphibius,* el hipopótamo común, de vida semiacuática, y *Choeropsis liberiensis,* el hipopótamo pigmeo, de hábitos más terrestres (Boisserie, 2005). Los hipopótamos comunes se desenvuelven en zonas de aguas tranquilas y someras, que abandonan durante la noche para pacer vegetación terrestre (Nowak 1999). Por ello, sus poblaciones experimentan una mortalidad acusada durante las sequías prolongadas, debido a la escasez de pastos en las inmediaciones de las pozas de barro a las que se ven confinados (Eltringham, 1999). Los hipopótamos no nadan, se desplazan caminando por el fondo de los ríos y lagos; por ello, sus huesos, cortos y robustos, presentan la cavidad medular rellena de tejido esponjoso, para regular su flotabilidad. Por sus condiciones ecológicas de alta dependencia del medio acuático y al no soportar temperaturas frías extremas, los hipopótamos resultan excelentes indicadores climáticos y ecológicos, mostrando una estrecha relación con los homininos donde ambos coexisten.

Hippopotamus antiquus es una especie extinta con un amplio registro en los yacimientos del Villafranquiense superior y el Galeriense de Europa y Asia occidental. En el Pleistoceno inferior de África y en el Corredor Levantino (yacimiento de 'Ubeidiya, Israel) se ha documentado la presencia de *H. gorgops,* especie hermana (si no la misma) de la forma registrada en Eurasia. La cronología de la llegada a Europa de *H. antiquus,* procedente del continente austral, es una cuestión muy debatida. Algunas referencias sitúan la especie en Italia en torno a unos 2,0 Ma, como en Coste San Giacomo (Bellucci et al. 2012), pero su presencia en las paleomastocenosis europeas no se normaliza hasta una cronología próxima a 1,6-1,5 Ma, con un buen registro en el yacimiento de Venta Micena en Orce y en la mayor parte de las tafocenosis europeas posteriores hasta la base del Pleistoceno medio (vg., Barranco León, Fuente

Nueva 3, Cal Guardiola e Incarcal en España; Colle Curti, Figline e Isernia La Pineta en Italia; Ravin de Voulgarakis en Grecia; o Untermassfeld en Alemania).

Aunque el género de vida de *H. antiquus* se presume en la literatura como similar al del hipopótamo moderno, el estudio de su anatomía y los análisis biogeoquímicos de los restos óseos de Venta Micena revelan características que lo diferencian de esta especie en cuanto a su mayor dependencia del medio acuático y su alimentación. Así, concretamente, el estudio isotópico de los mamíferos del parque nacional del Amboseli (Kenia) y de Venta Micena muestra valores de $\delta^{15}N$ singularmente altos para el colágeno de *H. antiquus* en comparación a los de los restantes ungulados de la tafocenosis, mientras que para *H. amphibius* son similares a los de otros herbívoros de Amboseli. Esta diferencia es interpretable como evidencia de la alimentación de la especie extinta sobre macrófitos acuáticos en un lago relativamente salino, en vez de pacer de noche vegetación terrestre en las riberas de lagos y ríos, como ocurre en la especie actual. De hecho, un análisis reciente de la vegetación actual de un par de lagunas saladas de la provincia de Málaga (García-Aguilar et al. 2015) ha mostrado diferencias importantes en los valores de $\delta^{15}N$ entre su vegetación acuática (8,85 a 13,48‰) y las plantas herbáceas de la llanura circundante (-0,42 a 1,78‰).

La anatomía esquelética de *H. antiquus* es congruente con esta inferencia paleobiológica. Por ejemplo, sus órbitas oculares y sus narinas se encuentran particularmente elevadas en comparación a las de *H. amphibius* y el paladar es proporcionalmente más estrecho y alargado, todo lo cual sugiere unos hábitos más acuáticos, aunque podría deberse también en parte a efectos alométricos. Por otra parte, los segmentos distales de las extremidades se encuentran acortados en la especie extinta respecto a la moderna. Así, el cociente entre las longitudes de los huesos largos en *H. antiquus* y *H. amphibius* es mayor en el estilópodo (húmero: 126%, fémur: 125%) que en el zeugópodo (radio: 119%, tibia: 114%) y, a su vez, vuelve a descender en el autópodo (mc3: 109%, mt3: 106%). Finalmente, la masa corporal media estimada para *H. antiquus* usando ecuaciones de regresión lineal ajustadas en ungulados a partir de la anchura de los cuatro huesos largos principales (húmero, fémur, radioulna y tibia), 3163 kg, es 2,14 veces mayor que la calculada para *H. amphibius* con dichas ecuaciones, 1476 kg, valor similar a la masa real de la especie (1.475 kg en los machos y 1.360 kg en las hembras; Nowak 1999).

REFERENCIAS

Bellucci, L., Mazzini, I., Scardia, G., Bruni, L., Parenti, F., Segre, A. G., Segre Naldini, E., Sardella, R., 2012. The site of Coste San Giacomo (Early Pleistocene, central Italy): Palaeoenvironmental analysis and biochronological overview. Quaternary International 267, 30-39.

Boisserie, J.R., 2005. The phylogeny and taxonomy of Hippopotamidae (Mammalia: Artiodactyla): a review based on morphology and cladistic analysis. Zoological Journal of the Linnean Society 143, 1-26.

Eltringham, S.K., 1999. The hippos: natural history and conservation. Poyser, Londres, 184 pp.

García-Aguilar, J.M., Guerra-Merchán, A., Serrano, F., Flores-Moya, A., Delgado-Huertas, A., Espigares, M.P., Ros-Montoya, S., Martínez-Navarro, B., Palmqvist, P., 2015. A reassessment of the evidence for hydrothermal activity in the Neogene-Quaternary lacustrine environments of the Baza basin (Betic Cordillera, SE Spain) and its paleoecological implications. Quaternary Science Reviews 112, 226-235.

Nowak, R.M., 1999. Walker's mammals of the World, 6ª ed. Johns Hopkins University Press, Baltimore, Maryland, 1936 pp.

El yacimiento paleontológico de Baza-1: un nuevo referente del Rusciniense español.

Martínez-Navarro, Bienvenido[a]; *Ros-Montoya, Sergio*[b,c]; *Jiménez-Arenas, Juan Manuel*[d]; *Espigares, M. Patrocinio*[b,c]; *Guerra-Merchán, Antonio*[b]; *García-Aguilar, José María*[b]; *Rodríguez-Rueda, Ainoa*[e]; *Oms, Oriol*[f]; *Agustí, Jordi*[a]; *Palmqvist, Paul*[b]

[a] ICREA, Institut Català de Paleoecologia Humana i Evolució Social-IPHES, Universitat Rovira i Virgili, Campus Sescelades, 43007 Tarragona, España. bienvenido.martinez@icrea.cat

[b] Departamento de Ecología y Geología, Facultad de Ciencias, Campus Universitario de Teatinos, 29071 Málaga, España.

[c] Museo de Prehistoria y Paleontología de Orce, 18858 Orce, Granada, España.

[d] Departamento de Prehistoria y Arqueología, Campus de Cartuja S/N, 18071 Granada, España.

[e] Institut Català de Paleoecologia Humana i Evolució Social-IPHES, Campus Sescelades, 43007 Tarragona, España.

[f] Departamento de Geología, Facultad de Ciencias, Universidad Autónoma de Barcelona, 08193, Bellaterra, Barcelona. España.

Existe un importante vacío del registro fósil continental en Europa para el intervalo del Plioceno inferior que discurre entre 5.3 y 3.4 Ma (Rusciniense). Esta carencia contrasta con la abundancia de datos conocidos para el Mioceno superior (11.2 – 5.3 Ma) y para el Plioceno superior y Pleistoceno.

Hasta el momento, se conocen los siguientes yacimientos europeos para el plioceno inferior: Megalo Emvolon en Grecia (Arambourg and Piveteau, 1929; Koufos and Kostopoulos, 1997), Malusteni en Rumania (Radulesco et al., 2003), varias localidades en la zona del Rosellón en los Pirineos Orientales franceses, y Vialette en el Macizo francés, datado en el inicio del Villafranquiense, con una cronología de 3,2 Ma (Lacombat, et al., 2008), a los que hay que sumar los localizados en la Península Ibérica: La Calera, en la cuenca de Calatayud-Teruel, y Layna, en la provincia de Soria (Alberdi y Alcalá, 1989-90; Azanza y Menéndez, 1989-90; Alcalá et al., 1989-90), en el noreste peninsular se encuentra el yacimiento de Camp dels Ninots (Girona) donde se está recuperando fauna en un excelente estado de conservación (Campeny-Vall.llosera y Gómez de Soler, 2010; Gómez de Soler et al., 2012). Este registro pliocénico se incrementa con el yacimiento de Baza-1 que se sitúa en la provincia de Granada, y se presenta a continuación.

La localidad de Baza-1 se ubica en el Barranco de las Seguidillas - Cuesta del Francés, conocida en la zona como Las Arrodeas, a las afueras de la ciudad de Baza. Este yacimiento fue localizado en el año 1996 por uno de los firmantes (BMN) y los primeros trabajos comenzaron en el año 1999 con una prospección del área para decidir dónde ubicar un pequeño sondeo de tres por tres metros, que se realizó durante 2000 y 2001 (Martínez-Navarro, 2001, Ros-Montoya, 2010). Como antecedente también cabe destacar el estudio de la geología de esta zona realizado por Guerra-Merchán et al. (1991), donde se incluyen varios yacimientos de micromamíferos pliocénicos.

Recientemente, en mayo de 2015 se ha reabierto nuevamente la excavación, con un área de trabajo amplia en la que se han incluido las cuadrículas iniciadas en las actuaciones previas.

El contexto sedimentario de los depósitos en los que se encuadra el yacimiento corresponde al desarrollo de abanicos aluviales (Formación Guadix) procedentes de los relieves de la sierra de Baza, los cuales conectaban distalmente con un ambiente lacustre donde se depositaban los materiales de la Formación Baza durante la mayor parte del Plioceno inferior. Variaciones periódicas en la lámina de agua del lago condicionarían el desarrollo de ciclos de somerización, caracterizados por facies de margas a muro y (margo) calizas a techo, junto a episodios detríticos eventuales de escasa potencia. De esta forma, en condiciones de baja profundidad y escaso o nulo aporte detrítico, se formarían ambientes palustres en los que se depositarían los niveles arcillosos oscuros con restos de plantas carbonizados, los cuales a su vez son susceptibles de incluir restos fósiles de vertebrados, como ocurre en esta localidad.

El registro paleontológico está compuesto por abundante material fósil, en general con buen estado de conservación, y con una densidad por m^2 bastante alta. La lista faunística (Ros-Montoya, 2010) está compuesta por tres roedores (*Apodemus* aff. *gorafensis, Paraethomys* sp. y *Trilophomys* cf. *vanderweerdi*, dos proboscídeos (*Anancus arvernensis* y *Mamut borsoni*), dos bóvidos uno de gran talla (*Alephis* sp. y otro de talla media que se encuentra en fase de estudio), un rinocerótido (*Stephanorhinus* sp. cf. *S. jeanvireti*), y un équido (*Hipparion* sp.). El registro se completa con bastantes fragmentos de placa de tortuga, uno de ellos de gran tamaño. Hay que destacar que hasta el momento no se han encontrado restos de carnívoros.

Los datos obtenidos en estos primeros trabajos permiten concluir que la nueva localidad de Baza-1 es de gran importancia, ya que cronológicamente se sitúa muy próxima a 4 Ma (Rusciniense), periodo con muy poco registro en el continente europeo. Otro dato muy interesante es la coexistencia de dos especies de mastodontes *Anancus arvernensis* y *Mamut borsoni*, ya que son muy escasos los yacimientos en los que se encuentran asociados estos dos grandes megaherbívoros, siendo éste el primer registro en la Península Ibérica.

REFERENCIAS

Alberdi, M. T., Alcalá, L., 1989-90. El género hipparion en la fosa del Alfambra-Teruel. Paleontologia i Evolució, 23, 105-109.

Alcalá, L., Morales, J., Moyá-Solá, S., 1989-90. El registro fósil neógeno de los bóvidos (Artiodactyla, Mammalia) de España. Paleontologia i Evolució, 23, 67-73.

Arambourg, C., Piveteau, J., 1929. Les vertébrés du Pontien de Salonique. Annales de Paléntologie, 18, 59-138.

Azanza, B., Menéndez, E., 1989-90. Los ciervos fósiles del neógeno español. Paleontologia i Evolució, 23, 75-82.

Campeny-Vall.llosera, G., Gómez de Soler, B., 2010. El Camp dels Ninots, Rastres de L'Evolució. Ajuntament de Caldes de Malavella, Institut Català de Paleoecologia Humana i Evolució Social (IPHES), 199 pp.

Gómez De Soler, B., Campeny Vall-llosera, G. Made, J. Van Der, Oms, O., Agustí, J., Sala R., Blain, H.-A., Burjachs, F., Claude, J., García Catalán, S., Riba, D., Rosillo, R., 2012. A new key locality for the Pliocene vertebrate record of Europe: the Camp dels Ninots maar (NE Spain). Geologica Acta 10, 1-17.

Guerra-Merchán, A., Ruiz-Bustos, A., Martín-Penela, A.J., 1991. Geología y fauna de los yacimientos de Colorado 1, Colorado 2, Aljibe 2 y Aljibe 3 (Cuenca de Guadix-Baza, Cordilleras Béticas). Geogaceta 9, 99-102.

Koufos, G., Kostopoulos, D., 1997. Biochronology and succession of the Plio-Pleistocene macromammalian localities of Greece. Actes du Congrès Biochro M'97, J.P. Aguilar, S. Legendre, J. Michaux (Eds), Mén. Trav. E.P.H.E. Inst. Monpellier 21, 619-634.

Lacombat, F., Abbazzi, L., Ferretti, M.P., Martínez-Navarro, B., Moullé, P.E., Palombo, M.R., Rook, L., Turner, A., Valli, A., 2008. New data on the Early Villafranchian fauna from Vialette (Haute-Loire, France) based on the collection of the Crozatier Museum (Le Puy-en-Velay, Haute-Loire, France). Quaternary International, 179, 64-71.

Martínez-Navarro, B., 2001. Prospección paleontológica con sondeo estratigráfico en el yacimiento de Baza-1 (Rusciniense Superior). Informe de las campañas correspondientes a los años 2000 y 2001. Delegación de Cultura de Granada. Junta de Andalucía. Inedit. 10 pp.

Radulescu, C., Samson P.M., Petculescu, A., Stiucă, E., 2003. Pliocene Large Mammals of Romania Grandes Mamíferos del Plioceno de Rumania. Coloquios de Paleontología, Vol. Ext. 1, 549-558.

Ros-Montoya, S. 2010. *Los Proboscídeos del Plio-Pleistoceno de las Cuencas de Guadix-Baza y Granada*. Tesis Doctoral, Universidad de Granada, 403 pp.

Valoración patrimonial de los yacimientos fósiles más relevantes del Jurásico de las ramas Aragonesa y Castellana de la Cordillera Ibérica

Meléndez, Guillermo[a]; *Bello, Julia*[a]; *Page, Kevin*[b]; *Ramajo, Javier*[a]; *Núñez, Alizia*[a]; *Tomás, Marta*[a]

[a] Departamento de Geología, Universidad de Zaragoza, c. Pedro Cerbuna 12; 50009 Zaragoza, España. gmelende@unizar.es

[b] Earth Science Department, University of Plymouth, Reino Unido. kevin.page@plymouth.ac.uk

INTRODUCCIÓN

Los yacimientos jurásicos de la Cordillera Ibérica, en las ramas Aragonesa y Castellana, tienen un interés y una importancia excepcional por el registro detallado y notablemente completo que contienen de las sucesiones Jurásicas de ammonoideos en Europa occidental. Por una parte, las sucesiones detalladas de ammonoideos han permitido realizar biozonaciones de gran detalle y contribuir de manera efectiva al conocimiento de la bioestratigrafía del Jurásico. Su diversidad taxonómica, por otra parte, ha añadido información crucial a las sucesiones establecidas en otras áreas. Asimismo, su sucesión estratigráfica detallada ha permitido que algunas secciones hayan sido designadas como estratotipo para un límite estratigráfico (límite Toarciense-Aaleniense en Fuentelsaz) o sección de referencia (ASSP: el límite Pliensbachiense-Toarciense en Almonacid de la Cuba-Belchite) o secciones de referencia para algunos intervalos, como el Toarciense en el cerro del Aguali en Ricla, o el Calloviense en el Barranco de la Paridera, también en el término municipal de Ricla. Por último, el desarrollo de las facies a lo largo de la plataforma Ibérica también constituye un elemento de primera importancia, al reflejar de manera detallada el basculamiento de la misma a lo largo de las distintas etapas del Jurásico a favor de fallas lístricas, y dando origen al desarrollo de secuencias dilatadas en la parte proximal y secuencias condensadas en la parte distal. Por otra parte, el análisis tafonómico de las asociaciones registradas de ammonites ha permitido reconocer y caracterizar distintos tipos de clinos tafonómicos, por dispersión, permitiendo reconocer los momentos de colonización por poblaciones de ammonites y su carácter autóctono o alóctono, y por abrasión, permitiendo caracterizar los momentos de somerización y/o emersión de la plataforma. Todo ello hace que los afloramientos jurásicos de la Cordillera Ibérica deban ser objeto de una protección y atención especial por los investigadores y por las autoridades políticas.

DISCUSIÓN Y PROPUESTAS DE PROTECCIÓN

En el presente trabajo se propone una revisión detallada de las secciones y afloramientos de Jurásico de la Cordillera Ibérica, con objeto de resaltar sus valores más importantes desde el punto de vista tanto científico como didáctico o ejemplificador de procesos tafonómicos y patrimonial. Entre los principales trabajos sobre estos temas destacan los de Meléndez y Peñalver (eds: 2002) y más recientemente los de Meléndez et al. (2013) y Ramajo et al. (2015). Actualmente los yacimientos jurásicos, aunque en ocasiones alguno de ellos, definido como LIG se encuentra bajo una protección relativa, lo cierto es que no gozan del reconocimiento que debieran y, aún menos, de la protección que yacimientos de tal importancia requerirían. En este trabajo distinguiremos entre secciones especialmente relevantes por su carácter de sección de referencia (los mencionados arriba), secciones que requieren una especial mención por ser localidad tipo de unidades estratigráfica, como es el caso de las localidades de Cortes de Tajuña, Cuevas Labradas, Cerro del Pez, Barahona, Turmiel, El Pedregal, Moscardón, Arroyofrío, Alustante o Pozuel (en la Rama Castellana), Casinos, Domeño, Yátova, Sot de Chera, Loriguilla e Higueruelas (en la provincia de Valencia), Alacón o Ráfales en la Rama Aragonesa, o Ricla, Talamantes, Aldealpozo y Torrecilla en Cameros, en el sector más noroccidental de esta rama. Otras secciones, como Ricla, Aguilón, Ariño, Moscardón, o la Sierra de Albarracín, como localidad tipo de alguna especie nueva de ammonoideo, mientras que Villar del Cobo da nombre a una forma de braquiópodo (*Aulacothyris ibérica*). Asimismo, otras localidades resultan especialmente relevantes por el desarrollo de una determinada unidad o un intervalo estratigráfico y por los caracteres tafonómicos reconocidos en las asociaciones de ammonoideos: Las localidades de Ariño, Moneva y Moscardón se proponen como secciones complementarias de referencia del nivel de oolitos ferruginosos (*capa de Arroyofrío*). Las construcciones biostromales de espongiarios en Ricla y los niveles de tormenta, marcados por los gradientes crecientes de empaquetamiento de los espongiarios en Ricla, Aguilón o Ariño son igualmente importantes, mientras que la facies glauconítica que se extiende en buena parte de la denominada Llanura de Arcos testimoniando el episodio de somerización (nivel de oleaje) en la parte distal de la Plataforma Aragonesa en el Oxfordiense superior son elementos que deben ser considerados de cara a la protección especial de los mismos con vistas a su valoración científica, didáctica y, llegado el caso, turística.

AGRADECIMIENTOS

Proyectos de investigación CGL 2011-23947 (MICINN), COMENIUS (Geoschools), y E-17 (Patrimonio y Museo Paleontológico) del Gobierno de Aragón, España.

REFERENCIAS

Meléndez, G., Peñalver, E., 2002 (eds). *El patrimonio paleontológico de Teruel.* Instituto de Estudios Turolenses, Diputación de Teruel. pp. 1-467.

Meléndez, G., Ramajo, J., Colás, J., 2014. El patrimonio paleontológico de Ricla (Zaragoza): Inventario y descripción de lugares de especial interés. Propuestas de medidas de protección y gestión. *Geogaceta* 55, 51-54.

Ramajo, J., Meléndez, G., Colás, J., 2015. Estado actual del inventario de LIGs jurásicos en la Cordillera ibérica aragonesa. Publicaciones del Museo Geominero de España. Serie: Cuadernos del Museo Geominero 18, 149-154.

Geyssantia Meléndez from Estepa (Subbetic Range, Andalucía, Spain) and *Subnebrodites* Spath: Searching for their possible origin and evolution.

Meléndez, Guillermo[a]*; Yáñez-Jerónimo, Juan de Dios*[b]*; Sequeiros, Leandro*[c]

[a] Dpt of Earth Sciences (Palaeontology) University of Zaragoza; c. Pedro Cerbuna 12, 50009 Zaragoza (Spain). Email: gmelende@unizar.es

[b] c/ La Roda de Andalucía 19 E41560 Estepa (Sevilla) Spain. email: juyaje@hotmail.com

[c] Faculty of Theology, University of Granada, 18071 Granada, Spain. email: lsequeiros@probesi.org

INTRODUCTION

The genus *Geyssantia* Meléndez was erected by this autor in 1984 (publ. 1989) to include a striking group of late Oxfordian ammonites from Iberian Range (NE Spain) characterized by a coarsely ribbed extremely evolute serpenticone coiling in early stage of development becoming slightly more involute in adult stage and somewhat homeomorphic with genus *Subnebrodites* Spath. Although initially based on a scarce material, these features were clear enough to propose this taxon as (1) probably linked in some way to the genus *Passendorferia* Brochwicz-Lewinski and (2) a possible ancestor of genus *Subnebrodites*, hence proposing a different origin of this last taxon as generally assumed, i.e: as a local derivative from *Orthosphinctes* in shallow proximal platform environments (Atrops, 1982).

HISTORICAL

Later discoveries in the Iberian range confirmed the scarce though consistent record of representatives of this form and the clear presence of forms becoming morfologically convergent to *Subnebrodites* in adult stage. This would suggest a proterogenetic divergence of this taxon from *Passendorferia*, probably in early upper Oxfordian time (base of Hypselum Biozone) followed by an adaptive palingenetic process during Bimammatum-Hauffianum Biozone, leading to *Subnebrodites* at late Hauffianum-early Planula Biozone. In the last recent years, the record of numerous specimens of true *Geyssantia* in the surroundings of the city of Estepa (Subbetic, Betic Cordillera, S Spain) has allowed confirming some of the points on the origin and evolution of this striking form, which had been so far just assumed or pointed out. The fact that practically 100% of the recorded specimens be formed by either adult microconchs or else septate nuclei of adult macro or microconchs seems to suggest that we are dealing with taphonic populations of type 2 or 3, or else, that juvenile specimens are not preserved or obvious due to other reasons. On the other hand, the way the recorded specimens are filled with sediment until the innermost whorls and most of them covered by a bacterial dome indicates taphonomic reelaboration and colonization of reelaborated elements under deep subtidal, low sedimentary rate conditions (Meléndez et al., 2014; Fernández-López, personal comm; see Fig. 1).

DISCUSSION AND CONCLUSIONS

Numerous specimens from the upper levels of the Oxfordian sequence (late Bimammatum to early Hauffianum Biozone age) show the typical features of *Subnebrodites* in the outer whorl: thick primaries and secondaries projected forward at the ventral margin. All these features strongly suggest the genus *Geyssantia* as an evolutionary forerunner of *Subnebrodites*, by means of a successive evolutionary links, in deep environments, becoming later expanded in shallower proximal platform areas. All these features and the exceptional preservation of the studied specimens make the Jurassic sections around Estepa extremely valuable fossil sites deserving special legal status and protection (Meléndez et al. 2013).

ACKNOWLEDGEMENTS

Research projects CGL 2011-23947 (MICINN), COMENIUS (Geoschools), and E-17 (Patrimonio y Museo Paleontológico) from the Government of Aragon, Spain. Special thanks are due to Joaquin Castro for the excellent pictures of the specimens of ammonites. earch projects CGL 2011-23947oyectos: CGL 2011-23947 (MICINN) y E-17 (Patrimonio y Museo.

REFERENCES

Atrops, F., 1982. La sous-famille des Ataxioceratinae (Ammonitina) dans le Kimméridgien inférieur du Sud-Est de la France: systématique, évolution, chronostratigraphie des genres *Orthosphinctes et Ataxioceras*. Doc. Laboratoire de Géologie de la Faculté des Sciences de Lyon. 83, pp. 1-463.

Meléndez, G., 1989. El Oxfordiense en el sector central de la Cordillera Ibérica (provincias de Zaragoza y Teruel) Tesis Doctoral, Inst. Fernando el Católico; Instituto de Estudios Turolenses. Zaragoza pp. 1-418.

Meléndez, G., Yáñez, J.D, Sequeiros, L. 2013. Las sucesiones de ammonites (Passendorferiinae, Perisphinctidae) del Oxfordiense de Estepa (Sevilla, Cordillera

Bética): Interés paleontológico y bioestratigráfico. XI Encuentro Jóvenes Inv. Paleontología , Atarfe, 2013, pp. 1-4.

Meléndez, G., Yáñez, J.D, Sequeiros, L. 2014. Middle Oxfordian Passendorferiinae (Perisphinctidae, Ammonoidea) from Estepa (Seville, Betic Cordillera, S Spain): Evolution, biostratigraphy and biogeographic meaning. Proc 9th Int Congress on the Jurassic System, Jaipur, pp: 1-4.

Nuevo registro de arqueociatos en la Sierra de Córdoba (Sierra Morena, España)

Menéndez, Silvia[a]*; Perejón, Antonio*[b]*; Moreno-Eiris, Elena*[b]

[a] Museo Geominero (IGME) c/ Ríos Rosas, 23, 28003 Madrid, España. s.menendez@igme.es

[b] Departamento de Paleontología, Facultad de Ciencias Geológicas, Universidad Complutense de Madrid, José Antonio Novais 12. 28040 Madrid, España

Los materiales carbonatados de la Formación Pedroche (Ovetiense inferior, Cámbrico inferior) afloran en la Sierra de Córdoba y contienen un interesante registro fósil constituido fundamentalmente por arqueociatos, trilobites, braquiópodos e icnofósiles, en las secciones del Arroyo Pedroche y del Cerro de las Ermitas, que han sido ampliamente estudiadas desde principios del siglo pasado (Hernández Pacheco, 1918a, b, Carbonell, 1926; Perejón, 1974; Liñán, 1978; Moreno-Eiris, 1988).

Los arqueociatos de otras localidades de la Sierra de Córdoba se han estudiado más recientemente, como los de La Tierna (Menéndez et al. 1999), Navalcastaño (Perejón et al. 2008) y los que se incluyen en este trabajo, procedentes del km 8,5 de la carretera CO-345 Córdoba-Villaviciosa.

Los materiales carbonatados de la Formación Pedroche que afloran en esta última localidad fueron estudiados, desde el punto de vista sedimentológico, por Zamarreño (1977) que realizó un análisis detallado de sus microfacies. En relación con los arqueociatos la autora se limitó a citar la presencia de restos de arqueociatos sin describirlos. Creveling et al. (2013) también incluyen esta localidad, entre otras, para levantar una detallada sección (*Pilgrimage Road* (PR)–Carretera del Peregrinaje), cuyos materiales fueron objeto de diversos análisis, sedimentológico y quimioestratigráfico (isotopos C) y encuentran arqueociatos en varios niveles carbonatados situados a techo de la sección, sin describirlos.

El tramo de la Formación Pedroche que comprende la sección PR tiene un espesor de 133 m y está constituido por una alternancia de niveles siliciclásticos y carbonatados, siendo las facies siliciclásticas las que dominan en la parte baja de la serie, mientras que en la parte media y hacia techo de la misma abundan las facies carbonatadas. Los niveles carbonatados a techo se describen como biostromos, de morfología tabular de entre 1,5 y 5 m de espesor, que aparecen intercalados con niveles limolíticos. En la mayoría de las ocasiones la textura de los niveles carbonatados es trombolítica masiva con intercalaciones de niveles limolíticos ondulados, cavidades fenestrales y presencia de "mesoclots" cuya densidad puede ser variable. Estos "mesoclots" están compuestos de calcimicrobios como *Epiphiton* y *Renalcis*. Entre estos "mesoclots" se encuentra un buen número de cálices de arqueociatos y ocasionalmente restos de *Chancelloria*. Esta textura primaria de la matriz está obliterada en muchas ocasiones por recristalización y/o dolomitización.

La asociación de arqueociatos hallada en estos niveles está constituida por los géneros *Protopharetra*, mayoritariamente y en menor medida, *Nochoroicyathus* y *Erismacoscinus*. En el caso de los cálices del género *Protopharetra* muchos de ellos conservan numerosas estructuras exotecales que relacionan dos o más cálices.

Los niveles carbonatados han sido datados como Ovetiense inferior (Cámbrico serie 2, piso 3), zonas I-III de arqueociatos (Perejón y Moreno-Eiris, 2006). La asociación hallada no permite discernir entre las biozonas I a III.

REFERENCIAS

Carbonell, A., 1926. Nota sobre los yacimientos de "Archaeocyathidos" de la Sierra de Córdoba y deducción para el análisis tectónico. Boletín del Instituto Geológico y Minero de España, 3ª ser., 4ª part, 47, 311-315.

Creveling, J.R., D. Fernández-Remolar, D., Rodríguez-Martínez, M., Menéndez, S., Bergmann, K.D., Gill, B.C., Abelson, J., Amils, R., Ehlmann, B.L., García-Bellido, D.C., Grotzinger, John P. Hallmann, C., Stack, K.M., Knoll, A.H., 2013. Geobiology of a lower Cambrian carbonate platform, Pedroche Formation, Ossa Morena Zone, Spain. Palaeogeography, Palaeoclimatology, Palaeoecology 386, 459-478.

Hernández-Pacheco, E. 1918a. Le Cambrien de la Sierra de Córdoba (Espagne). Comptes Rendus des Séances de l'Academie des Sciences 166, 611-614.

Hernández Pacheco, E., 1918b. Les Archaeocyathidae de la Sierra de Córdoba (Espagne). Comptes Rendus des Séances de l'Academie des Sciences 166, 691-693.

Linán, E., 1978. Bioestratigrafía de la Sierra de Córdoba. Tesis doctorales de la Universidad de Granada, 191, 212 pp.

Menéndez, S., Moreno-Eiris, E., Perejón, A., 1999. Los arqueociatos y las facies carbonatadas de Cámbrico Inferior del Arroyo Guadalbarbo, Córdoba, España. Boletín de la Real Sociedad de Historia Natural. Sección Geológica 94, 63-91.

Moreno-Eiris, E., 1988. Los montículos arrecifales de algas y arqueociatos del Cámbrico Inferior de Sierra Morena. Publicaciones especiales del Boletín Geológico y Minero, VIII+127 pp.

Perejón, A., 1974. Estudio paleontológico y bioestratigráfico de los arqueociátidos de Sierra Morena (SW de España). Tesis Doctoral, Universidad Complutense de Madrid, 484 pp.

Perejón, A., Moreno-Eiris, E., 2006. Biostratigraphy and paleobiogeography of the archaeocyaths on the south-western margin of Gondwana. Zeitschrift der deutschen Gesellschaft für Geowissenschaften 157, 611-627.

Perejón, A., Moreno-Eiris, E., Menéndez, S., 2008. Los arqueociatos del Cámbrico Inferior de Navalcastaño (Sierra Morena, Córdoba, España): Sistemática y bioestratigrafía. Boletín de la Real Sociedad Española de Historia Natural. Sección Geológica 102, 93-119.

Zamarreño, I., 1977. Early Cambrian algal carbonates in southern Spain. In: Flügel, E. (Ed.), Fossil Algae: Recent Results and Developments. Springer-Verlag, Berlín, pp. 360-365.

Posibles restos de sauropterigios del Triásico de Castilla y León

Miguel Chaves, Carlos de[a]; *Pérez-García, Adán*[a]; *García-Gil, Soledad*[b]; *Ortega, Francisco*[a]

[a] Grupo de Biología Evolutiva, Facultad de Ciencias, UNED, Paseo de la Senda del Rey 9, 28040, Madrid, España. carlos.miguelchaves@gmail.com

[b] Departamento Geociencias Marinas y O.T., Facultad Ciencias del Mar, Universidad de Vigo, 36310, Vigo, España.

El material de reptiles sauropterigios triásicos ibéricos conocido hasta ahora proviene de afloramientos ubicados en varias provincias españolas: Jaén (Andalucía); Albacete, Ciudad Real, Cuenca y Guadalajara (Castilla-La Mancha); Huesca y Teruel (Aragón); Tarragona y Barcelona (Cataluña); y Mallorca (Islas Baleares). Dicho material incluye restos de varios linajes: notosaurios, placodontos, paquipleurosaurios y pistosaurios. La presencia de restos de reptiles triásicos en la comunidad autónoma de Castilla y León es notificada aquí por primera vez. Este hallazgo se ha realizado en la provincia de Soria, cerca del límite con Guadalajara. Concretamente se trata de ejemplares hallados en sedimentos de la Formación Dolomías, Margas y Calizas de Royuela, identificados como cercanos a la transición entre el Triásico Medio y el Superior. Entre estos restos se reconocen algunas vértebras parciales que podrían corresponder a un mismo ejemplar. Aunque, debido a su preservación, la zona de articulación entre las vértebras apenas puede ser observada, se reconoce la presencia de unas estructuras que podrían corresponder al complejo zigosfeno-zigantro característico de los miembros de Eosauropterygia. Teniendo en cuenta esto, las semejanzas entre estos restos óseos y los de Eosauropterygia son evaluadas.

Evaluando los restos de Nothosauroidea (Sauropterygia) del Triásico Superior de Manzanera (Teruel, España)

Miguel Chaves, Carlos de[a]; *Pérez-García, Adán*[a]; *Cobos, Alberto*[b]; *Royo-Torres, Rafael*[b]; *Ortega, Francisco*[a]; *Alcalá, Luis*[b]

[a] Grupo de Biología Evolutiva, Facultad de Ciencias, UNED, Paseo de la Senda del Rey 9, 28040, Madrid, Spain, Email: carlos.miguelchaves@gmail.com

[b] Fundación Conjunto Paleontológico de Teruel-Dinópolis (Museo Aragonés de Paleontología), Avda. Sagunto s/n, E-44002 Teruel, Spain.

En la localidad de Manzanera (Teruel, España) se ubican varios afloramientos del Triásico Superior en los que se han recuperado fósiles de diferentes grupos de tetrápodos. Rubio et al. (2003) citaron la presencia de restos pertenecientes a notosaurios, placodontos, ictiosaurios y temnospóndilos. Sin embargo, este material no había sido estudiado en detalle hasta ahora. Los afloramientos de Manzanera se encuentran situados en facies Keuper, en la Formación Arenas de Manuel (Knoll et al. 2004), datada como Carniense inferior-medio (Arche et al. 2012). Entre los restos de Nothosauroidea destacan un bloque con varios fragmentos de costillas, una vértebra dorsal casi completa y varios centros vertebrales y arcos neurales. La preparación de algunos de estos restos, y el estudio detallado del material proveniente de Manzanera, permiten refutar su atribución previa a notosaurios, debido a la presencia de infraprezigapófisis e infrapostzigapófisis como articulaciones adicionales en los arcos neurales. Estas articulaciones han sido reconocidas en otros miembros de Sauropterygia del registro triásico europeo, como es el caso del notosauroideo *Simosaurus gailladoti* y del pistosauroideo *Bobosaurus forojuliensis* (Rieppel, 2000; Dalla Vecchia, 2006). Sin embargo, ningún taxón con este tipo de estructuras había sido, hasta ahora, descrito en el registro ibérico. Por lo tanto, la diversidad de Sauropterygia en la Península Ibérica se incrementa, permitiendo comparaciones más precisas con el registro reconocido en otras regiones europeas.

AGRADECIMIENTOS

La investigación de C. de Miguel Chaves está financiada mediante una Ayuda FPI UNED (ref. 0271864713 Y0SC001170). Además, este trabajo supone un resultado del proyecto I+D CGL2013-41295-P DINOTUR (Ministerio de Economía y Competitividad, Gobierno de España).

REFERENCIAS

Arche, A., López-Gómez, J., García-Hidalgo, J.F., 2012. Control climático, tectónico y eustático en depósitos del Carniense (Triásico Superior) del SE de la Península Ibérica. Journal of Iberian Geology 28, 13-30.

Dalla Vecchia, F.M., 2006. A new sauropterygian reptile with plesiosaurian affinity from the late Triassic of Italy. Rivista Italiana di Paleontologia e Stratigrafia 112 (2), 207–225.

Knoll, F., López-Antoñanzas, R., Molina-Anadón, J.A., 2004. Filling a gap: Late Triassic nonmarine tetrapods from the Iberian Peninsula. Journal of Vertebrate Paleontology 24(3)-Abstracts. 79A.

Rieppel, O., 2000. Part 12A. Sauropterygia I. In: Wellnhofer, P. (Ed.), Handbuch der Paläoherpetologie, Verlag Friedrich Pfeil, München, pp. 1-134.

Rubio, C., Díez Ferrer, J.B., Ferrer, J., Gámez Vintaned, J.A., Sender, L.M., Zianni, H., 2003. La Comarca de Gúdar - Javalambre da a conocer su rico patrimonio geológico y paleontológico. Naturaleza Aragonesa 11, 21-34.

Opening cabinets with historical sauropod material from the Portuguese Upper Jurassic: Systematic update

Mocho, Pedro[a, b, c]*; Royo-Torres*[d]*, Rafael.; Malafaia, Elisabete*[b]*; Escaso, Fernando.*[c, b]*; Ortega, Francisco*[c, b]

[a] Unidad de Paleontología, Universidad Autónoma de Madrid, Darwin 2, 28049 Madrid, Spain. p.mochopaleo@gmail.com

[b] Laboratório de Paleontologia e Paleoecologia, Sociedade de História Natural, Polígono Industrial do Alto do Ameal, Pav.H02 e H06, 2565-641 Torres Vedras, Portugal.

[c] Grupo de Biología Evolutiva, Facultad de Ciencias, UNED, c/ Senda del Rey, 9, 28040 Madrid, Spain.

[d] Fundación Conjunto Paleontológico de Teruel-Dinópolis/Museo Aragonés de Paleontología, Av. Sagunto s/n, E-44002 Teruel, Spain.

[e] Faculdade de Ciências and Instituto Dom Luiz, Universidade de Lisboa, Edificio C6, Campo Grande, 1749-016 Lisboa, Portugal

Sauropods remains from the Upper Jurassic sediments of the Lusitanian Basin are known since the end of the 19th century. The Upper Jurassic levels of this basin are particularly rich in sauropods and several new specimens have been reported, highlighting the type material of taxa as *Dinheirosaurus*, *Zby*, and several other partial skeletons found in the municipalities of Torres Vedras and Lourinhã. The first studies on sauropods in the Lusitanian Basin identified remains from several relevant fossil-sites such as Moinho do Carmo (Alenquer), Peralta or Porto das Barcas (Lourinhã), São Bernardino or Pedras Muitas (Pedras Muitas). Some important classic sauropod specimens from these sites were target of recent systematic revisions. The type material of *Lourinhasaurus alenquerensis* found in Moinho do Carmo has been recently reviewed and recovered as a camarasaurid macronarian. *Lusotitan atalaiensis* is another classic taxon and the lectotype corresponds to a partial skeleton composed by axial and appendicular elements. Some authors suggested recently the placement of this taxon within Macronaria and probably representing a brachiosaurid.

However, the systematic context of most of classic specimens still needs to be performed. Herein we propose a new phylogenetic approach based on a new data matrix supporting *Lourinhasaurus* as a camarasaurids and *Lusotitan* as a brachiosaurid. Several specimens previously related to *Lourinhasaurus alenquerensis* correspond to indeterminate sauropod or indeterminate eusauropod forms. One of these specimens is a partial tail found in São Bernardino (Peniche) and might represent an indeterminate eusauropod. The referred material to *Lusotitan* is analyzed, and its systematic approach was considered in open nomenclature for only one specimen.

Some other classical material (including some unpublished specimens) allows identifying the presence of basal eusauropods, some of them could be attributed to Turiasauria (including teeth and appendicular material), diplodocines, and titanosauriforms (some of them with brachiosaurid affinities). In particularly, the presence of diplodocines is recognized for the first time among the classical material recovered in São Gregório da Fanadia (Caldas da Rainha) and Porto Novo (Torres Vedras).

Anteriormost caudal vertebrae morphotypes present in the Lusitanian Basin Upper Jurassic (Portugal)

Mocho, Pedro[a, b, c]; *Royo-Torres, Rafael*[d]; *Malafaia, Elisabete*[d, b]; *Escaso, Fernando*[c, b]; *Ortega, Francisco*[c, b]

[a] Unidad de Paleontología, Universidad Autónoma de Madrid, Darwin 2, 28049 Madrid, Spain, Email: p.mochopaleo@gmail.com

[b] Laboratório de Paleontologia e Paleoecologia, Sociedade de História Natural, Polígono Industrial do Alto do Ameal, Pav.H02 e H06, 2565-641 Torres Vedras, Portugal.

[c] Grupo de Biología Evolutiva, Facultad de Ciencias, UNED, c/ Senda del Rey, 9, 28040 Madrid, Spain;

[d] Fundación Conjunto Paleontológico de Teruel-Dinópolis/Museo Aragonés de Paleontología, Av. Sagunto s/n, E-44002 Teruel, Spain;

[e] Faculdade de Ciências and Instituto Dom Luiz, Universidade de Lisboa, Edificio C6, Campo Grande, 1749-016 Lisboa, Portugal

Several partial sauropod tails were identified in Upper Jurassic of the Lusitanian Basin (Portugal). In addition to the anterior caudal vertebrae of *Lourinhasaurus alenquerensis* and *Lusotitan atalaiensis*, other partial tails were recovered in the localities of São Bernardino, Praia da Areia Branca, Santa Rita and Valmitão (two specimens). In the Turcifal and Bombarral Sub-basins several isolated specimens were also reported. The revision of the anteriormost caudal vertebrae preserved in the Portuguese Upper Jurassic allows recognizing four morphotypes.

Some anterior caudal vertebrae are procoelous presenting a slight convex posterior articulation with a local concavity on the convex posterior surface (e.g. SHN 530 and SHN 180). SHN 530 bears a fan-like caudal rib similar to those of *Losillasaurus* and the mamenchisaurids. These caudal vertebrae might pertain to an indeterminate eusauropod, and they share the morphology with turiasaurs, a well-recorded group in the Iberian Upper Jurassic. SHN (JJS) 177 presents a different anterior caudal morphology. A preliminary analysis related this specimen to Diplodocinae. The anteriormost caudal vertebrae of SHN (JJS) 177 presents wing-like caudal ribs, and ventral hollow and deep pleurocoels. These vertebrae share with *Dinheirosaurus*, *Barosaurus* and *Diplodocus* a well-developed dorsal bifurcation of the anterior caudal neural spines and concavo-convex zygapophysal articulations. *Lourinhasaurus* and *Lusotitan* represent two other anteriormost caudal vertebra morphotypes. *Lusotitan* preserves 19 caudal vertebrae including anterior caudal vertebrae. The anteriormost caudal vertebrae of *Lusotitan* present concave anterior and concave-to-flat posterior articular surfaces. The centra have smooth lateral fossa and anteroposteriorly compressed caudal ribs with convex dorsal margins. *Lusotitan* is considered a basal

Macronaria with affinities with brachiosaurids, but some differences could be identified between *Lusotitan* and other Upper Jurassic brachiosaurids. *Lourinhasaurus* is a camarasaurids, which presents platycoelous caudal vertebrae and the triangular caudal ribs bearing a well-developed prcdf. The neural spines are delta-shape with a wide spof as occur in *Camarasaurus*. A circular cprf is present in *Lourinhasaurus* (autapomorphy of this taxon), which is shared with the basal eusauropod, *Jobaria*. These four morphotypes are congruent with the known diversity of Upper Jurassic sauropods from the Lusitanian basin, composed by turiasaurs, diplodocines, and two basal macronarian forms.

Sauropod fossil record in the Lusitanian Basin Upper Jurassic

Mocho, Pedro[a, b, c]*; Royo-Torres*[d]*, Rafael*[d]*; Escaso, Fernando*[c, b]*; Malafaia, Elisabete*[b]*; Miguel Chaves, Carlos de*[e]*; Narváez, Iván*[c]*; Pérez-García, Adán*[c, b]*; Silva, Bruno C.*[b]*; Ortega, Francisco*[c, b]

[a] Unidad de Paleontología, Universidad Autónoma de Madrid, Darwin 2, 28049 Madrid, Spain, Email: p.mochopaleo@gmail.com

[b] Laboratório de Paleontologia e Paleoecologia, Sociedade de História Natural, Polígono Industrial do Alto do Ameal, Pav.H02 e H06, 2565-641 Torres Vedras, Portugal.

[c] Grupo de Biología Evolutiva, Facultad de Ciencias, UNED, Paseo de la Senda del Rey, 9, 28040 Madrid, Spain.

[d] Fundación Conjunto Paleontológico de Teruel-Dinópolis/Museo Aragonés de Paleontología, Av. Sagunto s/n, E-44002 Teruel, Spain.

[e] Faculdade de Ciências and Instituto Dom Luiz, Universidade de Lisboa, Edificio C6, Campo Grande, 1749-016 Lisboa, Portugal.

The Lusitanian Basin is a peri-North Atlantic basin. It began to be differentiated from the Pangea fragmentation, in the Triassic. Their Upper Jurassic levels were deposited during 3rd rifting episode, which results in the formation of three main sub-basins: Turcifal, Arruda and Bombarral. The last was recently divided in the Bombarral-Alcobaça and the Consolação Sub-basins. The Upper Jurassic sauropod record in the Lusitanian Basin is particularly rich. In fact, this clade corresponds to a ubiquitous component of the recorded dinosaur faunas. Sauropods are mainly found in the sediments of the Alcobaça, Praia de Amoreira-Porto Novo, Sobral, Freixial and Bombarral Formations.

The Bombarral Sub-basin is the largest Upper Jurassic Sub-basin of the Central Sector of the Lusitanian Basin, with several sauropod occurrences. In this sub-basin highligh several areas: i) the area north of the Maciço Calcário Estremenho (MCE), with the Andrés, Guimarota, Vermoil, Abadia and Junqueira sites; ii) the Foz do Arelho-São Martinho do Porto coastal sector, with important sites in Foz do Arelho, Salir do Porto and Serra do Bouro areas; iii) the north of Peniche, highlighting several occurrences in Baleal and Pedras Muitas sites; iv) Alcobaça-A-dos-Cunhados area; and v) the São Bernardino, Lourinhã and Torres Vedras coastal sector. This last sector is identified as the richest area in the Lusitanian Basin concerning the sauropod record, including the type material of *Zby*, *Dinheirosaurus* and *Lusotitan*. Several published and unpublished sauropod specimens were recovered herein, especially in fossil-sites placed in Vale de Pombas, Praia da Areia Branca, Porto das Barcas, Porto Dinheiro, Valmitão, Praia da Corva, Santa Rita, Porto Novo and Praia Vermelha localities. Some of these specimens are semiarticulated individuals including diplodocids (some of them within Diplodocinae), basal eusauropods (probably turiasaurs), and basal macronarians.

Turcifal Sub-basin is a poorly studied area considering the vertebrate fossil record, but it is also rich in sauropod fossil-sites, most of them so far unpublished. Several specimens are reported herein for the first time, including some partial articulated individuals. The most important occurrences are located near Praia Azul, Cambelas and Assenta localities, including a putative camarasaurid from Casal da Costa, and a diplodocid from Cambelas. The Arruda Sub-basin bears a scarce sauropod fossil record with only two occurrences: a partial dorsal centrum from Castanheira (Vila Franca de Xira); and the most complete sauropod specimen from the Portuguese Upper Jurassic: the lectotype of *Lourinhasaurus*, found in Alenquer.

Therefore, the stratigraphic record of the Portuguese Upper Jurassic sauropods is reviewed here, taking into account its systematic, and including numerous unpublished findings, the sauropod faunas of the Lusitanian Basin Upper Jurassic are recognized as mainly composed by turiasaurus, diplodocines, basal macronarians (including camarasaurids) and basal titanosauriforms (including brachiosaurids). These groups are present with a wide stratigraphic range, from lower Kimmeridgian to upper Tithonian in all formations, without any so far recognized stratigraphic pattern.

New sauropod material from the Upper Jurassic of Pombal, Leiria and Batalha (Portugal)

Mocho, Pedro[a, b, c]*; Royo-Torres, Rafael*[d]*; Malafaia, Elisabete*[d, b]*; Escaso, Fernando*[c, b]*; Ortega, Francisco*[c, b]

[a] Unidad de Paleontología, Universidad Autónoma de Madrid, Darwin 2, 28049 Madrid, Spain. p.mochopaleo@gmail.com

[b] Laboratório de Paleontologia e Paleoecologia, Sociedade de História Natural, Polígono Industrial do Alto do Ameal, Pav.H02 e H06, 2565-641 Torres Vedras, Portugal.

[c] Grupo de Biología Evolutiva, Facultad de Ciencias, UNED, Senda del Rey, 9, 28040 Madrid, Spain.

[d] Fundación Conjunto Paleontológico de Teruel-Dinópolis/Museo Aragonés de Paleontología, Av. Sagunto s/n, E-44002 Teruel, Spain.

[e] Faculdade de Ciências and Instituto Dom Luiz, Universidade de Lisboa, Edificio C6, Campo Grande, 1749-016 Lisboa, Portugal

The Upper Jurassic of the Lusitanian Basin (Portugal) is rich in sauropod remains. Four taxa have been so far described: *Lourinhasaurus*, *Dinheirosaurus*, *Lusotitan*, and *Zby*. Most of sauropod occurrences were reported in the coastal section between Peniche and Torres Vedras, incorporated in the Bombarral Sub-basin (also called Consolação Sub-basin). The dinosaur occurrences are scarce to the north of Maciço Calcário Estremenho (MCE). Sauropods are particular rare and just some isolated teeth and axial elements have been found during the first half of the 20th century.

Several new occurrences, so far unpublished, were found in Pombal, Leiria and Batalha. In the area of Pombal, some fossil-sites sauropod material have been reported, including in Andrés quarry. In this fossil-site, some isolated bones and several teeth were collected. There are four different tooth morphotypes, suggesting the presence of diplodocoids, turiasaurs, titanosauriforms and an indeterminate eusauropod (probably, a member of Macronaria). The latter is represented by a dorsal neural spine collected in Vermoil having a morphology previously undescribed for the Portuguese Upper Jurassic sauropod. The presence of a transversely expanded neural spine in middle or posterior dorsal vertebrae and the presence of well-defined prespinal laminae suggest that this sauropod might be placed within Eusauropoda, being considered as an indeterminate eusauropod distinct from turiasaurs, diplodocids and basal titanosauriforms. A set of bones from the Batalha locality housed in the Museu Geológico (Lisboa) collections might pertain to the same fossil-site or even to the same individual. A dorsal and a middle caudal vertebrae and a partial ischium compose this specimen. The presence of lateral fossae, ventral hollow and quadrangular cross-section in the caudal vertebra related this specimen to Diplodocinae. A partial caudal series from the Abadia locality (Leiria) was related to an indeterminate sauropod, showing some particularly features: i) apex of the caudal ribs posteriorly oriented; and ii) anterior face becomes progressively flatter along the series.

The Upper Jurassic sauropod faunas north of the MCE are poorly known and the description of several unpublished material allow recognizing an indeterminate eusauropod and members of Turiasauria, Diplodocoidea and Titanosauriformes. New Upper Jurassic fossil-sites containing sauropods were also recently identified.

A population level analysis of Lower Kimmeridgian ataxioceratins from Mexico

Moliner, Luis[a]; Olóriz, Federico[b]; Villaseñor, Ana Bertha[c]

[a] ENSAYA Laboratorio, Aneto 8, Cuarte de Huerva, 50410 Zaragoza, Spain. luis.moliner1982@gmail.com

[b] Departamento de Estratigrafía y Palaeontología, Fac. Ciencias, Univ. Granada, Av. Fuentenueva s/n, 18071 Granada, Spain. foloriz@ugr.es

[c] Universidad Nacional Autónoma de México, Instituto de Geología, Departamento de Paleontología, México D.F., 04510, Mexico.anab@unam.mx

INTRODUCCIÓN

Ataxioceratin ammonites retrieved from lower levels of the Kimmeridgian succesion across central-East, NE and SE Mexico were known formerly from subsurface, core samples and then from outcrops (Cantú-Chapa, 1969 to 2001; Villaseñor, 1991; Villaseñor et al., 2000; Villaseñor *et al.*, 2012; and references therein). Specimens identified in core samples were interpreted as *Ataxioceras* (Cantú-Chapa, 1969 to 1984). A single, complete specimen collected from the surface and well preserved in-volume was used to relate the occurrence of *Ataxioceras* in Mexico with ammonite assemblages inhabiting eastern areas of the Panthalassa Ocean (Cantú-Chapa, 1991). Later bibliographical revisions (Callomon, 1992, Tb. 12.3) envisaged a potential age corresponding to the upper part of the Platynota Zone for the "Zona con Ataxioceras" interpreted by Cantú-Chapa (1971). In contrast, *Schneidia* has been reported in Mexico through material collected bed-by-bed from outcrops across central-East, NE and SE Mexico (see Villaseñor's citations above), being a single, incomplete specimen the sole, reference to this genus among ammonites reported from cores (Cantú-Chapa, 2001).

MATERIAL, METHODS, RESULTS AND INTERPRETATION

A sample of 267 specimens and fragments has been studied. The material was collected bed-by-bed from a 11m thick stratigraphic interval made of gray to pink siltstones, between the top of the Zuloaga Fm. and 3.5m below the first occurrence of *Idoceras* in the Sierra de Santa Rosa, Zacatecas. Preservation is moderate due to siltstone's compaction and shell crushing, hence "*leaf preservation*" overwhelmingly dominates and preservation in-volume is a rarity, as they are vestiges of suture lines. Common is plastic deformation and the local distortion of ribbing. Some cases of well preservation of peristomes are known revealing short but wide lappets.

Ten variables were selected and their values analyzed in terms of coiling degree, ribbing curves, costal or ribbing index, and size distribution. Multivariate analysis (CA & PCA) was applied to compare the obtained results with morpho-types and less evident intermediate morphs recognizable with the naked eye, all they showing no stratigraphic differentiation.

Sculpture, coiling degree and lappets are in coherence with those typical of genus *Schneidia*. Biplots of ribs crowding vs. coiling served for comparison with European species. Interpretation as a new species of genus *Schneidia* is favoured to characterize a stratigraphical interval corresponding to the uppermost Platynota Zone. A revision of records of genus *Ataxioceras* reported from areas related to the present day Pacific and Indian Oceans allows to reject both their interpretations as *Ataxioceras* and their potential relationship with the Mexican forms investigated. Colonization from areas related to the Hispanic Corridor is proposed.

REFERENCIAS

Cantú-Chapa, A.,1969. Estratigrafía del Jurásico Medio-Superior del subsuelo de Poza Rica, Veracruz (Área de Soledad-Miquetla). Revista del Instituto Mexicano del Petróleo 1, 3-9.

Cantú-Chapa, A., 1971. La Serie Huasteca (Jurásico Medio-Superior) del centro este de México. Revista del Instituto Mexicano del Petróleo 3, 17-40.

Cantú-Chapa, A., 1984. El Jurásico Superior de Tamán, San Luis Potosí, Este de México. In:. Perrilliat, M.C. (Ed.), Memoria del III Congreso Latinoamericano de Paleontología, México, Universidad Nacional Autónoma de México, 207-212.

Cantú-Chapa, A., 1991. *Ataxioceras* (*Ataxioceras*) *lopeztichae* sp. nov., amonoideo del Kimeridgiano inferior de Tlaxiaco, Oaxaca, sur de México. Revista de la Sociedad Mexicana de Paleontologia 4, 17-21.

Cantú-Chapa, A., 2001. Mexico as the western margin of Pangea based on biogeographic evidence from the Permian to the Lower Jurassic. In: Bartolini, C., Buffler, R.T., Cantú-Chapa, A. (Eds.), The western Gulf of Mexico Basin: Tectonics, sedimentary basins, and petroleum systems. American Association of Petroleum Geologists Memoir 75, 1-27.

Callomon, J.H., 1992. Upper Jurassic, especially of Mexico. In: Westermann, G. E. G. (Ed.), The Jurassic of the Circum-Pacific Part IV: Biochronology, 12. Ammonite zones of the Circum-Pacific region. Cambridge University Press, Cambridge, 261-273.

Villaseñor, A.B., 1991. Aportaciones a la bioestratigrafía, basada en fauna de ammonites, de la sucesión del Jurásico superior (Kimmeridgiano-Tithoniano) del área de Mazapil, Zacatecas, México. Ph.D. thesis, Universidad Nacional Autónoma de México, Mexico, 156 pp.

Villaseñor, A.B., Olóriz, F., González-Arreola, C., 2000. Recent advances in Upper Jurassic (Kimmeridgian-Tithonian) ammonite biostratigraphy of North-Central Mexico Based on recently collected ammonite assemblages. GeoResearch Forum 6, 249-262.

Villaseñor, A. B., Olóriz, F., López Palomino, I., López-Caballero, I., 2012. Updated ammonite biostratigraphy from Upper Jurassic deposits in Mexico. Revue de Paléobiologie, Volume spécial 11, 249-267.

Macrofauna finidevónica del Suroeste Portugués (Zona Surportuguesa)

Moreno, Carmen[a]; González, Felipe[a]; Sáez, Reinaldo[a]; Rábano, Isabel[b]

[a] Departamento de Geología, Universidad de Huelva, 21071 Huelva, España. carmor@uhu.es

[b] Museo Geominero, Instituto Geológico y Minero de España (IGME), 28003, Madrid, España

La fragmentación del terreno perigondwánico de la Zona Surportuguesa en el Devónico terminal (Estruniense) dio lugar a tres escenarios paleogeográficos que se corresponden con sus tres dominios geológicos: Septentrional, Central y Meridional también llamados Pulo do Lobo, Faja Pirítica Ibérica y Suroeste Portugués. Pero para tiempos pre-estrunienses estos tres dominios son indiferenciables y sus características litológicas y ambientales semejantes. Es asumido que todos ellos formaban parte de un mismo contexto paleogeográfico, representado por una plataforma marina de sedimentación dominantemente lutítica, sometida eventualmente a la acción de tormentas y oleaje. En las proximidades del límite Devónico-Carbonífero dicha plataforma se compartimentó dando lugar a un mosaico de subcuencas con compleja paleogeografía (Moreno et al., 1996; Moreno y González, 2004).

El Devónico superior está ampliamente representado en la Faja Pirítica Ibérica (Grupo PQ) y en el Suroeste Portugués (Formación Tercenas) donde muestra características fácilmente correlacionables (Oliveira, 1990; Moreno et al., 1996). Una secuencia inferior dominantemente pizarrosa con intercalaciones eventuales de niveles cuarzoareníticos y una secuencia superior de litología dominantemente cuarzoarenítica y bruscas variaciones laterales de facies (Moreno y Sáez, 1990; Moreno et al., 1996; Oliveira, 1990). En el Pulo do Lobo el registro devónico es igualmente abundante, aunque aparece intensamente deformado y está peor conocido.

El Grupo PQ de la Faja Pirítica y su unidad homóloga del SO Portugués, Formación Tercenas, representan las características del terreno de la ZSP antes de su fragmentación, mientras que las unidades estratigráficas suprayacentes, formaciones Bordalete, Murraçao y Quebradas para el SO Portugués, y Complejo Vulcano Sedimentario y Grupo Culm para la FPI, constituyen el registro de dominios geológicos marcadamente diferentes.

Desde hace varios años, los autores de este resumen junto a otros colegas hemos centrado nuestra investigación en la transición de la ZSP desde una plataforma estable a una cuenca compartimentada y compleja, de manera que el techo de las formaciones PQ y Tercenas, así como el muro de las inmediatamente suprayacentes (CVS y Bordalete respectivamente) son nuestro principal foco de atención. Presentamos aquí la asociación de macrofauna recuperada del techo de la secuencia pizarrosa de la Fm. Tercenas (SO Portugués) durante las campañas de campo realizadas en relación con el proyecto del MINECO CGL2011-30011 (P-S ANOXIA). Se trata de una asociación poco abundante aunque moderadamente diversa y en relativamente buen estado de preservación. Concretamente, se han hallado especímenes de climénidos (*Platyclymenia* sp.) y corales solitarios (por determinar), junto con ejemplares de trilobites (*Omegops* sp.), bivalvos (*Lepdodesma bodanum* Roemer 1860 y *Palaeoneilo constricta* Conrad 1842), corales tabulados (*Palaeacis*? sp.), braquiópodos (*Planovatirostrum* sp. y *Strophalosioidea* sp.) y crinoides (por determinar). Esta asociación corrobora el ambiente marino relativamente somero sugerido por las facies sedimentarias y confirma la edad Fameniense superior aportada previamente por palinomorfos (Pereira 1997). La macrofauna descrita hasta la fecha en esta formación es escasa y consiste en algunos especímenes de climénidos, braquiópodos y corales solitarios mal preservados descritos por Oliveira et al. (1985) y Korn (1997). Cabe destacar que el género de coral tabulado *Palaeacis* Haime 1857 ha sido descrito hasta la fecha exclusivamente en secuencias Carboníferas, por lo que de confirmarse la asignación propuesta, habría que extender su rango estratigráfico al menos hasta el Estruniense.

AGRADECIMIENTOS

Los doctores Amler, García Alcalde, Holloway, Martínez Chacón y Rodríguez García han identificado y clasificado los especímenes recuperados. Les estamos enormemente agradecidos. El Proyecto CGL2011-30011 y el Grupo de Investigación PAI RMN-198 financiaron este trabajo.

REFERENCIAS

Moreno, C., González, F., 2004. Estratigrafía de la Zona Sudportuguesa. En: Vera, J.A. (Ed.), Geología de España. Instituto Geológico y Minero de España, 201-205.

Moreno, C., Pereira, Z., Oliveira, J.T., Sierra, S., 1996. Sedimentación litoral del límite Devónico/Carbonífero del Suroeste Portugués (Zona Surportuguesa). Geogaceta 20, 23-26.

Moreno, C., Sáez, R., 1990. Sedimentación marina somera en el Devónico del anticlinorio de Puebla de Guzmán, Faja Pirítica Ibérica. Geogaceta 8, 62-64.

Moreno, C., Sierra, S., Sáez, R., 1996. Evidence for catastrophism at the Famenian-Dinantian boundary in the Iberian Pyrite Belt. Recent Advences. In:

Strogen, P., Somerville, D., Jones, G. Ll. (Eds.), Lower Carboniferous Geology. Geological Society, London, Special Publication 107, 153-162.

Oliveira, J.T., 1990. South Portuguese Zone. Stratigraphy and synsedimentary tectonism. In: Dallmeyer, R.D., Martínez-García, E. (Eds.), Pre-Mesozoic Geology of Iberia. Springer-Verlag, 333-347.

Oliveira, J.T., Horn, M., Kullmann, J., Paproth, E., 1985. The stratigraphy of the Upper Devonian and Carboniferous sediments of Southwest Portugal. Compte Rendu 10ième Congrès pour l'avancement des Études de Stratigraphie et de Géologie du Carbonifère, Madrid 1983, 1, 107-120, fig.1-6.

Pereira, Z., 1997. Palinologia e petrologia orgânica do Sector SW da Zona Sul Portuguesa. PhD Thesis. Fac. Ciências da Universidade do Porto, 268 pp.

Primeros datos sobre las interacciones Planta-Insecto del yacimiento de La Val (Estadilla, Huesca, NE España)

Moreno-Domínguez, Rafael[a]; *Cascales-Miñana, Borja*[b]; *Santos, Artai A.*[c]; *Díez, José B.*[c]

[a] Departamento de Ciencias de la Tierra, Área de Paleontología, Universidad de Zaragoza, 50009, Zaragoza, España, Email: noctubre7@gmail.com

[b] PPP, Départment de Géologie, Université de Liège, Allée du 6 Août, B 18 Sart Tilman, B 4000 Liége, Belgium, Email: bcascales@ulg.ac.be

[c] Departamento de Geociencias Marinas y Ordenación del Territorio, Universidad de Vigo,36200 Vigo, Pontevedra, España

En la actualidad, son escasos los trabajos que en el Terciario se han realizado en España, sobre las diferentes interacciones planta-insecto, estando centrados en el Mioceno. Los primeros estudios se deben a Villalta y Crusafont (1945), quienes reconocieron la presencia de agallas en una hoja de Haya del yacimiento de la Cerdaña. La Val es un nuevo yacimiento de plantas del Oligoceno superior donde se han reconocido numerosas interacciones planta-insecto. Éste abarca un periodo de tiempo para el cual no hay ningún estudio realizado al respecto. Por lo tanto, viene a completar el registro que se tiene actualmente en la Península Ibérica. El yacimiento se encuentra cercano a la localidad de Estadilla, pueblo situado a diez kilómetros de Barbastro, al NE de la provincia de Huesca. Geológicamente, está ubicado al Este del flanco norte del Anticlinal de Barbastro (Pardo y Villena, 1979), dentro de la Cuenca Terciaria del Ebro. Los materiales geológicos en los que se encuentra pertenecen a la Formación Sariñena (Quirantes 1978). El dispositivo sedimentario indica el desarrollo de cursos fluviales meandriformes, instalados sobre el sector medio-distal de un gran abanico aluvial. Hasta el momento, en La Val se han identificado 13 niveles con restos de plantas (Moreno-Domínguez et al. 2015). De estos niveles, se han recogido 665 muestras, en las cuales se han reconocido hasta 28 tipos distintos de interacciones. Éstas han sido clasificadas de acuerdo con Labandeira et al. (2007) y han sido agrupadas en siete tipos: Perforaciones (Hole Feeding, HF): 01, 02, 03, 05, 07, 08; Agallas (Galling, G): 11, 32, 33, 34, 49, 55, 84, 116, 127; Bordes de alimentación (Margin Feeding, MF): 12, 13, 14, 15, 81; Esqueletonización (Skeletonization, S): 16, 17, 22; Superficies de alimentación (Surface Feeding, SF): 28, 31, 82; Piercing & Sucking (PS): 46; Galerías (Mining, M): 69. El porcentaje de muestras afectadas por interacciones varía en función del nivel del que procedan, observándose una disminución de su presencia a partir del nivel 6. De esta manera, los niveles 3 y 6, por ejemplo, presentan un 49% y 45% respectivamente, mientras que el nivel NH presenta únicamente un 22%. Esto se explica por el cambio en el tipo de flora que se encuentra, pasando en los niveles inferiores de un bosque de ribera a una vegetación palustre en los niveles superiores. Este cambio floral modifica la frecuencia de aparición de las especies más afectadas por las interacciones como es la familia Betulaceae. Esta última es la que presenta el mayor porcentaje tanto de restos dentro del conjunto como de interacciones. El grupo de interacciones con mayor diversidad son las agallas (G), seguida por las perforaciones (HF) y bordes de alimentación (MF), siendo minoritarias las galerías (M) y las marcas por piercing y sucking (PS). En niveles inferiores donde está instalado el bosque de ribera, las agallas dominan, seguidas por perforaciones y bordes de alimentación. En los niveles más altos, en cambio, donde la vegetación ha sido reemplazada por una vegetación palustre, los tipos anteriores dan paso a un predominio de las marcas por piercing y sucking. Esta mayor diversidad y presencia de agallas en los restos puede guardar relación con hábitats más secos (Wappler, 2010), lo cual podría indicar un clima seco para el yacimiento de La Val.

REFERENCIAS

Labandeira, C.C., Wilf, P., Johnson, K.R., Marsh, F., 2007. Guide to Insect (and Other) Damage Types on Compressed Plant Fossils. Washington, DC: Smithsonian Institution Version 3.0. http://paleobiology.si.edu/pdfs/InsectDamageGuide3.01.pdf

Moreno-Domínguez, R., Díez, J.B., Frédéric M.B. Jacques, Ferrer, J., 2015. First macroflora data from La Val (Late Oligocene/Early Miocene), Estadilla (Huesca, Spain), Historical Biology 27, 469-489.

Pardo, G., Villena, J., 1979. Aportación a la geología de la región de Barbastro. Acta Geológica Hispánica 14, 289-292.

Quirantes, J., 1978. Estudio sedimentológico y estratigráfico del Terciario continental de los Monegros. Instituto Fernando el Católico, (C.S.I.C.). Diputación Provincial de Zaragoza. Tesis doctorales 27, 207 pp.

Villalta, J.F., Crusafont, M., 1945. La flora miocénica de la depresión de Bellver. Ilerda 3, 339-353.

Wappler, T., 2010. Insect herbivory close to the Oligocene-Miocene transition-A quantitative analysis. Palaeogeography, Palaeoclimatology, Palaeoecology 292, 540-550.

A species-rich lower Valanginian coral fauna from the Prebetic (Puerto Llano section, Sierra del Pozo, Jaén Province, Southern Spain)

Nieto, Luis M.[a]*; Löser, Hannes*[b]*; Reolid, Matías*[a]*; Castro, J. Manuel*[b]

[a] Departamento de Geología y CEACTierra. Universidad de Jaén, 23071 Jaén, España
[b] Instituto de Geología. UNAM. 83000 Hermosillo, Sonora, México

In the Betic External Zones, two major tectonic units are considered to coincide with two palaeogeographic domains within the South Iberian Continental Palaeomargin. The one nearest the continental environments is the Prebetic. According to its stratigraphy, the Prebetic is divided in two subdomains, the External and the Internal Prebetic. The former one is made up of two morphologic and stratigraphic units, Beas de Segura Unit and Cazorla Unit; the latter has Jurassic to Valanginian limestones, while the Cretaceous has several stratigraphic gaps.

The Internal Prebetic shows more complete stratigraphic sections, where Lower Cretaceous carbonate rocks are well developed in shallow-marine, coastal and continental environments. The Sierra del Pozo Formation (middle Kimmeridgian to Valanginian) appears in some sections of the Internal Prebetic. This lithostratigraphic unit in Purbeck facies forms part of the 2nd-order Mesozoic sedimentary cycle in the Prebetic (Cycle III sensu Vera et al., 2004).

In the most characteristic section of the Sierra del Pozo Formation, two members can be differentiated. The lower member (325 m in thickness) consists of subtidal limestones dated as middle Kimmeridgian – lower Tithonian, whereas the upper part contains a peritidal facies ranging from the upper Tithonian to upper Berriasian. The upper member is about 50 m thick and is dated as uppermost Berriasian to Valanginian. It comprises bioclastic calcarenites with corals. The bioclastic calcarenites are packstone to grainstone with peloids, ooids, oncoids, some miliolids, benthic foraminifera (*Clypeina jurassica*, *Pseudocyclammina* sp., *Everticyclammina* sp.), algae (*Actinoporella* sp.) and undetermined bioclasts. The abundance of the corals increases upward in the section. Sedimentary structures such as cross-lamination at the bottom of the section and cross-stratification at the top are characteristic of the calcarenites. Some beds clearly show evidence of bottom erosion. *Nerinea*-rich beds are intercalated in the calcarenites, including well-rounded pebbles, some of them with microfacies equivalent to those described in the previous rocks. Planar and trough cross-bedding are present in these sediments, the sets roughly 1 m thick. A ferruginous lutitic matrix and calcite cement are also present in calcareous rudites.

The present fauna encompasses more than 40 species in 28 genera. It has many members of the above mentioned Jurassic families: Amphiastraeidae (4 species), Misistellidae (1), Montlivaltiidae (1), Rhipidogyridae (2), and Stylinidae (6). Families that continued into the Early Cretaceous are rich in species, such as Actinastraeidae (4), Haplaraeidae (2), Leptophylliidae (10), Microsolenidae (7), Pentacoeniidae (3), and Thamnasteriidae (1). Families that evolved in the Cretaceous have few species: Aulastraeoporidae (1), and Elasmocoeniidae (1). Some families abundant during the Early Cretaceous are since absent, such as the Columastraeidae, Heterocoeniidae, Paronastraeidae, and Synastraeidae. The fauna encompasses one new genus and various new species of the genera *Confusaforma*, *Floriastrea*, and *Stylina*. The genera *Confusaforma*, *Floriastrea*, and *Holocoenia* have their first documented occurrence worldwide in the Puerto Llano fauna.

Shallow marine, coral-rich sediments of the last stage of the Jurassic —the Tithonian— are well distributed within central and southern Europe, as well as in Japan. The coral fauna is well studied and consists mainly of members of the coral families Amphiastraeidae, Leptophylliidae, Misistellidae, Microsolenidae, Montlivaltiidae, Pentacoeniidae, Rhipidogyridae, and Stylinidae. Because of a worldwide sea level fall in the early Cretaceous, Berriasian and Valanginian shallow marine coral faunas are poorly known. With a remarkable sea level rise at the beginning of the Hauterivian, shallow marine coral faunas appeared again. Yet these faunas are found to be different from the Tithonian faunas. On the one hand, Misistellidae and Rhipidogyridae were no longer present, and Amphiastraeidae became extremely rare (even though they persisted into the latest Early Cretaceous). Leptophylliidae, Microsolenidae, Montlivaltiidae, Pentacoeniidae, and Stylinidae continued but some became reduced in diversity. On the other hand, certain families gained in diversity, such as Actinastraeidae, Asteroseriidae, Aulastraeoporidae, Columastraeidae, Elasmocoeniidae, Heterocoeniidae, Paronastraeidae and Synastraeidae, among others. Not much is known about how the faunal turnover took place. Therefore, faunas such as the one studied here may open a window and allow rare insight into coral evolution.

REFERENCES

Vera, J.A. (coord.), Arias, C., García-Hernández, M., López-Garrido, A.C., Martín-Algarra, A., Martín-Chivelet, J., Molina, J.M., Rivas, P., Ruiz-Ortiz, P.A., Sanz de Galdeano, C., Vilas, L., 2004. Las Zonas Externas Béticas y el Paleomargen Sudibérico. In: Vera, J.A. (Ed.), Geología de España, SGE-IGME, Madrid, pp. 354-389.

Radiolarian and Carbon Isotope stratigraphy dating the onset of siliceous deposits in pelagic seamounts of the western Tethys

O'Dogherty, Luis[a]; Sandoval, José[b]; Baumgartner, Peter. O.[c]; Goričan, Špela[d]; Aguado, Roque[e]

[a] Departamento de Ciencias de la Tierra, CASEM, Universidad de Cádiz, 11510 Puerto Real, Spain. luis.odogherty@uca.es

[b] Departamento de Estratigrafía y Paleontología, Facultad de Ciencias, Universidad de Granada, 18002 Granada, Spain. sandoval@ugr.es

[c] Institut de Science de la Terre, Université de Lausanne, 1015 Lausanne, Switzerland. Peter.Baumgartner@unil.ch

[d] Paleontološki inštitut Ivana Rakovca ZRC SAZU, Novi trg 2, SI-1000 Ljubljana, Slovenia. spela@zrc-sazu.si

[e] Departamento de Geología, Universidad de Jaén, Alfonso X El Sabio 28, 23700 Linares, Spain. raguado@ujaen.es

The External Zone of the Betic Cordillera (southern Iberian Margin) represents one of the best-preserved cross-sections of a Jurassic passive margin in the Mediterranean area, where the original relationships between different paleogeographic domains are still preserved. The Subbetic domain was located farthest from the continent, where pelagic facies began since the Intra-Pangean rifting phase During the Jurassic, the paleotopography of the Subbetic was divided into submarine swells (Internal and External Subbetics) and a median through (Median Subbetic) which experienced a local, but intense volcanic extrusions. In this context, siliceous deposits, especially radiolarites became widespread as a unique facies in the Median Subbetic from the Bathonian to the Late Oxfordian. However, the local topographic highs are characterized during most of this time by a condensed sedimentation of lime-poor nodular sediments often rich in ammonites.

Subsidence and the fault-controlled relief in each swell led to considerable variations in the progressive extension of the siliceous radiolarite deposition from the deepest part of the median through to the swell area. The onset of siliceous deposits in the bordering swells of the basin began only in the Lower Oxfordian. This siliceous sedimentation in the highs can be considered as a short and condensed radiolaritic episode, with maximum thickness of around two meters.

Two sections have been investigated in detail: Cuber section (External Subbetic) and Sierra Harana section (Internal Subbetic). The seamount radiolarites are generally red siliceous limestones with chert nodules and stringers interbedded with thin marls and clays in the Internal Subbetic, whereas siliceous marls and thin-bedded reddish radiolarites characterize the siliceous sedimentation in the External Subbetic. A cross correlation between the pelagic swells have been performed by means of carbon isotope stratigraphy, radiolarians, ammonites and nannofossils.

In the Sierra Harana section, the $\delta^{13}C$-stratigraphy recorded in red nodular limestone shows an progressive trend towards high values since the uppermost Lower Oxfordian with a relative maximum (~3.2‰) in the Middle Oxfordian (near the Plicatilis/Transversarium boundary). The radiolarian assemblages found in the siliceous limestones overlying these nodular limestones are assigned to the UAZone 9. The Carbon isotope stratigraphy across these discrete levels shows values ranging between 2.8 to 2.4‰ that are similar to those found in coeval ammonitico rosso facies of the External Subbetic at the Bifurcatus–Bimammatum Ammonite Zones (Upper Oxfordian).

In the section located in the External domain, the siliceous sedimentation took place earlier at the Upper Plicatilis–Antecedens Ammonites Zones. In the Cuber Section the Radiolarian UAZ 8 is recognized co-occurring with ammonites belonging to the Upper Plicatilis zone. Carbon isotope data range between 3‰ and 3.5‰ and then values progressively decrease to a relative minimum of 2.4‰ in the Transversarium Ammonite Zone.

We also present a bio- and chemostratigraphic correlation with equivalent deposits in pelagic seamounts from the Trento Plateau (Southern Alps). The new biostratigraphic data from these sections allow us to discuss the range of some species belonging to the UAZones 8 to 10 and to redefine the order of first occurrences of important stratigraphic taxa.

Interés científico, sociocultural y socieconómico de los recursos paleontológicos del yacimiento Cuaternario de Igueste de San Andrés (Tenerife, Islas Canarias).

Padrón Calzadilla, Elena[a]; Martín González, E[b].; Castillo Ruiz, Carolina[a]

[a] Departamento de Biología Animal, Edafología y Geología. Facultad de Ciencias, Universidad de La Laguna, 38206, La Laguna, Tenerife, España. elena26391@gmail.com

[b] Museo de Ciencias Naturales de Tenerife, C/ Fuente Morales 1, 38003 Santa Cruz de Tenerife, España.

En este trabajo se estudia el valor patrimonial de un yacimiento paleontológico del Cuaternario de Canarias, que se caracteriza por tener fauna marina y continental. Se localiza en el noreste de Tenerife, una de las mayores islas del archipiélago canario, situado en el Océano Atlántico cerca de las costas del Sur de Marruecos y del Sahara y cuyo origen es volcánico. La isla tiene una superficie de 2.034,38 km^2, una altitud de 3.718 m. y tiene 42 espacios naturales protegidos de distintas categorías, incluyendo el Parque Nacional del Teide, cuya cima se puede observar desde el yacimiento. Desde el punto de vista geológico, se halla en el Macizo de Anaga que se corresponde con una de las zonas más antiguas de la isla.

La metodología utilizada en este trabajo es la habitual en este campo de estudio (Alcalá y Morales 1994; entre otros). Se ha elaborado una ficha de recopilación de información sobre los criterios marco de valoración científicos, socioculturales, socioeconómicos y riesgo de deterioro aplicados. Los datos obtenidos proceden de la revisión bibliográfica, la visita a museos y el trabajo *in situ*. La valoración patrimonial es a nivel insular y se ha comparado el interés y relevancia de la localidad fosilífera estudiada con el resto de depósitos marinos de Tenerife (Talavera et al., 1989)

Los datos científicos más relevantes de la zona de estudio se recogen en los trabajos de Zazo et al. (2003 a y b). Aportan información sobre diferentes métodos de datación relativa y numérica del yacimiento, la estratigrafía y elementos faunísticos reconocidos. Por otro lado, los trabajos en el yacimiento han permitido establecer su extensión, reconocer los diferentes niveles, completar los tipos de fósiles que se localizan en cada una de ellos y la recogida de datos tafonómicos.

Cabe destacar su elevado interés científico, ya que es el único yacimiento de la isla que cuenta con varios tipos de dataciones: numérica con Uranio/Thorio y relativa con la racemización de aminoácidos. Esto ha permitido deducir que los depósitos paleontológicos representados en Igueste de San Andrés pertenecen al Ultimo Interglacial (OIS5e), como consecuencia de la inestabilidad climática global que se registra también en el ámbito de Canarias.

Del mismo modo, es relevante el interés sociocultural del yacimiento, ya que forma parte del programa de prácticas del área de Paleontología de la Universidad de La Laguna. Los alumnos pueden observar diferentes tipos de materiales geológicos (sustrato volcánico, conglomerados, paleosuelo, etc.) y fósiles, principalmente restos de moluscos marinos y terrestres, algas y corales. Es uno de los pocos yacimientos de la isla donde se observa la especie *Strombus latus* Gmelin 1791 (= *S. bubonius*), que permite establecer correlaciones temporales a nivel interinsular y con los depósitos marinos cuaternarios del Mediterráneo (Zazo et al. 2003b). Esta especie se encuentra asociada con fauna senegalesa que le confiere al yacimiento un gran interés paleoclimático. Por tanto, desde el punto de vista pedagógico es un buen ejemplo para el aprendizaje de la bioestratigrafía y de los cambios climáticos acontecidos en el Pleistoceno Superior.

El impacto socioeconómico viene definido por la localización del yacimiento y su alto potencial turístico. Durante el año 2014, la isla recibió un total de 5.148.453 turistas. Teniendo en cuenta que el yacimiento se halla a tan sólo 16 km de la capital (Santa Cruz), a 25 km de la Ciudad de San Cristóbal de La Laguna (Patrimonio de la Humanidad desde 1999) y que el Macizo de Anaga ha sido declarado Reserva de la Biosfera en el año 2015, el valor del yacimiento se ve claramente incrementado.

Se concluye que es relevante conservar los recursos paleontológicos de Igueste de San Andrés por su elevado interés patrimonial. Por una parte, destacamos su gran potencial para transferir a la sociedad la información científica de las consecuencias de los cambios climáticos ocurridos en el Cuaternario sobre la biodiversidad de Canarias. Y por otra, por ser un recurso educativo y económico al integrarse en la Reserva de la Biosfera de Anaga.

REFERENCIAS

Zazo, C., Goy, J.L., Hillaire-Marcel, C., González Delgado, J.A., Soler, V., Ghaleb, B., Dabrio, C.J., 2003. Registro de los cambios del nivel del mar durante el Cuaternario en las Islas Canarias Occidentales (Tenerife y La Palma). Estudios Geológicos 59, 133-144.

Zazo, C., Goy, J.L., Dabrio, C.J., Bardají, T., Hillaire-Marcel, C., Ghaleb, B., González Delgado, J.A., Soler, V., 2003. Pleistocene raised marine terraces of Spanish Mediterranean and Atlantic coasts: records of coastal uplift, sea-level highstands and climate changes. Marine Geology 194, 103-133.

García-Talavera Casañas, F., Paredes Gil, R., Martín Oval, M., 1989. Catálogo-Inventario Yacimientos Paleontológicos, Provincia de Santa Cruz de Tenerife. (Eds.), Instituto de Estudios Canarios, pp. 14-47.

Alcalá, L., Morales, J., 1994. Towards a definition of the Spanish paleontological Heritage. In: O'Halloran et al. (Eds.), Geological and Landscape conservation, Geological Society, London, pp. 57-61.

Sobre las tentaciones cronométricas en bioestratigrafía y la ortogénesis subyacente

Palmqvist, Paul[a]*; Pérez-Claros, Juan Antonio*[a]*; Espigares, M.ª Patrocinio*[a,b]*; Ros-Montoya, Sergio*[a,b]*; Lamolda, Marcos A.*[c]

[a] Departamento de Ecología y Geología, Universidad de Málaga, 29071 Málaga, España. ppb@uma.es
[b] Museo de Prehistoria y Paleontología, 18858 Orce, España.
[c] Fundación Sierra Elvira, Avenida de Andalucía 139, 18230 Atarfe, España.

La edad de los eventos geológicos se puede estimar mediante dos aproximaciones diferentes: las técnicas de datación absoluta, donde se mide el tiempo transcurrido desde que sucedió el evento, y las de datación relativa, en las que el evento se sitúa cronológicamente en relación a otros, por lo que no se usa unidades temporales homogéneas. En las primeras se precisa un proceso físico regulado por alguna expresión matemática en la que el tiempo intervenga como variable (como ocurre en las técnicas basadas en la desintegración radioactiva, la luminiscencia o la racemización de aminoácidos) y que se inicie de forma coincidente con el evento que se pretende datar. En las segundas se usan otras unidades (vg., biozonas, crones y estadios isotópicos), a menudo combinadas entre sí. A los profanos la datación relativa les suele parecer como de menor valor y precisión que la absoluta, induciéndoles a pensar que se trata de un tipo de ordenación temporal muy particular de la geología. No es éste el caso, pues esta datación es la que se usa en la narración de los sucesos históricos y, más importante aún, al combinar unidades bioestratigráficas y magnetoestratigráficas, de distinta naturaleza, se alcanza una gran precisión cronostratigráfica, por lo que ambas se usan para establecer los límites de pisos y edades (véase la redefinición del límite Plio-Pleistoceno en 2,588 Ma, coincidente con el tránsito entre los crones Gauss y Matuyama). Pese a ello, y quizás por su amplia tradición de uso en paleontología, algunos colegas caen recurrentemente en la tentación de elaborar enfoques cronométricos a partir de los grupos fósiles que les son más familiares, mediante ajustes de cambio rectilineal en linajes de organismos pretéritos donde se asume, a menudo inadvertidamente, una lógica ortogeneticista para las tendencias evolutivas que se pretende describir, lo que constituye una variante del razonamiento de "si hoy es martes, esto es Bélgica" (Braga y Rivas, 1986).

Así, durante las últimas décadas han aparecido estudios tendentes a obtener estimaciones de edades absolutas para determinados yacimientos a partir de las dimensiones o la morfología de los mamíferos cuaternarios conservados en los mismos. Tales enfoques siguen una lógica falaz, al asumir que el tamaño y/o la forma de las cronoespecies cambian gradualmente y a tasa constante a lo largo del tiempo, con simultaneidad en todas las poblaciones del taxón, sin tener en cuenta la incidencia de posibles efectos geográficos y/o climáticos sobre tales poblaciones ni el hecho, ampliamente documentado en la evolución de los linajes de mamíferos, de que los períodos de cambio filético suelen alternar con intervalos más o menos prolongados de estasis morfológica e, incluso, con inversiones de la tendencia general (Lister, 2013; Maul et al., 2014; Palmqvist et al., 2014).

Un ejemplo particularmente ilustrativo es el estudio de Vangengeim y Pevzner (2000), en el cual se modeló un incremento exponencial en la frecuencia de láminas en los molares superiores desde *Mammuthus meridionalis* hasta *M. primigenius.* Como era de esperar, la aplicación de esta metodología a diversos yacimientos europeos del Pleistoceno medio y superior proporcionó cronologías claramente discrepantes con las edades asumidas para los mismos. Pese a ello, Lozano-Fernández et al. (2013) han propuesto recientemente una herramienta cronométrica inspirada en este enfoque, en la que se usa una regresión lineal entre la longitud de los primeros molares inferiores (lm1) en las poblaciones de *Mimomys savini* de los niveles TD4 a TD6-1 de Atapuerca y su cronología, estimada por series de uranio y resonancia de espín (ESR). Dicha metodología se ha aplicado a dos yacimientos de la cuenca de Baza, Fuente Nueva-3 y Barranco León (Lozano-Fernández et al., 2014), que suministran las evidencias de presencia humana más antiguas de nuestro continente, en torno a 1,4-1,2 Ma. No obstante, el estudio evidencia graves carencias, tanto conceptuales como metodológicas (Palmqvist et al., 2014, 2015). Así, entre otros problemas, los presupuestos del modelo implican que la evolución en este linaje de arvicólidos se ajusta en todo momento a un patrón de cambio rectilineal. Por otra parte, las cronologías usadas para los niveles de Trinchera Dolina no corresponden a los datos publicados y los valores medios de lm1 difieren de los estimados en otros estudios. Además, los intervalos del 95% de confianza para las edades, en torno a ±400 ka, son excesivos para considerar tales estimaciones de utilidad biostratigráfica. Finalmente, el análisis de una sección local obvia el hecho de que los especímenes de *M. savini* provenientes de la Península Ibérica son de mayores dimensiones que los de las poblaciones centroeuropeas, situadas a mayor latitud, lo que se explica por diferencias en la disponibilidad de recursos. Por todo ello, las nuevas dataciones no vienen sino a añadir entropía a un tema ampliamente debatido hoy en día, la cronología de los primeros asentamientos humanos en Europa occidental.

REFERENCIAS

Braga, J.C., Rivas, P., 1986. Si hoy es martes, esto es Bélgica: problemas bioestratigráficos y recurrencias morfológicas en los ammonoideos del Jurásico inferior.

In: Villas, E. (Ed.), Memorias I Jornadas de Paleontología, Diputación General de Aragón, pp. 61-70.

Lister, A.M., 2013. Speciation and evolutionary trends in Quaternary vertebrates. Encyclopedia of Quaternary Science 4, 723-732.

Lozano-Fernández, I., Blain, H.A., López-García, J.M., Agustí, J., 2014. Biochronology of the first hominid remains in Europe using the vole *Mimomys savini:* Fuente Nueva 3 and Barranco León D, Guadix- Baza Basin, south-eastern Spain. Historical Biology 27, 1021-1028.

Maul, L., Masini, F., Parfitt, S.A., Rekovets, L., Savorelli, A., 2014. Evolutionary trends in arvicolids and the endemic murid *Mikrotia* – new data and a critical overview. Quaternary Science Reviews 96, 240-258.

Palmqvist, P., González-Donoso, J.M., De Renzi, M., 2014. Rectilinear evolution in arvicoline rodents and numerical dating of Iberian Early Pleistocene sites. Quaternary Science Reviews 98, 100-109.

Palmqvist, P., Duval, M., Diéguez, A., Ros-Montoya, S., Espigares, M.P., 2015. On the fallacy of using orthogenetic models of rectilinear change in arvicolid teeth for estimating the age of the first human settlements in Western Europe. Historical Biology, en prensa.

Vangengeim, E.A., Pevzner, M.A., 2000. Biometric dating of elephants of the *Archidiskodon-Mammuthus* lineage. Stratigraphy and Geological Correlation 8, 77-83.

Preliminar assessment of the morphological variability of appendicular bones of titanosaurs (Dinosauria, Sauropoda) from Lo Hueco (Fuentes, Cuenca)

Páramo, Adrián[a,b]*; Ortega, Francisco*[b]*; Sanz, José Luis*[a]

[a] Unidad de Paleontología, Departamento de Biología, Facultad de Ciencias, Universidad Autónoma de Madrid, Campus de Cantoblanco, 28049 Madrid, España, Email: adrian.paramo@uam.es

[b] Grupo de Biología Evolutiva, Departamento de Física Matemática y de Fluidos, Facultad de Ciencias, Universidad Nacional de Educación a Distancia, 28040 Madrid, España.

Titanosaurs were the most diverse clade of sauropod dinosaurs during the Cretaceous. In the Iberoarmorican domain there is evidence that this group extends up to the uppermost Cretaceous, with a high diversity of taxa and morphotypes that have been proposed to be different species. The fossil site of Lo Hueco (Fuentes, Cuenca) has yielded several remains attributable to titanosaurs, been especially noteworthy the high abundance of appendicular bones.

Preliminar studies on titanosaur diversity at Lo Hueco showed the presence of two types (probably different taxa) based on teeth, cranial evidences and appendicular bones (Páramo et al., 2014, Ortega et al., 2015). So far, within the material assigned to the appendicular skeleton is possible to distinguish between a robust morphotype and a slender morphotype of femora. Both morphotypes can be distinguished also in a set of discrete characters. The presence of a high diversity of sizes is discussed as a possible presence of juvenile specimens attributable to both morphotypes.

However, It is more complex to apply the same criterion for assign other appendicular remains to any of the morphotypes due to its preservation. Many of the titanosaurian humeri found at Lo Hueco do not preserve the distal or proximal end, or both, probably due to its ontogenetic stage.

In order to distinguish the morphotypes it is possible to assess the robustness indexes (Wilson and Upchurch, 2003, Páramo et al., 2014) and compare between clusters of humeri or use geometric morphometric analyses (Schwarz-Wings and Böhm, 2012). However the loss of the complete length and the proximal and distal width prevent the calculus of the robustness index. Indeed, the proximal and distal ends of the sauropod humeri have some landmarks generally used in 2D geometric morphometrics to distinguish among taxa with robust and slender morphotypes, such as *Dicraeosaurus hansemanni* and *Dicraeosaurus sattleri* (Schwarz-Wings and Böhm, 2012).

A preliminary study of the use of 3D geometric morphometrics to assess the affinities in a sample of twelve humeri from Lo Hueco attributed to titanosaur sauropods is herein presented. A set of classic humeral landmarks was used (see Schwarz-Wings and Böhn, 2012). Also a set of several new semilandmarks was set in between some of the landmarks and new proposed surfaces, like the contour of the distal part of the deltopectoral crest. The data are analyzed using Procrustes Superimposition method, PCA and cluster analysis using categorical data. The result of the analyses shows that, as occurs with femora, it is possible to distinguish between robust and slender morphotypes of humeri at Lo Hueco sample.

ACKNOWLEDGEMENTS

Authors thank the valuable comments of I. Narváez, F. Escaso, P. Mocho and F. Marcos during the elaboration of this manuscript. This study was financed by the Ministerio de Economía y Competitividad project CGL2012-35199.

REFERENCES

Ortega, F., Bardet, N., Barroso-Barcenilla, F., Callapez, P.M., Cambra-Moo, O., Daviero - Gómez, V., Díez-Díaz, V., Domingo, L., Elvira, A., Escaso, F., García-Oliva, M., Gómez, B., Houssaye, A., Knoll, F., Marcos-Fernández, F., Martín, M., Mocho, P., Narváez, I., Pérez-García, A., Peyrot, D., Segura, M., Serrano, H., Torices, A., Vidal, D., Sanz, J.L, 2015. The biota of the Upper Cretaceous site of "Lo Hueco" (Cuenca, Spain). Journal of Iberian Geology 41, 83-99.

Páramo, A., Ortega, F., Escaso, F., Narváez, I., Sanz, J.L., 2014. Ejemplares juveniles de titanosaurio (Sauropoda) del yacimiento de Lo Hueco (Fuentes, Cuenca). In: Royo-Torres, R, Verdú, F.J., Alcalá, L. (Eds.), XXX Jornadas de la Sociedad Española de Paleontología, ¡Fundamental! 24, 149-151.

Schwarz-wings, D., Böhm, N., 2012. A Morphometric Approach to the Specific Separation of the Humeri and Femora of *Dicraeosaurus* from the Late Jurassic of Tendaguru,Tanzania. Acta Palaeontologica Polonica 59, 81-98.

Wilson, J.A., Upchurch, P., 2003. A revision of *Titanosaurus* Lydekker (Dinosauria – Sauropoda), the first dinosaur genus with a "Gondwanan" distribution. Journal of Systematic Palaeontology 1, 125-160.

Migrants from the Americas: the early Jurassic pectinid *Weyla* restricted distribution in Iberian Peninsula platforms

Paredes, Ricardo[a, c]*; Comas-Rengifo, María J.*[a]*; Damborenea, Susana E.*[b]*; Duarte, Luís V.*[c]*; Goy, Antonio*[a]

[a] Departamento de Paleontología, Universidad Complutense de Madrid, 28040 Madrid, España. ricardo.paredes@ucm.es

[b] Departamento de Paleontología de Invertebrados, Museo de Ciencias Naturales de La Plata, 1900 La Plata, Argentina.

[c] MARE - Marine and Environmental Sciences Centre, Faculty of Sciences and Technology, University of Coimbra, 3030-790 Coimbra, Portugal.

The arrival to western Tethys and extreme-south Boreal domains of the bivalve genus *Weyla* Böhm during the Pliensbachian (early Jurassic) time interval could be regarded as a local bioevent. That has justified the marine connection to the east Pacific waters where it was present since Hettangian times. Several authors (e.g. Damborenea & Manceñido, 1979; Aberhan, 2002) related those *Weyla* arrivals to the opening of the Hispanic corridor and a northeastern water influx through it, plus their planktotrophic larval dispersion. Several occurrences were noticed for the early Pliensbachian in SW Europe, SW-France (Cossmann, 1916; Fauré, 2002), Spain (e.g. Haime, 1855; Valls et al., 2002) and W-Portugal (e.g. Mouterde et al., 1983; Paredes, 2014). Recently collected specimens confirm its occurrence in the Lusitanian Basin (Portugal), in Rabaçal and Peniche sections. The newly studied material corresponds to well-preserved planoconvex shells with V-shaped ribs and strong growth-lines, and was assigned to *W. lacazei* (Haime) but resembles also *W. ambongoensis* (Thevenin). All known Iberian *Weyla* records are restricted to Jamesoni Chronozone (early Pliensbachian). Damborenea & Manceñido (1979) reviewed the genus global distribution and doubtfully indicated its possible chronostratigraphic extension till the Toarcian in Iberia, as it happened in Pacific platforms, but this possibility is not confirmed. No *Weyla*-bearing bivalve assemblages have been noticed or personally observed in Asturias or Basque-Cantabrian basins (N of Iberia) up to now. Reinterpretation of SE Tethys records (Wen et al., 1976) cannot disregard an alternative migration route from east to west for Tethyan *Weyla* species, as the inferred pan-tropical Jurassic ocean currents (Parrish, 1992; Sha et al., 2014). Their representatives into SW-Tethys domains in early Toarcian (Kenya and Madagascar; Cox, 1965; Thevenin, 1908) could have been the residual populations. Frequency and body size estimation should indicate how distinct Tethyan *Weyla*´s populations were from Pacific representatives. Tethyan occurrences are scarce and individuals small [mean body size (17 mm, n=23, 1 sp.)] and with 9 coarse radial ribs, whilst American specimens were larger (89 mm, n=20, 4 spp.) with 11-15 ribs; and ecologically they are considered as r-strategists. *Weyla* species from both domains can undoubtedly be regarded as reclining suspension-feeders, as suggested by their strongly inequivalve shells with very convex right valves and featuring byssal notch at least in juvenile stages. Apparently, no competitors to their ecological niche existed in the Pacific. On the other hand, in NW-Europe domain, besides *Pseudopecten*, *Gryphaea* spp. could be regarded as their ecological counterparts, hindering *Weyla*´s establishment. After Jamesoni Chronozone, recognized warming oscillations have been suggested for the Iberian basins. Thus temperature might have been also one of the main factors governing *Weyla*´s unsuccessful prevailing occurrence during the early Jurassic in the Iberian Peninsula.

We acknowledge funding by the project CGL2011-25894 (MICINN-Spain).

REFERENCES

Aberhan, M., 2002. Opening of the Hispanic Corridor and Early Jurassic bivalve biodiversity. In: Crame, J. A.; Owen, A.W. (Eds.), Palaeobiogeography and biodiversity change: the Ordovician and Mesozoic-Cenozoic radiations. Geological Society of London Special Publication 194, 127-139.

Cossmann, M., 1916. Etude complémentaire sur le Charmouthien de la Vendée. Bulletin de la Société Géologique de Normandie 33, 113-159.

Cox, L.R., 1965. The Jurassic Bivalvia and Gastropoda from Tanganyika and Kenya. Bulletin of The British Museum (Natural History) Geology, Supplement, 1, 1-213.

Damborenea, S.E., Manceñido, M.O., 1979. On the paleobiogeographical distribution of the pectinid genus *Weyla* (Bivalvia, Lower Jurassic). Palaeogeography, Palaeoclimatology, Palaeoecology 27, 85-102.

Fauré, P., 2002. Le Lias des Pyrénées. Tome II. Strata, Série II 39, 1-761.

Haime, J., 1855. Notice sur la géologie de l´Ile Majorque. Bulletin Societé Géologique de France, Série 2, 12, 734-752.

Mouterde, R., Dommergues, J.L., Rocha, R.B., 1983. Atlas des fossiles caractéristiques du Lias portugais. II-Carixien. Ciências da Terra 7, 187-254.

Paredes, R., 2014. Síntese dos bivalves citados para o Pliensbaquiano (Jurássico Inferior) da Bacia Lusitânica (Portugal). Comunicações Geológicas 101, Especial I, 521-525.

Parrish, J.T., 1992. Jurassic climate and oceanography of the Pacific region. In: Westermann, G. (Ed.), The Jurassic of Circum-Pacific. Cambridge University Press, pp. 365-379.

Sha, J.G., Rao, X., Cai, H.W., Pan, Y.H., Wang, Y.Q., 2014. Pan-tropical distribution of the Jurassic ostreid bivalves. Palaeoworld 23, 155-161.

Thevenin, A., 1908. Paléontologie de Madagascar. Annales de Paléontologie, 3(3), 105-143.

Valls, J., Comas-Rengifo, M.J., Goy, A., 2002. Bivalvos del Pliensbachiense en la Sección de Almonacid de la Cuba (Cordillera Ibérica, España). Coloquios de Paleontología 54, 145-178.

Wen, S., Lan, X., Chen, J., Zhang, G., Chen, C., Gu, C., 1976. Fossil lamellibranchia from Mount Jolmo Lungma Region. In: A report of Scientific expedition in the Mount Jolmo Lungma Region (1966-1968). Paleontology, 3, 1-170. Science Press, Peking.

Sheltered preservation of Upper Ordovician harpetid trilobites from Portugal

Pereira, Sofia[a,d]*; Pires, Miguel*[b]*; Marques Guedes, Armando*[c]*; Silva, Carlos Marques da*[a]*; Sá, Artur Abreu*[d]

[a] Departamento de Geologia y Instituto Dom Luiz, Universidade de Lisboa, 1749-016 Lisboa, Portugal. ardi_eu@hotmail.com

[b] Arcodere, Unipessoal Lda., 2350-030 Torres Novas, Portugal

[c] Faculdade de Direito, Universidade Nova de Lisboa,1099-032 Lisboa, Portugal

[d] Departamento de Geologia, Universidade de Tras-os-Montes e Alto Douro,5000-801 Vila Real, Portugal

In this paper four new Upper Ordovician Portuguese records of fossils of trilobites preserved inside orthoconic nautiloid shells are reported. Sheltered preservation of trilobite fossils was previously documented from the Ordovician of Portugal by Gutiérrez-Marco et al. (2009). They described *Placoparia cambriensis* Hicks exuviae preserved under the pygidium and thorax of a larger specimen of *Ogyginus forteyi* (Rábano) from the Oretanian Valongo Formation of the Arouca region. According to these authors the trilobites may have used the asaphid remains as shelter from predation. The new occurrences reported herein originate from one single outcrop of the Queixopêrra Member, Cabeço do Peão Formation, middle Berounian of Mação (Portugal). In all four of them the trilobites belong to one and the same species, the harpetid *Eoharpes cristatus* Romano (=*E. macaoensis*). The four nautiloid shells contain: 1) two articulated specimens of similar size with their pygidia and the posterior part of the thorax probably flexed; 2) two articulated specimens of different size, one of them enrolled; 3) one disarticulated specimen with possible salterian mode of molting arrangement and 4) one isolated cephalon. The monotaxic aggregation of articulated specimens (and in one case, of similar size), the enrollment, the salterian molt arrangement, and the fact that, so far, all occurrences involve occupants of the same species, in a trilobite-rich assemblage with more than twenty trilobite species allow us to discard the *post-mortem* transport hypothesis, and suggest that these specimens may indeed represent cryptic behavior. These trilobites may have entered the cephalopod shells to protect themselves from predators or to seek refuge to molt. In one case the specimens do seem post-molt exoskeletons left in place by live trilobites. The occurrence of trilobites inside the shells of other organisms was first documented by Barrande (1872). He described the preservation of *Encrinuraspis beaumonti* (Barrande) inside the body chamber of the orthoconic nautiloid *Sphooceras truncatum* (Barrande). However, Ladd (1928) was the first to interpret these occurrences as actually reflecting a particular trilobite behavior, namely the search for retreats or safe molting places. Similar behavior occurs in various animal groups and dates back to the early Cambrian (Unal and Zinsmeister, 2006). Present-day analogues are also recognized in some arthropods (e.g. Walker, 1992). Vermeij (1987) proposed the term "conchicolous life habit" to describe the use of empty shells as domiciles by some animals, after the original builders have died. Gotto (1969) used the term "inquilinism" to describe organisms living one within the other, but being both alive. As Davis et al. (2001) argued, there is still no appropriate term to define the situation of an organism occupying temporarily a body part of another, already dead, refuge, ecdysis, reproduction or mere lodging. Here, we propose the term "occupism" for this particular behaviour. More than twenty cases of occupism by trilobites have been so far reported, spanning from the Cambrian to the Devonian, from Portugal, Czech Republic, Poland, Sweden, Ireland, USA and Canada. The occupied remains were more frequently the shells of orthoconic cephalopods. Similar occurrences have also been reported from inside hyolithid and gastropod shells and under the pygidiums of larger trilobites (Fatka and Budil, 2014). These new Portuguese occurrences are the third occupism record of harpetid trilobites and the second of *Eoharpes*. It was also recognized in *E. benignensis* from the Middle Ordovician of the Czech Republic (Fatka and Budil, 2014) and *Bohemoharpes* cf. *acuminatus* from the Silurian of Sweden (Zwanzig and Liebermann, 2012). These new records increase our knowledge about harpetids life strategies and emphasize Speyer and Brett´s (1985) hypothesis that trilobites were gregarious animals living and moulting in monospecific, age-clustered groups and sought refuge together.

REFERENCIAS

Barrande, J.J., 1872. Système silurien du centre de la Bohême. Ière Partie: Recherches Paléontologiques. Supplément au Vol. I. Trilobites, Crustacés divers et Poissons. Chez l'auteur et éditeur, Prague and Paris, 647 pp.

Davis, R.A., Fraaye, R.H.B., Holland, C.H., 2001. Trilobites within nautiloid cephalopods. Lethaia 34, 37-45.

Fatka, O., Budil, P., 2014. Sheltered gregarious behavior of Middle Ordovician harpetid trilobites. Palaios 29, 495-500.

Gutiérrez-Marco, J.C., Sá, A.A., García-Bellido, D.C., Rábano, I., Valério, M., 2009. Giant trilobites and trilobite clusters from the Ordovician of Portugal. Geology, 37, 443-446.

Ladd, H.S., 1928. The stratigraphy and paleontology of the Maquoketa Shale of Iowa. Part I. Iowa Geological Survey 34 (Annual Report, 1928), 305-448.

Unal, E., Zinsmeister, W.J., 2006. Earliest record of sheltering strategy for predator avoidance from the Early Cambrian of the Marble Mountains, California. Geological Society of America Abstracts with Programs, Philadelphia 38, 550.

Vermeij, G.J., 1987. Evolution and Escalation: An Ecological History of Life. Princeton University Press, 527 pp.

Walker, S.E., 1992. Criteria for recognizing marine hermit crabs in the fossil record using gastropod shells. Journal of Paleontology 66, 535-558.

Zwanzig, M., Liebermann, S., 2012. A Silurian *Bohemoharpes* twice used an empty shell of an orthocone nautiloid as refuge for moulting. In: Budil, P., Fatka O. (Eds.), The 5th Conference on Trilobites and their relatives, Czech Geological Survey, Prague, pp. 58.

Morfometría y Paleontología humana: ¿Cómo se comportan las técnicas biométricas en la captura de la modularidad?

Pérez-Claros, Juan Antonio; Palmqvist, Paul; Figueirido, Borja

Departamento de Ecología y Geología, Universidad de Málaga, 29071 Málaga, España, johnny@uma.es

Hace más de 20 años de la publicación en la *Revista Española de Paleontología* de un artículo titulado "*Morfometría y Paleontología humana: carencias y posibles perspectivas*" (Palmqvist et al., 1994) en el que analizamos, tal y como indica su título, las nuevas perspectivas que la morfometría geométrica podría aportar al avance de nuestra disciplina en general, y de la paleoantropología en particular. En aquellas fechas, aunque parezca hoy inconcebible, no estaba extendido el uso del ordenador entre los paleontólogos. De hecho, las técnicas denominadas ahora como propias de la "morfometría clásica" (básicamente, el estudio multivariante de variables métricas convencionales) no recibían ni mucho menos tal calificativo, pues ¡eran lo último! Los avances experimentados por las técnicas basadas en puntos homólogos o *landmarks* han superado todas las expectativas que se planteaban en aquellas fechas no tan lejanas (Adams et al., 2004; Mitteroecker y Gunz, 2009). Uno de los inconvenientes de la morfometría geométrica en la década de los noventa del siglo pasado era su limitación a proyecciones bidimensionales, lo que se ha solventado sin problemas tras generalizarse la obtención de *landmarks* tridimensionales mediante brazos mecánicos y la extensión matemática de las técnicas morfométricas a una dimensión más (ver, por ejemplo, Klingenberg, 2011). En nuestro trabajo se matizaron, además, algunos otros problemas sobre la elección de *landmarks* con significado biológico, los cuales han sido objeto de debate posteriormente (vg., MacLeod, 1999).

Una de las cuestiones de índole biológica que abordan principalmente los paleontólogos, líderes en el campo de la morfometría (en parte por tradición y en parte por necesidad), es la del estudio de la covariación entre regiones morfológicas distinguibles dentro de (o entre) las estructuras fosilizadas. Este campo, conocido como integración morfológica, está siendo intensamente analizado mediante técnicas de la morfometría geométrica (Klingenberg, 2009), habiéndose aplicado a numerosos estudios de índole paleoantropológica (vg., Mitteroecker y Bookstein, 2008). Uno de los ámbitos propios del estudio de la integración morfológica es el análisis de las alometrías y heterocronías. En este contexto nos planteamos si el uso de dichas técnicas de la morfometría geométrica se traduce en un aumento cualitativo de la bondad de los resultados obtenidos o si, por el contrario, se puede producir una sobrecarga de información que mezcle aspectos importantes con otros superfluos, entorpeciendo -más que ayudando- el poner de manifiesto los patrones de covariación más relevantes, tal y como expuso, paradójicamente, uno de los máximos proponentes de la morfometría geométrica (Klingenberg 1998). Este tema ha sido tratado por algunos autores, como González-José et al. (2008) para el género *Homo,* y nos hemos propuesto evaluarlo en una colección de cráneos de homininos, que incluye algunos ejemplares estudiados en Palmqvist (1994), como *Paranthropus robustus* y *P. boisei.* Para ello hemos comparado los resultados de Guy et al. (2005) sobre el cráneo de hominoideos actuales y extintos basados en superposiciones de procrustes con un análisis de componentes principales de variables métricas clásicas en los mismos ejemplares, apreciando una similitud bastante acusada entre ambas aproximaciones. Por otro lado, nuestros resultados son más coherentes con los principales rasgos descritos por los paleoantropólogos en la evolución del cráneo de los homininos que los obtenidos por Mitteroecker y Bookstein (2008), basados en las técnicas morfométricas complejas aplicadas a numerosos puntos homólogos tridimensionales. Este resultado permite afirmar que las técnicas clásicas siguen teniendo su lugar y son herramientas útiles para describir aspectos globales de la forma orgánica. Por ello, la elección del método morfométrico adecuado en cada caso debería depender más de la naturaleza del problema que se pretende solventar que de la moda del momento, siempre mudable.

REFERENCIAS

Adams, D.C., Rohlf, F.J., Slice, D.E., 2004. Geometric morphometrics: ten years of progress following the 'revolution'. Italian Journal of Zoology 71, 5-16.

González-José, R., Escapa, I., Neves, W.A., Cúneo, R., Pucciarelli, H.M., 2008. Cladistic analysis of continuous modularized traits provides phylogenetic signals in Homo evolution. Nature 453, 775-778.

Guy, F., Lieberman, D.E., Pilbeam, D., de León, M.P., Likius, A., Mackaye, H.T., Vignaud, V., Zollikofer, C., Brunet, M., 2005. Morphological affinities of the *Sahelanthropus tchadensis* (Late Miocene hominid from Chad) cranium. Proceedings of the National Academy of Sciences of the United States of America 102, 18836-18841.

Klingenberg, C.P., 1998. Heterochrony and allometry: the analysis of evolutionary change in ontogeny. Biological Reviews of the Cambridge Philosophical Society 73, 79-123.

Klingenberg, C.P., 2009. Morphometric integration and modularity in configurations of landmarks: tools for evaluating a priori hypotheses. Evolution & Development 11, 405-421.

Klingenberg, C.P., 2011. MorphoJ: an integrated software package for geometric morphometrics. Molecular ecology resources 11, 353-357.

MacLeod, N., 1999. Generalizing and extending the eigenshape method of shape space visualization and analysis. Paleobiology 25, 107-138.

Mitteroecker, P., Bookstein, F., 2008. The evolutionary role of modularity and integration in the hominoid cranium. Evolution 62, 943-958.

Mitteroecker, P., Gunz, P., 2009. Advances in geometric morphometrics. Evolutionary Biology 36, 235-247.

Palmqvist, P., Gibert, J., Pérez-Claros, J.A., 1994. Morfometría y Paleontología humana: carencias y posibles perspectivas. Revista Española de Paleontología 9, 124-130.

Nuevos datos sobre la biota del Cretácico Superior de Armuña (Segovia, España)

Pérez-García, Adán[a]; Ortega, Francisco[a]; Bolet, Arnau[b]; Escaso, Fernando[a]; Houssaye, Alexandra[c]; Martínez-Salanova, Javier; Miguel Chaves, Carlos de[a]; Mocho, Pedro[a,d]; Narváez, Iván[a]; Segura, Manuel[e]; Torices, Angélica[f]; Vidal, Daniel[d]; Sanz, José Luis[d]

[a]Grupo de Biología Evolutiva, Facultad de Ciencias, UNED, Paseo Senda del Rey, 9, 28040 Madrid, España. paleontologo@gmail.com

[b]Institut Català de Paleontologia Miquel Crusafont, Escola Industrial 23, E-08201 Sabadell, Barcelona, España

[c]UMR 7179 CNRS/Muséum National d'Histoire Naturelle, Département Ecologie et Gestion de la Biodiversité, 57 rue Cuvier CP-55, 75000 Paris, Francia

[d]Unidad de Paleontología, Departamento de Biología, Facultad de Ciencias, Universidad Autónoma de Madrid, 28049 Madrid, España

[e]Grupo de Investigación IberCreta. Facultad de Ciencias, Universidad de Alcalá de Henares, 28871 Alcalá de Henares, Madrid, España

[f]Department of Biological Sciences, Faculty of Science, CW405 Biological Sciences Building, University of Alberta, Edmonton, Alberta, Canadá

El yacimiento de vertebrados del Cretácico Superior de Armuña (Sistema Central, Segovia) fue descubierto en la década de 1980. A finales de ese período se realizaron varias campañas de excavación, fruto de las cuales se hallaron numerosos restos, constituyendo una relevante colección teniendo en cuenta la relativa escasa información entonces disponible tanto sobre las faunas del Cretácico Superior ibéricas como europeas. Sin embargo, hasta ahora, solo había sido analizado un porcentaje muy pequeño de esos ejemplares. De hecho, el único listado faunístico disponible corresponde a aquel que fue presentado, a modo de resumen de congreso, poco tiempo después de realizarse las excavaciones (Buscalioni y Martínez-Salanova, 1990). Este listado no recogía toda la diversidad allí registrada. Además, varias de las determinaciones no pueden ser actualmente respaldadas.

Durante las últimas décadas se ha producido un notable incremento en la información sobre las faunas de vertebrados del Cretácico Superior de Europa. Esto ha motivado la necesidad del estudio del material que fue hallado en Armuña, teniendo en cuenta el conocimiento actual. Los restos de vertebrados identificados en ese yacimiento son aquí analizados no sólo considerando su identificación anatómica y sistemática, sino también sus implicaciones bioestratigráficas y paleobiogeográficas. Este registro está compuesto por miembros de varios clados de vertebrados, destacando, tanto por su abundancia como por su diversidad, los correspondientes a Reptilia. Además, también se reconocen numerosos elementos desarticulados de Lepisosteidae.

Las tortugas identificadas corresponden a miembros de tres clados, Solemydidae (stem Testudines), Bothremydidae (Pleurodira) y Dortokidae (Pan-Pleurodira), este último hasta ahora no citado en Armuña. De cada uno de estos linajes se reconoce un representante, siendo la primera vez que se notifica la presencia de los tres géneros allí identificados en un mismo yacimiento. Nosotros identificamos lepidosaurios en Armuña, representados por dos taxones. Uno de ellos corresponde a un miembro de Anguimorpha, posiblemente nuevo, con relevantes implicaciones paleobiogeográficas. El otro podría corresponder a un miembro de Mosasauroidea. Se reconoce aquí un miembro de Eusuchia estrechamente relacionado con el género europeo *Allodaposuchus*. Sin embargo, varios caracteres nos permiten su consideración como perteneciente a una posible nueva forma. En Armuña están representados tres grupos de dinosaurios. Por una parte, se identifican osteodermos, un diente y huesos del esqueleto axial y apendicular de titanosaurios. Varios dientes y huesos apendiculares pueden ser atribuidos a, al menos, un taxón de Theropoda de relativo gran tamaño. También se han identificados varios dientes y elementos postcraneales compatibles con los del ornitópodo *Rhabdodon*.

La revisión aquí efectuada también afecta al contexto geológico del yacimiento. En este sentido, Armuña es reconocido como situado en la Formación Vegas de Matute, y datado como del Campaniense superior. Además, se notifica un nuevo yacimiento con vertebrados de la Provincia de Segovia, situado en la misma unidad y también formado durante el Campaniense superior. Aunque el registro fósil de esta nueva localidad es limitado, los taxones allí reconocidos son coincidentes con algunos de los registrados en Armuña.

REFERENCIAS

Buscalioni, A.D., Martínez-Salanova, J., 1990. Los vertebrados fósiles del yacimiento de Armuña (Prov. Segovia, España). In: Comunicaciones Reunión de Tafonomía y Fosilización, Madrid, pp. 51-57.

Estudio preliminar de las tortugas de Fonelas P-1 (Pleistoceno inferior basal; Cuenca de Guadix, Granada)

Pérez-García, Adán[a]; Murelaga, Xabier[b]; Arribas, Alfonso[c]

[a]Grupo de Biología Evolutiva, Facultad de Ciencias, UNED, Paseo Senda del Rey, 9, 28040 Madrid, España. paleontologo@gmail.com

[b]Departamento de Estratigrafía y Paleontología, Facultad de Ciencia y Tecnología, Universidad del País Vasco, Apartado 644, 48080 Bilbao, España

[c]Estación paleontológica Valle del Río Fardes, Museo Geominero, Instituto Geológico y Minero de España, Ríos Rosas, 23, 28003 Madrid, España

El registro fósil de Fonelas P-1 (Cuenca de Guadix, Granada, España) es muy relevante por la abundancia de restos de vertebrados suministrados (especialmente grandes mamíferos) y por la preservación de los mismos, aportando abundante información sobre la biota representada en Europa suroccidental durante el Pleistoceno inferior basal (2,0 Ma de antiguedad) (Arribas et al., 2009; Pla-Pueyo et al., 2011). De hecho, su importancia llevó a su declaración como Lugar de Interés Geológico (*Geosite*), manteniéndose un proyecto activo en esta localidad que, entre otras cosas, ha permitido la musealización *in situ* del yacimiento.

Los mamíferos son los vertebrados más abundantes y diversos en Fonelas P-1, estando representados por más de tres decenas de taxones, incluyendo micromamíferos y macromamíferos. Otros clados de vertebrados, como aves y a reptiles, son minoritarios. Entre los restos de reptiles se identifican elementos asignables a tortugas, que se analizan aquí por primera vez. Se reconoce la presencia de varios individuos, todos ellos correspondientes a formas terrestres. Tales ejemplares se comparan con taxones actuales, así como con especímenes de otros yacimientos del Plioceno y del Cuaternario europeos, con el fin de efectuar y justificar su determinación taxonómica precisa.

REFERENCIAS

Arribas, A., Garrido, G., Viseras, C., Soria, J.M., Pla, S., Solano, J.G., Garcés, M., Beamud, E., Carrión, J.S., 2009. A Mammalian Lost World in Southwest Europe during the Late Pliocene. PLoS ONE 4, 1- 10.

Pla-Pueyo, S., Viseras, C., Soria, J.M., Tent-Manclús, J.E., Arribas, A., 2011. A stratigraphic framework for the Pliocene-Pleistocene continental sediments of the Guadix Basin (Betic Cordillera, S. Spain). Quaternary International 243, 16-32.

Análisis sistemático de las tortugas del Pleistoceno inferior de Quibas (Región de Murcia, España)

Pérez-García, Adán[a]*; Murelaga, Xabier*[b]*; Mancheño, Miguel Ángel*[c]*; Aberasturi, Ainara*[d]*; Romero, Gregorio*[c]

[a]Grupo de Biología Evolutiva, Facultad de Ciencias, UNED, Paseo Senda del Rey, 9, 28040 Madrid, España. paleontologo@gmail.com

[b]Departamento de Estratigrafía y Paleontología, Facultad de Ciencia y Tecnología, Universidad del País Vasco, Apartado 644, 48080 Bilbao, España.

[c]Departamento de Química Agrícola, Geología y Edafología, Universidad de Murcia, 30100 Murcia, España.

[d]Fundación Cidaris-Museo Paleontológico de Elche, 03203 Elche, España.

Los yacimientos paleontológicos del Pleistoceno inferior de la Sierra de Quibas (Región de Murcia, España) son de gran importancia por la cronología del registro que contienen y porque han aportado información sobre más de 70 taxones, correspondientes a varios clados de invertebrados (moluscos, crustáceos y miriápodos), así como de vertebrados (anfibios, reptiles, aves y mamíferos) (Montoya et al., 2001). Muchos de los taxones allí registrados, incluyendo algunos grupos de reptiles, han sido estudiados en detalle. Sin embargo, la información sobre las tortugas es extremadamente limitada.

En 2001, Montoya et al. presentaron un listado faunístico sobre la fauna de Quibas en el que se citaba la presencia de una especie de tortuga: la tortuga de Hermann o tortuga mediterránea (*Chersine hermanni*). Sin embargo, esa determinación no fue justificada, ni se describió ningún resto de tortuga procedente de ninguno de los niveles de esa localidad. Posteriormente, Lapparent de Broin et al. (2006) indicaron que, aunque el material de Quibas y de otros yacimientos ibéricos podría corresponder a especímenes de interés del linaje de la tortuga de Hermann, la información disponible, extremadamente limitada, no permitía su comparación con otros especímenes fósiles o con la actual tortuga mediterránea. Por lo tanto, para su identificación sistemática era necesario realizar su estudio detallado. Sin embargo, hasta ahora ningún resto de tortuga de Quibas ha sido figurado ni descrito, ni se ha aportado nueva información sobre estos restos.

La revisión de las colecciones de Quibas nos permiten identificar numerosos restos de quelonios, todos ellos correspondientes a formas terrestres. Aunque la mayoría de estos ejemplares están desarticulados y corresponden a piezas aisladas, se ha identificado gran parte de un caparazón, así como varios elementos apendiculares correspondientes al mismo individuo. No solo reconocemos restos de ejemplares adultos o subadultos, sino también de individuos juveniles. Este material es detalladamente estudiado, de manera que su atribución sistemática es analizada, evaluándose la validez de su atribución al linaje de *Chersine hermanni* y, concretamente, a la actual tortuga mediterránea, lo que supondría su referencia más antigua validada en el registro ibérico.

REFERENCIAS

Lapparent de Broin F. de, Bour R., Perälä, J., 2006. Morphological definition of *Eurotestudo* (Testudinidae, Chelonii): First part. Annales de Paléontologie 92, 255-304.

Montoya, P., Alberdi, M.T., Blázquez, A.M., Barbadillo, L.J., Fumanal, M.P., van der Made, J., Marín, J.M., Molina, A., Morales, J., Murelaga, X., Peñalver, E., Robles, F., Ruiz-Bustos, A., Sánchez, A., Sanchiz, B., Soria, D., Szyndlar, Z., 2001. Une faune très diversifiée du Pléistocène inférieur de la Sierra de Quibas (province de Murcia, Espagne). Comptes Rendus Palevol 332, 387-393.

¿Corresponden los testudínidos del Eoceno de Europa a géneros definidos en el registro americano?

Pérez-García, Adán[a]; Ortega, Francisco[a]; Jiménez Fuentes, Emiliano[b]

[a]Grupo de Biología Evolutiva, Facultad de Ciencias, UNED, Paseo Senda del Rey, 9, 28040 Madrid, España. paleontologo@gmail.com

[b]Sala de las Tortugas de la Universidad de Salamanca, Facultad de Ciencias, Plaza de los Caídos s/n, Salamanca, España.

Testudinidae es el linaje de tortugas al que corresponden todas las formas terrestres actuales. Este grupo constituye un clado muy abundante y diverso, distribuido en varios continentes. Los testudínidos están también bien representados en el registro fósil. En el caso de Europa, las primeras formas identificadas se reconocen en niveles del Eoceno inferior. Es en ese momento cuando se identifican los representantes más antiguos de este grupo a nivel mundial, también distribuidos por Norte América y Asia.

El conocimiento sobre los testudínidos del Eoceno inferior y medio de Europa es muy limitado. Por este motivo, las hipótesis sobre su origen hasta ahora formuladas son muy escasas y poco fundamentadas. De hecho, pocas formas europeas habían sido hasta ahora incluidas en hipótesis filogenéticas.

Los primeros testudínidos eocenos que fueron definidos corresponden a formas norteamericanas. El relativo limitado conocimiento sobre este clado llevó a su descripción fundamentalmente a partir de caracteres primitivos. La identificación de algunos de estos estados primitivos en formas posteriormente definidas en otros continentes, como es el caso de Europa, llevó a considerar la presencia de varios géneros americanos fuera de ese continente. En este sentido, se reconoció la supuesta presencia de los géneros norteamericanos *Achilemys* y *Hadrianus* en el registro europeo, el primero de ellos en niveles del Eoceno inferior y el otro del Eoceno medio.

Se pretende evaluar aquí la hipótesis que considera que los géneros de testudínidos norteamericanos *Achilemys* y *Hadrianus* estaban presentes en el registro europeo. Para ello se realiza un estudio detallado del material europeo hasta ahora publicado, se estudia abundante y bien preservado material inédito europeo, y se realizan comparaciones, de primera mano, a partir de numerosos ejemplares americanos depositados en el American Museum of Natural History (Nueva York).

Sobre la presencia de la tortuga gigante *Titanochelon* en el registro portugués

Pérez-García, Adán[a,b,c]; *Mocho, Pedro*[a,c,d]

[a]Grupo de Biología Evolutiva, Facultad de Ciencias, UNED, Paseo Senda del Rey, 9, 28040 Madrid, España, Email: paleontologo@gmail.com

[b]Centro de Geologia, Faculdade de Ciências da Universidade de Lisboa (FCUL), Edificio C6, Campo Grande, 1749-016 Lisbon, Portugal.

[c]Laboratório de Paleontologia e Paleoecologia da Sociedade de História Natural, Polígono Industrial do Alto do Ameal, Pav.H02 e H06, 2565-641, Torres Vedras, Portugal.

[c]Unidad de Paleontología, Departamento de Biología, Facultad de Ciencias, Universidad Autónoma de Madrid, 28049 Madrid, España

Las tortugas terrestres actuales son miembros de Testudinidae, un clado muy abundante y diverso, identificado en varios continentes y representado en Europa desde el Eoceno. Las formas europeas actuales, tales como las dos especies presentes en la Península Ibérica, *Testudo graeca* y *Chersine hermanni*, son de relativo pequeño tamaño (menos de 30 cm de longitud del caparazón). Sin embargo, en el registro fósil de este continente es frecuente el hallazgo de formas de mayor talla, destacando el género de entre 1 y 2 metros de longitud *Titanochelon*, recientemente descrito, y reconocido como distribuido entre el Mioceno inferior y el Plioceno inferior de Europa, así como en la región occidental de Asia. A este género se han atribuido varias especies, siendo su especie tipo la única especie hasta ahora considerada como válida en el registro ibérico, *Titanochelon bolivari*. La presencia de esta especie fuera de España no ha sido, hasta ahora, justificada.

Aunque en el registro del Mioceno de Portugal también se identifican restos de testudínidos gigantes, que podrían corresponder a *Titanochelon*, esta atribución no ha sido justificada. De hecho, la mayoría de los restos permanecen inéditos. Se presenta aquí material procedente de varios yacimientos del Mioceno inferior, medio y superior (biozonas MN4, MN5 y MN9) del distrito de Lisboa. Su análisis permite evaluar la validez de la hipótesis que proponía su atribución a *Titanochelon*. Además, algunos de los caracteres preservados permiten conocer si ese país formaba también parte de la distribución paleobiogeográfica de *Titanochelon bolivari*, o si la especie allí registada corresponde a otra forma sincrónica.

Revisión de los ammonoideos del Triásico Medio (Ladiniense) de la colección de Jörg Niemeyer, procedentes de las facies Muschelkalk de Siles (Jaén, España).

Pérez-Valera, Juan Alberto; Goy, Antonio

Departamento de Paleontología (Procesos Bióticos Mesozoicos), Avenida José Antonio Novais, 2, Universidad Complutense de Madrid, 28040 Madrid, España. jalbertoperez@geo.ucm.es, angoy@geo.ucm.es

Jörg Niemeyer es un paleontólogo alemán que estuvo en Siles (provincia de Jaén, Prebético, Cordillera Bética) en las décadas de los años 60-70 del pasado siglo. Dedicó algunos años a revisar los afloramientos del Triásico Medio de las inmediaciones de Siles (facies Muschelkalk), lo que le sirvió para obtener una representativa cantidad de fósiles triásicos tanto de invertebrados como de vertebrados, que posteriormente estudió para un trabajo similar a una tesis doctoral presentada en los años 80 en la Universidad de Münster (Alemania). A principios de este siglo, el autor publicó el resultado de ese trabajo en una monografía titulada: "Invertebraten und vertebraten aus dem Muschelkalk von Siles (Jaén), Spanien". En esta publicación se incluye el estudio de 10 ejemplares de ammonoideos procedentes de los afloramientos triásicos de Siles, aunque sólo se figura la vista lateral de uno de ellos. Los ejemplares están depositados en la Universidad de Münster, aunque se ha tenido acceso a la examinación de 8 moldes de los 10 ejemplares. También se han revisado las figuraciones de estos ejemplares (en Rein, 2008) como parte de la tesis doctoral de uno de nosotros (Pérez-Valera, en prep.), llegando a la conclusión de que todos ellos pertenecen a los géneros *Israelites* Parnes, 1962, *Negebites* Parnes, 1962 y *Gevanites* Parnes, 1975 y no a *Ceratites* de Haan y *Hungarites* Mojsisovics, como propuso el autor alemán. Se han revisado, pues, los moldes y la figuraciones de 8 de los 10 ejemplares que cita Niemeyer (2002):

1. Ejemplar L 53.53. Según Niemeyer *Ceratites* (*Progonoceratites*) *armatus* Philippi. Ejemplar casi completo. Ha sido incluido en la especie *Gevanites virgiliae* Goy.
2. Ejemplar L 53.54. Clasificado por Niemeyer como *Ceratites* (*Progonoceratites*) aff. *atavus* Philippi. Por su mal estado de conservación se ha considerado *Gevanites* sp.
3. Ejemplar L 53.55. Clasificado por Niemeyer como *Ceratites* (*Ceratites*) aff. *praecursor* Riedel. Ejemplar completo, incluido en la especie *Gevanites virgiliae* Goy.

4. Ejemplar L 53.56. Según Niemeyer *Hungarites pradoi* (D´Archiac). Por su sección sublanceolada con quilla y la existencia de costillas y tubérculos en los flancos se ha considerado *Israelites ramonensis* (morfotipo *compressus*) Parnes.
5. Ejemplar L 53.57. Clasificado por Niemeyer como *Hungarites pradoi* (D´Archiac). Se trata de una cámara de habitación comprimida que muestra costillas y tubérculos. Se ha incluido en la especie *Israelites ramonensis* (morfotipo *compressus*) Parnes.
6. Ejemplar L 53.58. Clasificado por Niemeyer como *Hungarites pradoi* (D´Archiac). Fragmocono de gran tamaño y sección de la vuelta ojival sin ornamentación y con una quilla superpuesta. Ejemplar compatible con *Negebites zaki* Parnes.
7. Ejemplar L 53.59. Clasificado por Niemeyer como *Hungarites pradoi* (D´Archiac). Pequeño ejemplar de concha comprimida e involuta y suave ornamentación binodosa. Similar al holotipo de *Gevanites hornosianus* Parnes y considerado en este trabajo como tal.
8. Ejemplar L 53.60. Clasificado por Niemeyer como *Hungarites pradoi* (D´Archiac). Cámara de habitación mal conservada, de sección comprimida con quilla, que no incluye ornamentación. Compatible con *Israelites ramonensis* (mortotipo *gracilis*) Parnes.

Aparte de estos 8 ejemplares, Niemeyer (2002) incluye en su estudio los ejemplares L 53.61-62, que clasifica como *Hungarites* aff. *mojsisovicsi* (Roth). No se dispone de ninguna figura ni de moldes de los mismos, pero por las características de la especie con la cual se relaciona es posible que puedan pertenecer también a *Israelites ramonensis* (mf. gracilis) Parnes, a *Negebites zaki* Parnes (concha involuta y lisa), o bien a *Gevanites hornosianus* (Parnes), que es el *Gevanites* más involuto y de ornamentación más suave.

Los afloramientos triásicos de facies Muschelkalk de Siles han sido estudiados últimamente por Pérez-Valera y Pérez-López (2008), autores que definen la Formación Siles para la identificación de estos carbonatos en el Dominio Prebético. Los ejemplares revisados procedentes del Triásico de Siles constituyen una asociación típica y equivalente a las de otros afloramientos del este de la Cordillera Bética. Estas especies caracterizan el Ladiniense Inferior de la Provincia Sefardí y permiten suponer la presencia de la Zona Curionii (según Pérez-Valera, J. A., 2005) casi desde el comienzo de los carbonatos de dicha formación.

AGRADECIMIENTOS

Investigaciones financiadas con los Proyectos CGL2011-25894 del MEC, España y GR58/08B/910431 de la UCM.

REFERENCIAS

Niemeyer, J., 2002. Invertebraten und vertebraten aus dem Muschelkalk von Siles (Jaén), Spanien. Munstersche Forschungen zur Geologie und Palaontologie 94, 1-99.

Pérez-Valera, J.A., 2005. Ammonoideos y bioestratigrafía del Triásico Medio (Anisiense superior-Ladiniense) en la sección de Calasparra (sector oriental de la Cordillera Bética, Murcia, España). Coloquios de Paleontología 55, 125-161.

Pérez-Valera, F., Pérez-López, A., 2008. Stratigraphy and sedimentology of Muschelkalk carbonates of the Southern Iberian Continental Palaeomargin (Siles and Cehegín Formations, Southern Spain). Facies 54, 61-87.

Rein, S., 2008. Ceratites atavus auf Mallorca? – Die Muschelkalkammonoideen des Museu Balear de Sciencies Naturals Sóller. Vernate 27, 5-19.

Implicaciones paleobiológicas de los coleópteros (Insecta: Coleoptera) de los ámbares cretácicos del oeste de Europa

Peris, David [a]; *Delclòs, Xavier* [a]; *Sánchez-García, Alba* [a]; *Peñalver, Enrique* [b]

[a] Departament d'Estratigrafia, Paleontologia i Geociències Marines e Institut de Recerca de la Biodiversitat (IRBio), Facultat de Geologia, Universitat de Barcelona, 08028 Barcelona, España. daperce@gmail.com, david.peris@ub.edu.

[b] Museo Geominero, Instituto Geológico y Minero de España, 28003 Madrid, España.

Los coleópteros son en la actualidad el grupo biológico con mayor biodiversidad; una de cada cuatro especies de animales que habita la Tierra es un escarabajo. Se conocen coleópteros fósiles desde el Pérmico, pero conservados en ámbar solo desde el Cretácico inferior. Este tipo de fosilización, en contraste con otros, permite realizar estudios anatómicos y evolutivos muy detallados.

Son pocas las áreas del mundo donde existen yacimientos de ámbar mesozoico con abundantes bioinclusiones. Entre ellas, los depósitos del Líbano, España y Francia destacan por ser los más antiguos con alta paleobiodiversidad; los yacimientos de España y Francia tienen el valor añadido de que las colecciones están catalogadas en instituciones científicas públicas y se pueden realizar estudios sobre la abundancia relativa de los taxones.

Los ámbares con bioinclusiones de España (Albiense) y Francia (Albiense–Santoniense) conforman los ámbares cretácicos del oeste europeo. Se ha realizado por primera vez el estudio de la asociación de coleópteros de estos ámbares, la cual cuenta con 214 ejemplares (149 en España y 65 en Francia). Se han identificado 41 familias diferentes, 30 en España y 16 en Francia.

El estudio muestra que 13 de las familias identificadas cuentan en estos ámbares con sus representantes más antiguos conocidos. De entre ellas, destacan Bostrichidae, Elmidae, Limnichidae, Nosodendridae, Omethidae y Phalacridae por presentar en estos ámbares los únicos registros para todo el Mesozoico, y también Jacobsoniidae y Tetratomidae ya que los ejemplares encontrados son los únicos fósiles conocidos para sus respectivas familias. Con su descripción, el origen de estos linajes se data, al menos, en el Cretácico inferior. Desde un punto de vista evolutivo, en aquellos casos en los que ha sido posible un estudio cladístico, los fósiles descritos en el ámbar se han situado en nodos basales para las respectivas familias.

Una idea ampliamente difundida es que los grupos de coleópteros barrenadores influyeron en la liberación de grandes cantidades de resina en los bosques de gimnospermas del Cretácico. Esta idea estaba basada en los estudios de grupos barrenadores encontrados en ámbares del Cenozoico (donde abundan las subfamilias Scolytinae y Platypodinae) y presentaba el problema del desconocimiento de las comunidades que conformaban las colecciones de ámbar cretácico. Ahora es posible argumentar que los coleópteros no influyeron en la producción de resina durante el Cretácico. Un dato relevante es que la gran mayoría de familias identificadas mantienen en la actualidad un estilo de vida saproxílico, bien durante todo su ciclo o bien durante los estadios larvarios, relacionado con la hojarasca, árboles caídos, material vegetal en descomposición, hongos, o bien depredadores de otros organismos saproxílicos. Estos grupos de escarabajos, en el Cretácico, ya formaban parte del proceso de descomposición de la materia vegetal junto con los hongos y otros microorganismos. Por tanto, la abundante liberación de resina en los bosques cretácicos debió de estar influenciada por otras causas.

Existen numerosas evidencias, tanto paleontológicas como geológicas, de la influencia de paleoincendios en las asociaciones vegetales que dieron origen a los yacimientos de ámbar. La composición de la atmósfera en el tránsito Albiense–Cenomaniense favoreció una elevada tasa de incendios; la presencia de cenizas dentro del ámbar y en el sedimento, así como de restos vegetales fusinizados asociados al ámbar, demuestran que el medio forestal estaba afectado por incendios recurrentes, lo que pudo promover el incremento de la producción de resina.

Algunas de las familias de coleópteros identificadas en estos ámbares actualmente pueden actuar como polinizadoras, por ejemplo Mordellidae, Oedemeridae o Scraptiidae. Las angiospermas tienen su origen en el Cretácico inferior y se ha constatado que, desde entonces, se produjo una gran radiación evolutiva del grupo. Algunas de las ideas que se han defendido para explicar este proceso de diversificación evolutiva son: 1) las estrategias de crecimiento y dispersión de las angiospermas basales habrían sido en parte intensificadas por el efecto de abundantes paleoincendios, y 2) la influencia de los primeros polinizadores habría sido determinante en la radiación. El estudio de los grupos de coleópteros polinizadores encontrados en el ámbar cretácico podría ayudar a desentrañar cuestiones de gran importancia sobre el origen y diversificación de las plantas con flor.

Del total de familias identificadas en España y en Francia, solo cinco están presentes en ambas áreas. Este hecho resulta sorprendente atendiendo a la cercanía tanto paleogeográfica como temporal entre dichas áreas. La explicación para este resultado podría ser el aislamiento paleogeográfico de la placa Ibérica durante gran parte del Mesozoico, lo cual pudo favorecer una elevada tasa de endemismos. Sin embargo, también deben considerarse ciertas características paleobotánicas o paleoambientales que pudieron ser diferentes a nivel regional, así como posibles sesgos tafonómicos o de muestreo.

Para terminar, cabe destacar el potencial que presenta el estudio de las asociaciones consideradas como un todo y encuadradas dentro de un contexto paleoecológico, y no como un conjunto de estudios taxonómicos de ejemplares aislados. De esta manera, es posible obtener conclusiones de mayor relevancia sobre el ecosistema del pasado.

AGRADECIMIENTOS

El estudio se enmarca dentro de los proyectos del MINECO, CGL2011-23948 y CGL2014-52163.

Completando la secuencia bioestratigráfica del Plioceno de la Cuenca de Guadix-Baza

Piñero, Pedro[a]; Agustí, Jordi[b]

[a] IPHES, Institut Català de Paleoecologia Humana i Evolució Social, Zona Educacional 4-Campus Sescelades URV (Edifici W3), 43007 Tarragona, España, Email: ppinero@iphes.cat

[b]ICREA, IPHES, Institut Català de Paleoecologia Humana i Evolució Social, Zona Educacional 4-Campus Sescelades URV (Edifici W3), 43007 Tarragona, España

El registro marino del Plioceno es bien conocido en diversas secciones y sondeos, sin embargo las secciones continentales continuas en el Mediterráneo Occidental son escasas. En este sentido la Cuenca de Guadix-Baza representa uno de los mejores registros desde el Mioceno superior al Pleistoceno medio en Europa Occidental, cuyas localidades se extienden a lo largo de una secuencia estratigráfica muy completa de micromamíferos (herramienta básica para establecer unidades biocronológicas en el Neógeno y Cuaternario continental). Así la mayoría de biozonas de la cuenca de Guadix-Baza se basaron en estudios precisos de pequeños mamíferos (Agustí y Martín Suárez, 1994; Minwer-Barakat et al. 2012; entre otros). En este trabajo se propone la siguiente biozonación del Mio-Plioceno de la Cuenca de Guadix-Baza que completa la ya establecida para el Pleistoceno de la misma cuenca (Agustí et al., 2014).

*Biozona **Apodemus gudrunae***: Esta biozona, caracterizada por la presencia del taxón que da nombre a la misma, fue inicialmente reconocida por Martín Suárez (1988) y Agustí y Martín Suárez (1994) en la sección de Botardo (subcuenca de Baza; localidades de Bo-C, Bo-A, Bo-B, Bo-2, Bo-3). Posteriormente, Minwer Barakat et al. (2012) reconocieron esta misma biozona en las secciones de Rambla de Chimeneas (RCH-3) y Negratín (NGR-1). Esta biozona cubre buena parte del Mioceno terminal.

*Biozona de extensión coincidente **Paraethomys meini - Paraethomys aff. abaigari***: Viene definida por la coexistencia de una especie pequeña de *Paraethomys* (*P. meini*) y de una grande (*P.* aff. *abaigari*). Esta asociación se ha citado en numerosas localidades del Rusciniense de la Península Ibérica. Otros taxones presentes en esta biozona son *Apocricetus barrierei*, *S. cordii*, *A. gorafensis*, *C. gracilis* y *D. julii*. Esta biozona se correlaciona con la biozona con Dos *Paraethomys* + *Promimomys* de la cuenca de Teruel (Mein et al., 1990), y ha sido reconocida en la cuenca de Guadix-Baza en las localidades de Baza-1, Aljibe 3 y Aljibe 2 (Ros Montoya, 2010; Guerra-Merchán et al., 1991).

Biozona de intervalo ***Trilophomys***: Esta biozona viene marcada por la primera aparición de *Trilophomys* hasta la primera aparición de *Mimomys*, y se correlaciona con la biozona del mismo nombre de la cuenca de Teruel. El resto de la asociación es similar a la de la biozona anterior. En la cuenca de Guadix-Baza esta biozona ha sido reconocida en la sección de Gorafe (Go-4, Go-1 y Go-A), y en la localidad de Yeguas (Minwer-Barakat et al., 2012).

Biozona de intervalo ***Mimomys davakosi***: Está definida por la primera aparición de *M. davakosi* hasta la entrada de *Dolomys*. Ha sido reconocida en la cuenca de Guadix-Baza únicamente en la sección de Zújar (ZU-4; Agustí et al., 2001). Puede correlacionarse con la biozona con *Mimomys* arcaicos de la cuenca de Teruel (Mein et al., 1990).

Biozona de extensión ***Dolomys adroveri***: Esta biozona se corresponde con el rango de distribución estratigráfica de *Dolomys adroveri*. Fue definida como zona con *Mimomys occitanus* en la sección de Galera (Ga-C; Agustí et al., 1997) y como Zona con *Dolomys adroveri* en la sección de Tollo de Chiclana (TCH-1; Minwer-Barakat et al. 2012). Otras localidades pertenecientes a esta biozona en la cuenca de Guadix-Baza son Go-2 y Go-3 (Martín Suárez, 1988). Esta biozona se correlaciona con la zona con *Dolomys* de la cuenca de Teruel.

Biozona de extensión ***Apodemus agustii***: Fue inicialmente identificada por Martín Suárez (1988) en la sección de Cañada del Castaño (CC-1) y está caracterizada por el rango de distribución del taxón que da nombre a la biozona. *A. agustii* es una especie probablemente derivada de *Apodemus gorafensis* y representa un taxón endémico de la cuenca que no ha sido registrado fuera de ella hasta el momento.

Biozona de extensión ***Kislangia ischus***: Esta biozona está definida por el rango de distribución estratigráfica de *Kislangia ischus*. Ha sido reconocida en la sección de Zújar (ZU-11; Agustí et al. 2001). Muy probablemente se corresponde con la Zona *Stephanomys minor* de Minwer-Barakat et al. (2012) y con la Zona con *Kislangia* de Mein et al. (1990). Otros yacimientos en la cuenca se encuentran en la localidad TCH-3.

AGRADECIMIENTOS

Este trabajo es parte de los proyectos CGL2012-38358 Ministerio de Economía y Competitividad, España, y SGR2014-901 (Gencat). P.P. posee una beca FPU (FPU12/02668).

REFERENCIAS

Agustí, J., Martín Suárez, E., 1994. Síntesis biostratigráfica de la Cuenca de Guadix-Baza. In: Fernández López S. (Ed), Comunicaciones de las X Jornadas de Paleontología, Sociedad Española de Paleontología, Madrid, pp. 8-9.

Agustí, J., Oms, O., Garcés, M., Parés, J.M., 1997. Calibration of the late Pliocene early Pleistocene transition in the continental beds of the Guadix Baza Basin (South Eastern Spain). Quaternary International 40, 93-100.

Agustí, J., Oms, O., Remacha, E., 2001. Long Plio-Pleistocene terrestrial record of climate change and mammal turnover in southern Spain. Quaternary Research 56, 411-418.

Agustí, J., Lozano-Fernández, I., Oms, O., Piñero, P., Furió, M., Blain, H.A., López-García, J.M., Martínez-Navarro, B., 2014. Early to Middle Pleistocene rodent biostratigraphy of the Guadix-Baza Basin (SE Spain). Quaternary International http://dx.doi.org/10.1016/j.quaint.2014.11.005

Guerra-Merchán, A., Ruiz-Bustos, A., Martín-Penela, A., 1991. Geología y fauna de los yacimientos de Colorado 1, Colorado 2, Aljibe 2 y Aljibe 3 (Cuenca de Guadix-Baza, Cordilleras Béticas). Geogaceta 9, 99-102.

Martín-Suárez, E., 1988. Sucesiones de micromamíferos en la Depresión de Guadix-Baza (Granada, España). Tesis doctoral, Universidad de Granada, España, 241 pp.

Mein, P., Adrover, R., Moissenet, E., 1990. Biostratigraphie du Néogène Supérieur du bassin de Teruel. Paleontologia i Evolució 23, 121-139.

Minwer-Barakat, R., García-Alix, A., Martín Suárez, E., Freudenthal, M., Viseras, C., 2012. Micromammal biostratigraphy of the Upper Miocene to lowest Pleistocene continental deposits of the Guadix basin, southern Spain. Lethaia 45, 594-614.

David Malcolm Raup (1933-2015): el origen de un cambio de paradigma en paleontología

Renzi, Miquel[a] *de*

[a] *Instituto Cavanilles de Biodiversidad y Biología Evolutiva, Universitat de València. c/Catedrático José Beltrán, 2. 46980 Paterna (Valencia), España,* Email: miquel.de.renzi@uv.es

El pasado 9 de julio murió en Sturgeon Bay (Wisconsin) una de las grandes figuras de la paleontología moderna, David Malcolm Raup, a la edad de 82 años. Nació el 24 de abril de 1933 en Boston. Estudió geología, pero complementó con matemáticas y contabilidad en Maine y, finalmente, en Chicago, con doctorado por la universidad de Harvard. Para él la paleontología era más que descripción y datación de terrenos; había que concebirla como paleobiología, en la línea de Abel y, posteriormente, Simpson (Kutschera 2007). Su aportación fue la modelización cuantitativa, más allá de la biometría clásica. Se le puede considerar el instaurador del paradigma moderno de la paleontología a partir de su libro de texto ya clásico (Raup y Stanley, 1971). Sus planteamientos iniciales fueron en la línea de la morfología, sobre todo la morfología teórica del enrollamiento isométrico de las conchas de los invertebrados (Raup 1961; 1966, entre otros): todos los tipos de conchas espirales se pueden describir en términos de variaciones de cuatro parámetros mediante un modelo de simulación matemático. Introdujo la nueva concepción de la *Konstruktions-Morphologie* de Adolph Seilacher, más allá del funcionalismo y con especial atención a las restricciones impuestas a las adaptaciones por la filogenia, los materiales y la morfogénesis (Raup 1972a), después de asistir a la reunión fundacional del tema en Tübingen (ver Gould 1971). Ahora bien, el otro campo en que brilló más tarde fue el de los análisis globales del registro fósil, tanto desde la posibilidad de su accesibilidad como en lo referente a los patrones macroevolutivos y la extinción. La cuestión de la accesibilidad puede distorsionar los patrones macroevolutivos con verdaderos artefactos; Vg. diversidad aparentemente creciente desde el Cámbrico hasta el presente. Raup (1972b; 1975) mostró que el registro era una muestra enrarecida de la vida pretérita cuanto más nos alejábamos del presente en el tiempo. En el análisis de los patrones macroevolutivos, continuó en la línea sugerida por Simpson y, más tarde, por van Valen, en relación con el uso de curvas de supervivencia taxonómica. Concretamente, hizo uso de la modalidad del análisis de cohortes (Raup 1978) para estudiar pautas de supervivencia y extinción tanto de especies como de categorías supraespecíficas. Sin embargo, si no se refuta matemáticamente que un patrón evolutivo pueda haberse producido por azar, huelga cualquier explicación determinista como competición, mejora adaptativa, etc. (Raup 1977). Mediante un programa de proceso estocástico de generación de filogenias se puede producir tendencias evolutivas morfológicas o expansiones y contracciones de clados estocásticos con aparente correlación entre sí que tan sólo son fruto del azar y del carácter markoviano del proceso evolutivo (Gould et al. 1977). En esa línea pensó si la extinción de los taxones era no tanto cuestión de malos genes como de mala suerte (Raup 1981; 1985; 1991). Acerca de las extinciones en masa (Raup 1987), habló de periodicidad (Raup y Sepkoski 1984) y propuso la hipótesis de la estrella Némesis (Raup 1986). Una herencia tan rica en ideas y discípulos hace merecedor a David del descanso y el recuerdo.

REFERENCIAS

Gould, S.J., 1971. Tübingen meeting on form. Journal of Paleontology 45, 1042-1043.

Gould, S.J., Raup, D.M., Sepkoski, J.J., Jr., Schopf, T.J.M., Simberlof, D.S., 1977. The shape of evolution: a comparison of real and random clades. Paleobiology 3, 23-40.

Kutschera, U., 2007. Palaeobiology: the origin and evolution of a scientific discipline. Trends in Ecology and Evolution 22, 172-173.

Raup, D.M., 1961. The geometry of coiling in gastropods. PNAS 47, 602-609.

Raup, D.M., 1966. Geometric analysis of shell coiling: general problems. Journal of Paleontology 40, 1178-1190.

Raup, D.M., 1972a. Approaches to morphologic analysis. In: Schopf, T.J.M. (Ed.), Models in Paleobiology. Freeman, Cooper & Company, San Francisco, California, pp. 28-44.

Raup, D.M., 1972b. Taxonomic diversity during the Phanerozoic. Science 177, 1065-1071.

Raup, D.M., 1975. Taxonomic diversity estimation using rarefaction. Paleobiology 1, 333-342.

Raup, D.M., 1977. Stochastic models in evolutionary palaeontology. In: Hallam, A. (Ed.), Patterns of evolution, as illustrated by the fossil record. Elsevier Scientific Publishing Company, Amsterdam, pp. 59-78.

Raup, D.M., 1978. Cohort analysis of generic survivorship. Paleobiology 4, 1-15.

Raup, D.M., 1981. Extinction: bad genes or bad luck? Acta Geológica Hispánica. Cocept and Method in Paleontology 16, 25-33.

Raup, D.M., 1985. Mathematical models of cladogenesis. Paleobiology 11, 42-52.

Raup, D.M., 1986. The Nemesis affair: a story of the death of dinosaurs and the ways of Science. Trad. castellano 1990. 243 pp. Alianza Editorial, Madrid.

Raup, D.M., 1987. Mass extinction: a commentary. Palaeontology 30, 1-13.

Raup, D.M., 1991. Extinction: bad genes or bad luck? 210 pp. W.W. Norton & Company, New York.

Raup, D.M., Sepkoski, J.J., Jr., 1984. Periodicity of extinctions in the geologic past. PNAS 81, 801-805.

Raup, D.M., Stanley, S.M., 1971. Principles of Paleontology. 388 pp. W.H. Freeman and Company, San Francisco.

Calcareous nannofossils and lithofacies from Lower Jurassic Arroyo Mingarrón section (Median Subbetic, southern Spain)

Reolid, Matías[a]*; Mattioli, Emanuela*[b]*; Abad, Isabel*[a]

[a] Departamento de Geología and CEACT, Universidad de Jaén, Jaén, Spain

[b] UMR 5276 CNRS, Laboratoire de Géologie de Lyon, Université Lyon 1

The Arroyo Mingarrón section (Granada Province, southern Spain) is located in the Subbetic (External Zones of the Betic Cordillera) that represented the part of the carbonate platform system developed during the Jurassic in the Southiberian Palaeomargin. This platform was broken during the extensional phase of the continental rifting occurred during the Pliensbachian (intra-Carixian) resulting in sedimentary swells and troughs system. The studied section, located in the Median Subbetic, shows the progressive development of ammonitico rosso facies during the Toarcian with the onset of a hemipelagic.swell. This research is focused in the analysis of litofacies and microfacies with a biostratigraphic control provided by calcareous nannofossils. A total of 25 thin sections and 4 polished slabs were analysed for microfacies. Thirty-five samples were prepared for calcareous nannofossil study using the smear-slide method (Bown and Young, 1998).

The studied section starts with a lower stratigraphic interval composed by yellowish marl-limestone alternances (11.3 m thick) developed over the cherty limestones of the Pliensbachian (Gavilán Fm). The lower part of this interval is characterised by the record of ammonites of the genera *Emacieticeras* and *Canavaria* (beds CO-1 to CO 30), while the upper part present the record of *Protogrammoceras* and *Dactylioceras*. The microfacies is characterized by mudstones to wackestones of peloids.

The second stratigraphic interval (42.8 m thick) is constituted of blue-greyish marls with scarce marly-limestone interlayers. Ammonites are scarce and poorly preserved. The lowest values of $CaCO_3$ content are recorded in this interval (26 wt.%) with the highest values of total organic carbon (0.32 wt.%). Clay content is high with dominance of illite and smectite, and chlorite.

The third stratigraphic interval (10.1 m thick) is constituted of reddish pseudo-nodular marls and marly-limestones (marly ammonitico rosso facies) that progressively change to red nodular limestones (calcareous ammonitico rosso facies). The microfacies are packstones of peloids, filaments and ammonitella. Kaolinite content increase in this stratigraphic interval.

Both coccoliths and the *incertae sedis* nannolith *Schizosphaerella* are in general poorly to very poorly preserved in the Arroyo Mingarrón section, with exception of a few samples. Severely overgrown specimens of *Schizosphaerella*, with development of secondary fringes, and of *Mitrolithus jansae* are commonly recorded. In spite of this poor preservation, almost all the samples are productive, although nannofossil abundance is low. Assemblages are largely dominated by *Schizosphaerella* and *M. jansae* in the upper Pliensbachian and lower Toarcian, by *Schizosphaerella* and *Lotharingius* species (mainly *L. hauffii* and *L. frodoi*) in the upper part of lower Toarcian and middle Toarcian, and by *Carinolithus superbus* and *Discorhabdus* (*D. ignotus* and *D. striatus*) in the middle Toarcian and at the base of the upper Toarcian. Such an assemblage indicates a south-Tethyan affinity for the Arroyo Mingarrón section.

Some first occurrences (FO) and one last occurrence (LO) of coccolith species allow dating the section according to the biozonation scheme of Mattioli and Erba (1999) created for the south-Tethyan region. The assemblage at the base of the section is compatible with a latest Pliensbachian age and is dated to as NJT 5a nannofossil subzone (Mattioli and Erba, 1999). In sample CO-11, the FO of *Lotharingius sigillatus* is recorded that marks the base of the NJT 5b subzone. Although Mattioli and Erba (1999) reported this subzone at the base of the Toarcian, recent studies (Mattioli et al., 2013) shows that it encapsulates the Pliensbachian/Toarcian boundary as *L. sigillatus* first occurs in the latest Pliensbachian Emaciatum ammonite Zone in the Peniche GSSP section. Because in this last reference section, the FOs of *Biscutum intermedium* and *Lotharingius* aff. *L. velatus* did occur at the very end of Pliensbachian (Oliveira et al., 2007; Mattioli et al., 2013), we tentatively place the Pliensbachian/Toarcian boundary slightly above these FOs, between samples CO-30 and CO-31.

The contemporaneous FOs of *Carinolithus superbus* and *C. poulnabronei* allows us to place the base of the NJT 6 in the sample CO-48. This is the first sample of the blue-greyish marls that compound the second stratigraphic interval. This datum is very significant because the Early Toarcian Anoxic Event (T-OAE) is consistently recorded within the NJT 6 (Mattioli et al., 2004). Another relevant event is the LO of *Mitrolithus jansae* in the sample CO-78, that is usually recorded at the end of the T-OAE (Mattioli et al., 2004). The top of the NJT 6 zone is marked by the FO of *Discorhabdus striatus* (sample CO-93, NJT 7a subzone) shortly followed by the FO of *Watznaueria fossacincta* (small specimens, sample CO-94). The NJT 7a subzone spans the uppermost part of lower Toarcian and the middle Toarcian (Mattioli and Erba, 1999). *Discorhabdus criotus*, which usually first occurs at the base of the upper Toarcian, marks the base of the NJT 7b subzone (sample CO-141). The ammonitico rosso facies of the upper part of the Arroyo Mingarrón section would thus correspond to the base of upper Toarcian.

The Toarcian ammonitico rosso facies were widespread in the Mediterranean Tethys (between 15-30º N latitude) in the North Gondwana Palaeomargin (Apulian promontory and North African Margin) and southern Iberian Palaeomargin (Betic Cordillera). These facies were associated with epioceanic slopes of a sedimentary swell-trough system related to the extensional phase of continental rifting. During the latermost Pliensbachian to lower Toarcian, sedimentation was dominated by epioceanic limestones and marls with increasing upward of clay content. From middle Toarcian to upper Toarcian the succession is progressively condensed and rich in carbonates with the debut of the ammonitico rosso facies and the increase of kaolinite content. Progressively more pelagic conditions and a restricted connection with emerged lands and carbonate platforms are reflected by the decrease in sedimentation rate, and increase of ammonitella and radiolarids. The widely known sea-level fall occurred during the Middle-Late Toarcian favoured in the hemipelagic swell a low sedimentation rate and sediment-winnowing by currents, with subsequent condensation and nodulation. The combined action of burrowing, compaction and dissolution controlled nodulation, which ranges from diffuse nodules to sharp edge nodules in the top of the section.

REFERENCES

Bown, P.R., Young, J.R., 1998. Techniques. *In*: P.R. Bown (Ed.), Calcareous nannoplankton Biostratigraphy, British Micropaleontological Press, 16-28 pp.

Mattioli, E., Erba, E., 1999. Synthesis of calcareous nannofossil events in tethyan Lower and Middle Jurassic successions. Rivista Italiana di Paleontologia et Stratigrafia, 105, 343-376.

Mattioli, E., Pittet, B., Bucefalo-Palliani, R., Röhl, H.J., Schmid-Röhl, A., Morettini, E., 2004. Phytoplankton evidence for the timing and correlation of palaeoceanographical changes during the early Toarcian oceanic anoxic event (Early Jurassic). Journal of the Geological Society of London, 161, 685-693.

Mattioli, E., Plancq, J., Boussaha, M., Duarte, L.V., Pittet, B., 2013. Calcareous nannofossil biostratigraphy: new data from the Lower Jurassic of the Lusitanian Basin: Comunicações Geológicas 100, Especial I, 69-76.

Oliveira, L.C.V., Perilli, N., Duarte, L.V., 2007. Calcareous nannofossil assemblages around the Pliensbachian/Toarcian boundary in the reference section of Peniche (Portugal): Ciências Terra (UNL), 16, 45-50

Benthic foraminiferal record of the uppermost Pliensbachian – lower Toarcian of the Peniche section, Lusitanian Basin, Portugal: ecostratigraphy and palaeoecological interpretation

Rita, Patricia[a]; Reolid, Matías[b]; Duarte, Luís V.[a]

[a] Departamento de Ciências da Terra da Universidade de Coimbra e MARE (Marine and Environmental Sciences Centre), Portugal.

[b] Departamento de Geologia, Universidad de Jaén, Campus las Lagunillas sn 23071 Jaén, Spain.

The Pliensbachian-Toarcian (Pli-Toa) transition and the Toarcian Oceanic Anoxic Event (T-OAE) are two global episodes known by its palaeoenvironmental perturbations and their impact on marine biota. This work aims to contribute to the study of these two episodes in the Peniche section, where is defined the Toarcian Global Boundary Stratotype Section and Point (Rocha et al., 2013).

The ecostratigraphic and palaeoecologic analysis of the benthic foraminiferal assemblages, through the definition of morphogroups in 39 marly samples, has allowed the interpretation of the Pli-Toa transition and the T-OAE biotic crisis evolution and the recovery of foraminiferal assemblages in the sea-bottom after this latter in the Lusitanian Basin. The foraminiferal assemblages of the uppermost Pliensbachian (Emaciatum Zone) reveal the presence of a stable benthic environment, with good oxygen and nutrient availability, as evidenced by the high diversity of K-strategists. The Pli-Toa transition reveals high foraminifera abundance once it's considered a slightly condensed interval. The base of the Levisoni Zone shows dramatic changes in foraminifera's life style (increase of the epifauna and potentially deep infauna), an increase in opportunistic forms and a diversity decrease. These changes suggest a nutrient availability and oxygenation degree diminution, which corresponds to the beginning of the $\delta^{13}C_{carb}$ negative excursion (Hesselbo et al., 2007). Palaeoenvironmental conditions become severe in lower to middle Levisoni Zone where there is a record of a barren interval for foraminifera, coincident with the highest values of Total Organic Carbon (Hesselbo et al., 2007). After this interval, foraminiferal fauna records a recovery with assemblages consistent with a well oxygenated environment and good nutrient availability. These changes in benthic foraminifera record through the uppermost Pliensbachian – lower Toarcian are comparable to what happens with other microfauna and macrofauna groups (ostracods, brachiopoda, calcareous nannofossils) already studied by other authors in the Peniche section (e.g. Pinto et al., 2006; Mattioli et al., 2008; Comas-Rengifo et al., 2015). Foraminiferal fauna from Peniche section is comparable to other tethyan sections (Spain, North Africa and United Kingdom) from the same stratigraphic interval, with the suborder Lagenina dominating the assemblages (eg. Herrero, 2006; Hylton, 2000; Reolid et al., 2014; Herrero and Ramírez, 2013; Reolid, 2014).

REFERENCES:

Comas-Rengifo, M., Duarte, L.V., Félix, F.F., García Joral, F., Goy, A., Rocha, R.B., 2015. Latest Pliensbachian – Early Toarcian brachiopod assemblages from the Peniche section (Portugal) and their correlation. Episodes 38, 2-8.

Herrero, C., 2006. Sucesión de asociaciones de foraminíferos en el tránsito Pliensbachiense-Toarciense en Almonacid de La Cuba (Zaragoza, España). Revista Española de Micropaleontología 38, 339-354.

Herrero, C., Ramírez, R.W.S., 2013. Upper Pliensbachian – Middle Toarcian Foraminiferal Assemblages in the Camino Section (Basque–Cantabrian Basin, Spain). In Rocha, R., Pais, J., Kullberg, J. C., Finney, S. (Eds.). STRATI 2013 First International Congress on Stratigraphy - At the Cutting Edge of Stratigraphy. Springer Geology, pp.1099-1103.

Hesselbo, S.P., Jenkyns, H.C., Duarte, L.V., Oliveira, L.C.V., 2007. Carbon-isotope record of the Early Jurassic (Toarcian) Oceanic Anoxic Event from fossil wood and marine carbonate (Lusitanian Basin, Portugal). Earth and Planetary Science Letters 253, 455-470.

Hylton, M.D., 2000. Microfaunal investigation of the early Toarcian (Lower Jurassic) extinction event in NW. Europe. Tese de doutoramento apresentada à Universidade de Plymouth, 287 pp.

Mattioli, E., Pittet, B., Suan, G., Mailliot, S., 2008. Calcareous nannoplankton changes across the early Toarcian oceanic anoxic event in the western Tethys. Paleoceanography 23 PA001435.

Pinto, S., Cabral, M.C., Duarte, L.V., 2006. Ostracodos do Toarciano inferior da região de Peniche. VII Congresso Nacional de Geologia, Estremoz

Pittet, B., Suan, G., Lenoir, F., Duarte, L. V., Mattioli, E., 2014. Carbon isotope evidence for sedimentary discontinuities in the lower Toarcian of the Lusitanian Basin (Portugal): sea level change at the onset of the Oceanic Anoxic Event. Sedimentary Geology 303, 1-14.

Reolid, M., 2014. Stable isotopes on foraminifera and ostracods for interpreting incidence of the Toarcian Oceanic Anoxic Event in Westernmost Tethys: Role of water stagnation and productivity. Palaeogeography, Palaeoclimatology, Palaeoecology 395, 77-91.

Reolid, M., Marok, A., Sebane, A., 2014. Foraminiferal assemblages and geochemistry for interpreting the incidence of Early Toarcian environmental changes in North Gondwana palaeomargin (Traras Mountains, Algeria). Journal of African Earth Sciences 95, 105-122.

Rocha, R.B., Duarte, L.V., Matiolli, E., Elmi, S., Mouterde, R., Cabral, M.C., Comas-Rengifo, M.J., Gómez, J.J., Goy, A., Hesselbo, S.P., Jenkyns, H.C., Littler, K., Mailliot, S., Oliveira, L.C.V., Osete, M.L., Perilli, N., Pinto, S., Pittet, B., Ruget, C., Suan, G., 2013. Formal proposal for the Global Boundary Stratotype Section and Point (GSSP) of the Toarcian Stage, at the base of the Polymorphum Zone in the Peniche section (Portugal). International Subcommission on Jurassic Stratigraphy, Toarcian Task Group, 63 pp.

Aproximación al estudio paleoecológico de la comunidad vegetal pliocena de Camp dels Ninots (Gerona, España).

Robles, Sandra

C/ Eugenio Serrano 36B, 28904 Getafe, Madrid, España. sandra.robles@alumni.uam.es

Mediante el estudio de macrorrestos vegetales hallados en el yacimiento de Camp dels Ninots (Gerona, España) se ha llevado a cabo el análisis paleoflorístico y la reconstrucción de la paleovegetación, teniendo en cuenta aspectos ecológicos y ambientales. Dicho yacimiento se localiza sobre un volcán extinto cuyo cráter se colmató formando un lago, denominado *maar*, y sus materiales sedimentarios son arenas y margas atribuidas al Placenziense (Gómez de Soler et al., 2012).

En primer lugar se identificaron un total de 423 muestras de macroflora, fundamentalmente restos foliares, extraídas de los sectores Can Argilera, Can Butano y Can Cateura del yacimiento. El listado de los taxones identificados, el cálculo del porcentaje de abundancias y el análisis de las características florísticas de cada uno de los taxones han posibilitado la reconstrucción de la paleoflora y la paleovegetación. Asimismo, el cálculo del coeficiente de Spearman y la estimación de índices de riqueza y diversidad han permitido la comparación florística entre los distintos sectores de Camp dels Ninots.

Se han identificado 21 taxones pertenecientes a las clases Equisetopsida, Polypodiopsida, Pinopsida y Magnoliopsida, ampliando el listado taxonómico obtenido en un estudio previo a partir de muestras procedentes del sector Can Argilera (Robles et al., 2013). Los datos obtenidos indican la presencia de una comunidad florística de perennifolios de hoja lauroide, integrada tanto por elementos florísticos subtropicales de origen fitogeográfico Paleotropical como por elementos templados de origen Arctoterciario (Barrón, 2010).

En cuanto a la reconstrucción de la paleovegetación, se han diferenciado tres unidades: 1. Vegetación anfibia e hidrófila. 2. Bosque mesófilo ripícola con elementos arbóreos caducifolios. 3. Laurisilva con elementos laurifolios y caducifolios.

Los análisis realizados parecen mostrar que en los tres sectores existió una comunidad florística de perennifolios de hoja lauroide, pero su caracterización florística podría ser diferente. En Can Argilera y Can Butano la comunidad florística parece que estuvo caracterizada por elementos tanto subtropicales como caducifolios. Sin embargo, la de Can Cateura podría haber sido diferente, ya que se ha evidenciado la presencia de coníferas, además de tener una mayor representación de elementos caducifolios.

REFERENCIAS

Barrón, E., 2010. Plantes fòssils de l'aflorament Pliocè del Camp des Ninots. In: Campeny Vall-llosera, G., Gómez de Soler, B. (Eds.) El Camp dels Ninots, Rastres de l'evolució. 199 pp.

Gómez de Soler, B., Campeny Vall-LLosera, G., Van der Made, J., Oms, O., Agustí, J., Sala, R., Blain, H.A., Burjachs, F., Claude, J., García Catalán, S., Riba, D., Rosillo, R., 2012. A new locality for the Pliocene vertebrate record of Europe: the Camp dels Ninots maar (NE Spain). Geologica Acta 1, 1-17.

Robles, S., Barrón, E., Cebolla, C., 2013. Estudio paleobotánico preliminar del afloramiento plioceno de Camp dels Ninots (Caldes de Malavella, Girona, España). Macroflora del sector de Can Argilera. Boletín de la Real Sociedad Española de Historia Natural. Sección Geológica, 107.

Serpukhovian coral assemblages from Idmarrach and Tirhela Formations (Adarouch, Morocco)

Rodríguez, Sergio [a,b]*; Said, Ismail* [c]*; Somerville, Ian D.* [d]*; Cózar, Pedro* [b]*; Coronado, Ismael* [a]

[a] Dpto. de Paleontología, Universidad Complutense de Madrid, c/José Antonio Novais, 12, 28040-Madrid, Spain. sergrodr@geo.ucm.es

[b] Instituto de Geociencias (CSIC, UCM), c/ José Antonio Novais 12, 28040-Madrid, Spain.

[c] Division du Patrimoine Géologique (DPG), Direction du Développement Minier (DDM), Ministère de l'Énergie, des Mines, de l'Eau et de l'Environnement, Rue Abou Marouane Essadi BP: Rabat Instituts 6208 - Haut Agdal, Rabat, Morocco.

[d] UCD School of Geological Sciences, University College Dublin, Belfield, Dublin 4, Ireland

The Carboniferous stratigraphic successions in Adarouch (central Morocco) range in age from the middle Viséan up to the Bashkirian. They are composed of both siliciclastic and carbonate rocks that occur in several faulted blocks (Berkhli, 1999) and show excellent exposures that are prolific in diverse fossil groups such as foraminifers, algae, brachiopods, conodonts, bryozoans, crinoids and corals.

The Serpukhovian coral assemblages from Idmarrach and Tirhela formations occur mainly in biostromes near the base and at the top of the Tirhela Formation and in a similar stratigraphic level in the upper limestones of the Idmarrach Formation. The lower biostromes are Serpukhovian in age, but the upper biostromes are lower Bashkirian in age (Cózar et al., 2011). A preliminary study of some assemblages from the Idmarrach Formation was published in a brief compendium (Said et al., 2007). A late Viséan age was assigned to the Idmarrach coral assemblages, based on the data of Berkhli and Vachard (2002) and on the features of the coral assemblages that lacked any indicator of Serpukhovian age. However, subsequently, Cózar *et al.* (2008, 2011) studied the foraminifers and conodonts from the Adarouch area and established that the Idmarrach and Tirhela formations are mostly Serpukhovian, reaching the Bashkirian in their upper beds.

The Serpukhovian rocks yielded high diverse assemblages with a total of 32 rugose and 1 tabulate species. The rugose corals belong to the families Cyathopsidae (scarce), Aulophyllidae (abundant), Lithostrotionidae (very abundant), Axophyllidae (scarce) and Hapsiphyllidae (scarce). The tabulate coral belongs to the family Multithecoporidae.

The Serpukhovian assemblages from Tirhela and Idmarrach formations are composed mostly of species that have their highest abundance in the upper Viséan. However, most recorded taxa in Adarouch have been already mentioned in Serpukhovian rocks from Britain, Moscow Basin, Urals, Donets Basin and other North African regions such as Tindouf and Béchar (Rodríguez et al., 2013; Semenoff-Tian-Chansky, 1985). Thus, their stratigraphic distributions are not expanded.

The coral diversity is mainly concentrated in biostromes from the Idmarrach-1 section. However, the high total diversity is due to the combination of favourable conditions and a mixture in different beds of several environments, such as coral shoals, protected lagoons and microbial mounds.

Most Serpukhovian species have been recorded in the areas from western Palaeotethys previously mentioned. The total assemblage can be considered as typical for the late Mississippian from the western Palaeotethys. However, a small degree of isolation is registered by the absence in the Serpukhovian from Adarouch of the genera *Lonsdaleia, Actinocyathus, Tizraia* and *Kizilia* that have been recorded in other North African basins. This fact may be explained by the incipient rising of some areas due to the start of the collision between Gondwana and Laurasia.

REFERENCES

Berkhli, M., 1999. Sédimentologie, biostratigraphie et stratigraphie séquentielle du NEde la Méséta occidentale marocaine pendant le Carbonifère inférieur (Viséen-Serpoukhovien) (unpublished). Thèse État, Université Moulay Ismaïl de Meknès, 1-290.

Berkhli, M. & Vachard D., 2002. Le Carbonifère du Maroc central: les formations de Migoumess, de Tirhela et d'Idmarrach. Lithologie, biostratigraphie et conséquences géodynamiques. Comptes Rendus Geoscience 334, 67-72.

Cózar, P., Vachard, D., Somerville, I.D., Berkhli, M., Medina-Varea, P., Rodríguez, S. & Said, I., 2008. Late Viséan-Serpukhovian foraminiferans and calcareous algae from the Adarouch region (central Morocco), North Africa. Geological Journal 43, 463-485.

Cózar, P., Said, I., Somerville, I.D., Vachard, D., Medina-Varea, P., Rodríguez, S., Berkhli, M., 2011. Potential foraminiferal markers for the Visean-Serpukhovian and Serpukhovian-Bashkirian boundaries – a case study from Central Morocco. Journal of Paleontology 85, 1105–1127.

Rodríguez, S., Somerville, I.D., Said, I. & Cózar, P., 2013. An upper Viséan (Asbian-Brigantian) and Serpukhovian coral succession at Djebel Ouarkziz (Northern Tindouf Basin, Southern Morocco). Rivista Italiana di Paleontologia e Stratigrafia 119, 3-17.

Said, I., Berkhli, M. & Rodríguez, S., 2007. Preliminary data on the coral distribution in the Upper Visean (Mississippian) succession from Adarouch area (NE Central Morocco). In Hubmann, B., Piller, W. (eds), Fossil Corals and Sponges. Proceedings of the 9th International Symposium on Fossil Cnidaria and Porifera. Schriftenreihe der Erdwissenschaftlichen Kommission 17, 353-364.

Semenoff-Tian-Chansky, P. 1985. Corals. In Wagner, R.H., Winkler-Prins, C.F., Granados, L.F. (eds). The Carboniferous of the World, II, Australia, Indian Subcontinent, South Africa, South America and North Africa. IUGS Publication 20, 374-381.

El relleno de las bioturbaciones: una importante vía de información

Rodríguez-Tovar, Francisco J.
Departamento de Estratigrafía y Paleontología, Universidad de Granada, 18002 Granada, España,
Email: fjrtovar@ugr.es

En los últimos años el análisis icnológico ha experimentado un extraordinario crecimiento, sobre la base de su aplicación en diferentes campos de las Ciencias de la Tierra, con especial atención a aspectos paleoecológicos, paleobiológicos, bioestratigráficos, o de análisis de cuencas. Este auge se ha beneficiado de la aplicación del modelo de icnofacies y del análisis de icnofábricas, basados en el estudio de determinadas características icnológicas como la composición de las asociaciones (abundancia, diversidad, disparidad), el grado de bioturbación, las relaciones de corte o la estratificación vertical (*tiering*) y su integración con información sedimentológica, estratigráfica y tafonómica. Sin embargo, aún existen rasgos icnológicos infrautilizados, como es el relleno de las bioturbaciones, aunque cada vez más se pone de manifiesto la utilidad de su análisis detallado como una importante vía de información. Varios ejemplos permiten ilustrar el interés del estudio del relleno de las bioturbaciones: i) el registro de esférulas asociadas a la capa del límite Cretácico-Paleógeno (K/Pg) en el interior de *Thalassinoides* y su interpretación en relación con la incidencia del evento y la capacidad de recuperación de la biota tras el mismo (Rodríguez-Tovar, 2005), ii) la existencia de variaciones en la composición de nanofósiles en el relleno de diferentes icnotaxones como *Zoophycos* y *Thalassinoides* y su importancia en la interpretación de cambios bióticos asociados al K/Pg (Rodríguez-Tovar et al., 2010), así como la redistribución vertical de nanofósiles y su importancia en bioestratigrafía de alta resolución (Kędzierski et al., 2011), iii) la presencia de material "desaparecido" y su significación para evaluar erosiones de menor escala, variaciones en la consistencia del substrato, o superficies de carácter secuencial (Wetzel, 2012), iv) el registro de tidalitas en el interior de *Thalassinoides*, de gran interés para interpretaciones sobre las condiciones hidrodinámicas e interpretaciones del medio de depósito (p.e., Wetzel et al., 2014), v) la exclusiva presencia de determinadas especies de foraminíferos en el interior de *Thalassinoides* post-K/Pg, ausentes en sedimentos maastrichtienses y danienses y su importancia para evaluar hiatos de rango inferior al registro bioestratigráfico, con incidencia en aspectos paleoecológicos y evolutivos (Alegret et al., 2015), y vi) la conservación preferencial de conchas de foraminíferos en rellenos de *Planolites* y *Thalassinoides*, de gran relevancia para la datación de sedimentos acumulados bajo el CCD (Wetzel 2015).

REFERENCIAS

Alegret, L., Rodríguez-Tovar, F.J., Uchman, A., 2015. How bioturbation obscured the Cretaceous-Palaeogene boundary record. Terra Nova 27, 225-230.

Kędzierski, M., Rodríguez-Tovar, F.J., Uchman, A., 2011. Vertical displacement and taphonomic filtering of nannofossils by bioturbation in the Cretaceous-Palaeogene boundary section at Caravaca, SE Spain. Lethaia 44, 321-328.

Rodríguez-Tovar, F.J., 2005. Fe-oxide spherules infilling *Thalassinoides* burrows at the Cretaceous-Paleogene (K-P) boundary: Evidence of a near-contemporaneous macrobenthic colonization during the K-P event. Geology 33, 585-588.

Rodríguez-Tovar, F.J., Uchman, A., Molina, E., Monechi, S., 2010. Bioturbational redistribution of Danian calcareous nannofossils in the uppermost Maastrichtian across the K-Pg boundary at Bidart, SW France. Geobios 43, 569-579.

Wetzel, A., 2012. Burrows storing an otherwise lost sedimentary record. Ichnia 2012, Newfoundland, pp. 88.

Wetzel, A., 2015. Ichnofabrics in event beds low in non-refractory organic matter – the importance of burrows filled with sequestered material. In: Nara, M. (Ed.), 13th International Ichnofabric Workshop, Kochi, pp. 41-42.

Wetzel, A., Carmona, N., Ponce, J., 2014. Tidal signature recorded in burrow fill. Sedimentology 61, 1198-1210.

La protección y difusión del patrimonio paleontológico mueble mediante réplicas de calidad

Ruiz, Laura[a]; Moreno, Xoan[b]; Baeza, Eleuterio[a];

[a] Museo Geominero. Instituto Geológico y Minero de España, Rios Rosas, 23, 28003 Madrid, España. Email: e.baeza@igme.es

[b] Taller de Empleo de Restauración Paleontológica Lo Hueco III. Ctra de Motilla 16004, Cuenca

Las copias, fascímiles y reproducciones tridimensionales del patrimonio paleontológico son ya un elemento documental y didáctico de innegable valor (Berjano y Fernández, 2003) que poco a poco va siendo regulado en las leyes de Patrimonio y en las leyes de Museos de las Comunidades Autónomas "...*La realización de copias y reproducciones en los museos y colecciones museográficas se basará en los principios de conservación de los bienes culturales o naturales, de promoción de la investigación y la difusión cultural*"... (Ley 8/2007, art 46). Al contrario de otro tipo de bienes culturales, las reproducciones de elementos muebles paleontológicos ha evolucionado desde un mero registro del volumen en materiales frágiles e inestables hasta llegar a ser indistinguibles de los originales a simple vista, en el caso de los facsímiles (Pereira, 1999), pero sobre todo representan una forma de difusión en alza y suponen una garantía de conservación de este tipo de patrimonio en muchas ocasiones muy delicado (Baeza y Lozano, 2011). La preservación de los ejemplares originales se entiende como una prioridad no solo para los especialistas sino para la sociedad que demanda la protección de piezas únicas y valiosas (Baeza et al, 2015).

En este trabajo se describen y analizan los materiales utilizados en la fabricación de moldes, así como la enorme diversidad de productos y sus combinaciones, utilizadas para producir las réplicas y fascímiles, los acabados superficiales o pátinas y las nuevas posibilidades de las impresoras en 3D, su inminente futuro y sus limitaciones.

En la actualidad la obtención de réplicas de máxima calidad y realismo está basada en un método tradicional mejorado y patentado que permite la coexistencia de varios materiales en una misma reproducción o facsímil.

Palabras clave: patrimonio paleontológico, réplica, fascimil, conservación

REFERENCIAS

Baeza E., Lozano R.P., 2011. Environment Conservation Problems in the Geological Collections of The Museo Geominero (IGME, Geological Survey of Spain, Madrid) Paleontologia I Evolució, Memòria especial nº4 pp. 11 – 26.

Baeza E., Menéndez, S. y Bravo, A., 2015. Past preparation procedures on an holotype: a preliminary study. 2St International Conservation Symposium -Workshop. Natural History Collections, Barcelona.

Berjano, R. y Fernández, P., 2003. El valor documental de las copias. Patina época II, nº. 12, pp 85-91.

Ley 8/2007 de 5 de octubre de Museos y Colecciones y Museos de Andalucía, BOJA nº 205 de 18/10/2007

Pereira, C. (1999): "Facsímiles de objetos de arte tridimensional. 1ª parte: moldeo". *Restauración & Rehabilitación* (25), 66-71.

Fossil assemblages from palustrine sediments and paleosols interfingered with shallow marine platform carbonates recorded in the Aptian-Albian transition (Prebetic, Southern Spain)

Ruiz-Ortiz, Pedro A.[a,b]*; Reolid, Matías*[a,b]*; Martín-Closas, Carles*[c]*; Nieto, Luis M.*[a,b]*; Molina, José M.*[a,b]*; Castro, José M.*[a,b]*; Abad, Isabel*[a,b]

[a] Centro de Estudios Avanzados en Ciencias de la Tierra, Universidad de Jaén, Campus Las Lagunillas sn, 23071 Jaén, Spain

[b] Departamento de Geología, Universidad de Jaén, Campus Las Lagunillas sn, 23071 Jaén, Spain

[c] Departament d'Estratigrafia, Paleontologia i Geociències Marines, Facultat de Geologia, Universitat de Barcelona, 08028 Barcelona, Spain

The Sierra de Bedmar – Jódar is a large outcrop of the so-called "Prebetic of Jaén" which, along with the Golondrina Mountain, constitutes the most oriental outcrops of this part of the Prebetic Zone. Only Cretaceous and Miocene rocks make up the whole outcrops. The Cretaceous is represented by a thick succession of Valanginian – Cenomanian carbonates among which a hiatus embracing the Hauterivian and Barremian stands out. In the northeastern part of the Bedmar- Jódar outcrop the shallow platform carbonates pass laterally and vertically to a succession of continental, fresh water and pedogenic sediments.

The continental succession crops out capping a set of shallowing upward cycles of late Aptian age. The top limestone bed of these cycles makes the base of the continental succession. Texturally it is a wackestone – packstone with miliolids and orbitolinids (*Orbitolina (Mesorbitolina) subconcava*), peloids and medium-fine sand (less than 0.5 mm) quartz grains. Locally an incipient lumpy texture and desiccation cracks are present. The top of the bed is a burrowed, FeO stained irregular surface. From this bed upward a 22.5 thick succession of palustrine and pedogenic sediments crops out. Some of the lithologies and features making up most of the succession are (1) limestones with charophytes (*Atopochara trivolvis trivolvis*, *Clavator grovesii lusitanicus*, *Munieria grambastii*), peloids and other bioclasts, mainly small fragments of thin shelled ostracods and gastropods; (2) beds with a laminated appearance given by the horizontal arrangement of desiccation features or ferruginous dolomite; (3) nodular and brecciated limestones with round or angular nodules of centimeter size embedded in a softer chalky matrix and (4) limestones with root moulds filled with a reddish dolomite, are some of the lithologies and features making up most of the succession. Toward the upper part of the succession some beds of micrite with miliolids, dasyclads (*Salpingoporella*), charophytes (*Atopochara trivolvis trivolvis*) and even rudists (*Mathesia darderi*) occur. About 7 m below the top of the succession these micrite beds are interbedded with a 35 cm thick bed of wackestone with orbitolinids (*Orbitolina (Mesorbitolina) subconcava*). Newly brecciated limestones, with abundant root moulds and charophytes and marls with some centimeter scale quartzite clast crop out. The last 6 metres of the succession are made up by limestones and marly limestones with brecciated appearance and desiccation cracks in its lower part, contanining charophyites but also gastropods and, in the top bed, abundant rudists are present.

The presence of *Orbitolina (Mesorbitolina) subconcava* at the base and upper part of the succession, as well as the charophyte assemblage, characterize the Late Aptian – Early Albian, according to the calibration between freshwater and marine benthic and pelagic scales made by the authors and co-workers. The microfacies described were first deposited in palustrine environments adjacent to a shallow carbonate platform. This context was very sensitive to relative sea level, and water-table, fluctuations. The presence of *Atopochara trivolvis trivolvis* and *Clavator grovesii lusitanicus* tolerated wide salinity ranges (from fresh water to brackish water) as confirms the record with miliolids and *Salpingoporella*. These charophytes are common in organic matter rich coastal ponds of the Escucha Fm (Iberian Range) and in the Montsec (Central Pyrenees). This is the first description of this algal assemblage in the Betic Cordillera. The quoted environments would have been developed during sea level lowstands with pedogenic processes affecting the sediments during drying periods.

El Toarciense inferior en San Miguel de Aguayo (Cuenca Vasco-Cantábrica): eventos de foraminíferos y crisis bióticas

Salazar Ramírez, Roselis Waikiria; Herrero, Concha; Goy, Antonio

Departamento de Paleontología, Facultad de Ciencias Geológicas, Universidad Complutense de Madrid, c/ José Antonio Nováis, 12, 28040 Madrid, España. roseliss@ucm.es

En el municipio de San Miguel de Aguayo, situado al NE de Reinosa, se encuentran algunos de los mejores afloramientos para el estudio del Pliensbachiense terminal y Toarciense inferior de la Cuenca Vasco-Cantábrica. Hasta la fecha, las publicaciones sobre Paleontología del Jurásico en dicha localidad se restringen al Aaleniense, por lo que este trabajo representa una nueva aportación en el estudio de las sucesiones de ammnoideos y foraminíferos del Pliensbachiense terminal y Toarciense inferior, presentándose por primera vez los bioeventos de foraminíferos bentónicos en relación a la escala cronoestratigráfica estándar proporcionada por los ammonoideos. La sección, de unos 33m de espesor, está constituida por una alternancia rítmica de calizas y calizas margosas grises, con margas y margocalizas marrones a grises. El muestreo de ammonoideos se ha realizado capa a capa y se han obtenido ejemplares en más 80 niveles; los foraminíferos proceden de 19 muestras extraídas de las margas y margocalizas, habiendo proporcionado más de 4.500 ejemplares.

En el Pliensbachiense superior, Zona Spinatum, los ammonoideos están dominados por Amalteidae (*Amaltheus*, *Pleuroceras* y *Amauroceras)*, seguidos de escasos Arieticeratinae (*Canavaria)* y Harpoceratinae (*Protogrammoceras*, *Lioceratoides* y *Neolioceratoides)*. El Toarciense inferior, Zona Tenuicostatum, se caracteriza por la abundancia de Dactylioceratidae: *D.* (*Eodactylites) simplex - D.* (*E.*) sp. - *D.* (*Ortodactylites*) *crosbeyi - D.* (O.) *tenuicostatum - D.* (O.) *semicelatum.* Las dos primeras especies corresponden a la Subzona Paltum, en cuya parte superior se encuentran escasos Harpoceratinae (*Neolioceratoides hoffmanni*, *N.* cf. *schopeni)*. Las otras tres, corresponden a la Subzona Semicelatum en cuya parte superior se ha registrado además *P.* cf. *madagascariense.* La Zona Serpentinum presenta frecuentes Harpoceratinae (*Eleganticeras - Cleviceras - Harpoceras)* y escasos Hildoceratinae (*Hildaites)*. En la Subzona Falciferum los ammonoideos corresponden a Harpoceratinae y a *D.* (*Dactylioceras*) sp., aunque en la parte terminal dominan los Hildoceratinae (*Orthildaites)*, que facilitan la correlación con la Provincia Subboreal (Elmi et al., 1997), Submediterránea (Page, 2003), e incluso con áreas de la Provincia Mediterránea. El Toarciense medio (Zona Bifrons), se caracteriza por abundantes *Hildoceras*: *H. sublevisoni* y *H. lusitanicum* de la Subzona Sublevisoni, y H. *apertum* y *H. Bifrons* de la Subzona Bifrons. Así, las asociaciones reconocidas son típicas de la Provincia Submediterránea y muestran notables similitudes con las de la Provincia Subboreal; las especies típicas de la Provincia Mediterránea son escasas y su registro se limita a la parte terminal del Pliensbachiense y a la parte basal del Toarciense.

Las asociaciones de foraminíferos bentónicos identificadas son típicas de las plataformas carbonáticas tipo A-1 del dominio Boreal Atlántico (Gordon, 1970; Nikitenko, 2008). Los grupos taxonómicos mayores representados en los distintos niveles corresponden a los subórdenes Lagenina, Miliolina, Robertinina, Spirillinina y Textulariina. Los taxones pertenecientes al Suborden Lagenina, familia Vaginulinidae, son los más abundantes y diversos, y la especie *Lenticulina toarcense* Payard es la única que presenta un registro continuo a lo largo del intervalo estratigráfico considerado. Se han reconocido dos eventos bióticos principales, uno de extinción y otro de renovación. El primero de ellos corresponde a la extinción gradual de especies muy comunes en el Pliensbachiense, y se produce a lo largo de la parte superior de la Zona Spinatum (Subzona Hawskerense) y la Zona Tenuicostatum (Subzona Semicelatum), presentándose la tasa de extinción mayor en la Subzona Semicelatum. De esta forma, *Astacolus speciosus* y *Planularia inaequistriata* desaparecen en la parte superior de la Subzona Hawskerense; *Ichthyolaria sulcata*, *Mesodentalina matutina* y *Astacolus matutinus* tienen su último registro en la Subzona Paltum, y *Planularia pulchra*, *Prodentalina terquemi*, *Ichthyolaria intumescens*, *Marginulina prima*, *M. spinata*, *Paralingulina tenera* y *Saracenella sublaevis* en la Subzona Semicelatum. El segundo evento biótico relevante reconocido corresponde a la renovación y diversificación de taxones a lo largo de las Zonas Serpentinum y Bifrons. Así, el primer registro del género *Citharina* (*C.* cf. *colliezi*) tiene lugar en la parte inferior de la Subzona Elegantulum; las especies *C. clathrata* y *C. iberica* aparecen en la parte media de la Subzona Elegantulum y en la parte inferior de la Subzona Bifrons respectivamente. Otros taxones que se identifican por primera vez son: *Lenticulina helios*, *Falsopalmula chicheryi*, *Planularia chicheryi* y *Astacolus chicheryi* en la Subzona Elegantulum, *Nodosaria byfieldensis* y *N. liassica* en la parte inferior de la Subzona Bifrons.

REFERENCIAS

Elmi, S., Rulleau, L., Gabilly, J., Mouterde, R., 1997. Toarcien. In: Cariou, E., Hantzpergue, P. (Eds.), Biostratigraphie du Jurassique ouest-européen et méditerranéen. Bulletin du Centre de recherché Elf Exploration Production 17, 25-36.

Gordon, W.A., 1970. Biogeography of Jurassic foraminifera. Bulletin of the Geological Society

of America 81, 1689-1704.

Nikitenko, B.L., 2008. The Early Jurassic to Aalenian paleobiogeography of the Arctic Realm: Implications of microbenthos (foraminifers and ostracods). Stratigraphy and Geological Correlation 16, 59-80.

Page, K., 2003. The Lower Jurassic of Europe: its subdivision and correlation. Geological Survey of Denmark and Greenland Bulletin 1, 23-59.

Los artrópodos epiedáficos del ámbar del Cretácico Inferior de España

Sánchez-García, Alba[a]; Peñalver, Enrique[b]; Peris, David[a]; Delclòs, Xavier[a]

[a] *Departament d'Estratigrafia, Paleontologia i Geociències Marines e Institut de Recerca de la Biodiversitat (IRBio), Facultat de Geologia, Universitat de Barcelona, Marti i Franqués s/n, 08028 Barcelona, España,* Emails: alba.sanchez@ub.edu, sanchez.garcia.alba@gmail.com.

[b] *Museo Geominero, Instituto Geológico y Minero de España, Ríos Rosas 23, 28003 Madrid, España.*

El hábitat, como ocurre hoy día, pudo tener un profundo efecto en la composición taxonómica de los organismos que quedaron atrapados en resina hace millones de años. Labandeira (2014) identifica cinco asociaciones diferentes de organismos de acuerdo a sus hábitats o modos de vida, que aparecen ampliamente representadas en el ámbar: (1) organismos habitantes de la corteza y madera de los árboles, así como de los musgos, líquenes y epifitos corticícolas asociados (e.g. tardígrados, ácaros, pseudoescorpiones, anfípodos, arqueognatos y gran variedad de pequeños coleópteros), (2) pequeños insectos voladores susceptibles de ser transportados por el viento (e.g. dípteros, himenópteros, tisanópteros y lepidópteros), (3) folívoros habitantes del dosel superior o follaje (e.g. algunos grupos de coléopteros), (4) insectos alados cuyas etapas inmaduras son acuáticas (e.g. plecópteros y mecópteros), y (5) fauna subterránea que quedaría atrapada en la resina directamente producida por las raíces.

No obstante, debe añadirse a las anteriormente listadas, la asociación de organismos que viven habitualmente por encima del suelo pero sin llegar a ser subterráneos (fauna epiedáfica). El "*litter amber*", aquí traducido como "ámbar de hojarasca", fue descrito por primera vez en el ámbar francés (Perrichot 2004) y tuvo su origen en emisiones de resina que alcanzaron la parte más superficial del suelo del bosque. Cada pieza de *litter amber* contiene en su interior varias inclusiones (sininclusiones al encontrarse juntas) que son una muestra (asociación) del hábitat epiedáfico. Además de contener típicos grupos de organismos habitantes del suelo que vivirían en la hojarasca o materia vegetal en descomposición, dicho ámbar suele presentar numerosos restos vegetales, restos de organismos desarticulados o parcialmente digeridos, coprolitos, hongos descomponedores, y/o partículas inorgánicas del suelo que lo dotan de una inusual turbidez. También es frecuente encontrar numerosos dípteros e himenópteros de pequeño tamaño, que volarían muy cerca de la superficie del suelo, y cuya presencia se explicaría por comportamientos de tipo reproductivo y búsqueda de alimentos, entre otros. El *litter amber* es la fuente fundamental para conocer la fauna artropodiana epiedáfica, pero en otro tipo de piezas de ámbar se encuentran también ocasionalmente ejemplares de este hábitat. Algunos son ejemplares aislados y, por tanto, no están integrados en una asociación presente en una única pieza de ámbar que proporcione indicios de un hábitat determinado.

El ámbar procedente de los yacimientos del Cretácico inferior de España está proporcionando numerosos ejemplos de estos organismos habitantes de la hojarasca, que constituyen una importante fuente de información paleoecológica. Entre los grupos hallados como sininclusiones en piezas de *litter amber* cabe destacar los arqueognatos, colémbolos, ácaros, blátidos, coleópteros y crustáceos terrestres como los isópodos llamados cochinillas de la humedad. El suelo del bosque representaría un conjunto de diferentes microhábitats con condiciones particulares de temperatura y humedad, donde especies con estrechos rangos de tolerancia, estenoicas, pudieron coexistir. Algunos de los grupos citados son especialmente informativos sobre las características del suelo. Por ejemplo, el hallazgo de una asociación de colémbolos (más de 40 especímenes), en una pequeña pieza de ámbar de hojarasca de Peñacerrada, probablemente denota una gran disponibilidad de alimento en condiciones óptimas de temperatura y humedad. Además, algunos de estos grupos son muy importantes por su influencia en la estructura del suelo; participan activamente en el proceso de reciclaje de los nutrientes, entre otras funciones, de modo que su estudio (aún preliminar para algunos grupos) se espera que aporte importante y abundante información sobre la composición del suelo de los bosques cretácicos. También se ha estudiado un grupo de microcrustáceos (Tanaidacea) que, en la actualidad, tiene un importante papel ecológico en el ambiente marino, pero también en ambientes salobres, hipersalinos e incluso dulceacuícolas. No obstante, el análisis tafonómico y paleobiológico cuestiona un hábitat marino para los tanaidáceos preservados en el ámbar de España. Su preservación como sininclusiones junto a artrópodos de la hojarasca, indica que compartían ese hábitat (Sánchez-García et al. 2014).

Aunque generalmente no preservadas como siniclusiones con el resto de organismos de la hojarasca, muchas de las familias de coleópteros identificadas en el ámbar de España tienen en la actualidad un estilo de vida saproxílico. Del mismo modo, se han identificado dos familias de heterópteros semiacuáticos (mesovélidos e hidrométridos), que pudieron ocupar pequeñas masas de agua o charcos en el suelo del bosque, cerca de los árboles productores de resina. Estos organismos, generalmente depredadores, pueden vivir en la superficie del agua y sobre la vegetación flotante, pero también en hábitats terrestres húmedos, como el suelo o la hojarasca de los bosques húmedos y alfombras de musgos.

El estudio se enmarca dentro de los proyectos del MINECO, CGL2011-23948 y CGL2014-52163.

REFERENCIAS

Labandeira, C.C. 2014. Amber. In: Reading and writing of the fossil record: Preservational pathways to exceptional fossilization. Laflamme, M., Schiffbauer, J.D., Simon Darroch, A.F. (Eds.). The Paleontological society papers 20, 163-217.

Perrichot, V. 2004. Early Cretaceous amber from southwestern France: insight into the Mesozoic litter fauna. Geologica Acta 2, 9-22.

Sánchez-García, A., Peñalver, E., Pérez-de la Fuente, R., Delclòs, X. 2014. A rich and diverse tanaidomorphan (Crustacea: Tanaidacea) assemblage associated to Early Cretaceous resin-producing forests in North Iberia: palaeobiological implications. Journal of Systematic Palaeontology, DOI: 10.1080/14772019.2014.944946.

QIBER-microVER, base de datos para inferencias paleoclimáticas mediante microvertebrados en el Cuaternario de la Península Ibérica

Sanchiz, Borja[a]; *Sánchez-Ruiz, Manuel*[b]

[a] Departamento de Paleobiología. Museo Nacional de Ciencias Naturales, CSIC. José Gutiérrez Abascal 2, 28006 Madrid, España. mcnb105@mncn.csic.es

[b] Departamento de Biodiversidad. Museo Nacional de Ciencias Naturales, CSIC. José Gutiérrez Abascal 2, 28006 Madrid, España. cycloderes@gmail.com

Los restos fósiles de microvertebrados son relativamente frecuentes en los yacimientos del Cuaternario de la Península Ibérica, en muchas ocasiones asociados a excavaciones arqueológicas. En esta comunicación se presenta una aplicación en Access que facilita la obtención de los datos necesarios para realizar inferencias paleoclimáticas en esos yacimientos, utilizando la información que proporcionan los anfibios, reptiles y micromamíferos (roedores e insectívoros).

Los análisis de idoneidad de hábitat que se realizan en Biogeografía Ecológica tienen como objetivo modelizar las distribuciones potenciales de las especies utilizando como predictores las variables ambientales del territorio y la información disponible sobre su presencia en unidades geográficas de distinto tamaño. Dado que la mayoría de los microvertebrados del Cuaternario ibérico pertenecen a especies vivientes, los nichos ecológicos inferidos de sus distribuciones pueden convertirse en una herramienta aprovechable para inferir condiciones ambientales del pasado.

La base de datos que incluye la aplicación que se presenta (QUIBER-microVER) incluye todas las celdas UTM de 10x10 km de la Península Ibérica, con la información para cada una de ellas de 19 variables climáticas y de todas las especies de microvertebrados allí observadas. Se excluyen peces, aves, quirópteros y macromamíferos. La información procede de diversas fuentes públicas, recopiladas por el laboratorio de Biogeografía Informática del Museo Nacional de Ciencias Naturales, en los aspectos climáticos fundamentalmente adaptadas del *WorldClim database* (www.worldclim.org), y en cuanto a distribución de especies de los Atlas Faunísticos Nacionales español y portugués.

La aplicación es abierta, y permite que el usuario la modifique y actualice a su coveniencia. Salvo en el caso de anfibios (ya instaladas), el investigador deberá introducir las referencias bibliográficas. En su funcionamiento, permite seleccionar para búsquedas combinaciones de taxones, provincias, comunidades autónomas, ecorregiones, conjuntos de cuadrículas etc., con exportación de los resultados (celdas con sus 19 variables climáticas) a una hoja de cálculo excel. Permite seleccionar tanto lugares con presencia conjunta de varios taxones, o bien lugares donde ninguno de ellos ha sido observado. La aplicación podrá descargarse del Repositorio institucional del CSIC (http://digital.csic.es/), y del propio Museo Nacional de Ciencias Naturales, CSIC.

Avances en la biozonación de carofitas. Calibración de los límites Cretácico-Paleoceno de la Cuenca de Vallcebre (Pirineos) y Eoceno-Oligoceno de la Cuenca del Ebro.

Sanjuan, Josep; Vicente, Alba; Martín-Closas, Carles

Departament d'Estratigrafia, Paleontologia i Geociències Marines, Facultat de Geologia, Universitat de Barcelona, 08028 Barcelona, España. josepsanjuan@ub.edu

Las algas carofitas son un grupo de macrófitos considerados antecesores de las plantas vasculares que ocupan y han ocupado ambientes acuáticos no-marinos desde el Silúrico hasta la actualidad. Sus fructificaciones calcificadas (girogonitos y utrículos) poseen un alto valor bioestratigráfico tanto a nivel local como regional aportando edades relativas a formaciones rocosas y eventos geológicos continentales. Además, la amplia distribución de determinadas especies aumenta su valor y utilidad en el desarrollo de correlaciones intercontinentales. Dichas correlaciones han sido apoyadas tradicionalmente por numerosos estudios con otros indicadores bioestratigráficos. El desarrollo de nuevos métodos de datación geocronológicos (paleomagnetismo) ha permitido calibrar biozonas de carofitas con la escala del tiempo de polaridad geomagnética (*GPTS, Geomagnetic Polarity Time Scale*) aportando edades absolutas de sus límites. Sanjuan et al. (2014) y Vicente et al. (2015) desarrollaron, dentro del marco de tres proyectos sucesivos del Plan Nacional, propuestas de biozonaciones mediante carofitas para dos períodos clave en la historia de la Tierra (el límite Cretácico-Paleoceno y el límite Eoceno-Oligoceno). Ambos límites presentan una excelente exposición en facies continentales del territorio español y son de destacado interés ya que registran grandes cambios climáticos y geográficos que tuvieron importantes consecuencias sobre la biota del momento (extinción masiva del límite Cretácico/Paleógeno y formación de los casquetes polares del límite Eoceno-Oligoceno). Las nuevas propuestas de biozonación han considerado, por primera vez, los limitantes paleoecológicos y paleobiogeográficos de las distintas especies de carofitas, priorizando el uso de aquellas de amplia distribución geográfica y con rangos ecológicos amplios (especies euritípicas). El marcado control paleoecológico constatado sobre varias especies ha propiciado la elaboración de biozonas de carácter local.

Las calibraciones de las biozonas de carofitas con las *GPTS* se sintetizan a continuación para los intervalos estudiados.

Cretácico superior-Paleoceno inferior. Vicente et al. (2015) definieron y calibraron tres biozonas en la Cuenca de Vallcebre (Pirineo catalán); 1) biozona de Peckichara cancellata representada en la unidad Garumniense gris. Sus límites inferior y superior se calibraron con los cronos C32r al C31r respectivamente (73.9-69.9 Ma); 2) biozona de Microchara punctata representada en la unidad Roja Inferior cuyos límites se calibraron con los cronos C31r y C30n (69.9-67.1 Ma); 3) biozona de Peckichara toscarensis cuyo límite inferior se registró en la formación Calizas de Vallcebre perteneciente al crono C29r (65.6 Ma).

Eoceno superior-Oligoceno inferior. (Sanjuan et al. 2014) definieron 6 biozonas a lo largo del margen este de la Cuenca del Ebro. 1) biozonade Harrisichara lineata representada en la formación Sant Boi cuyo límite superior se calibró con el crono C16n (35.5 Ma); 2) superzona de Harrisichara tuberculata representada en la Formación Artés (sector noreste de la cuenca) y en el Grupo Barberà (sector surestes de la cuenca). Sus límites inferior y superior se calibraron con los cronos C16n.1n y C12r respectivamente (35.5-31.5 Ma), 3) biozona de asociación de Harrisichara tuberculata-Nodosochara jorbae la cual se encuentra representada en la parte inferior de la Formación Artés y cuyos límites se calibraron con los cronos C16n (C16n.1n) y C13 (C13r) (35.5-34.5 Ma); 4) biozona de Lychnothamnus vectensis representada en la parte superior de la Formación Artés y se extiende desde el crono C13r al C13n englobando el límite Eoceno-Oligoceno (34.5-33.5 Ma); 5) biozona de Lychnothamnus major que se encuentra escasamente representada en la Formación Margalef dentro del crono C12r; 6) biozona de Chara microcera cuyo límite inferior está representado en la Formación Calizas de Tàrrega dentro del crono C12r (31 Ma).

La integración de limitantes paleoecológicos y paleobiogeográficos en la elaboración de las nuevas biozonas locales así como su calibración directa con la *GPTS* proporciona mayor robustez y consistencia en las dataciones absolutas de distintas formaciones litológicas y eventos continentales de los límites Cretácico-Paleógeno y Eoceno-Oligoceno. Asimismo, estas biozonas locales fijadas mediante calibración permiten completar y mejorar la biozonación de carofitas Europea.

REFERENCIAS

Sanjuan, J., Martín-Closas, C., Costa, E., Barberà, X., Garcés, M., 2014. Calibration of Eocene-Oligocene charophyte biozones in the Eastern Ebro Basin (Catalonia, Spain). Stratigraphy 11 (1), 61-81.

Vicente, A., Martín-Closas, C., Arz, J.A., Oms, O., 2015. Maastrichtian-basal Paleocene charophyte biozonation and its calibration to the Global Polarity Time Scale in the southern Pyrenees (Catalonia, Spain). Cretaceous Research 52, 268-285.

Nueva cita de *Piscichnus* en el Mioceno superior de la Cuenca del Guadalquivir.

Santos, Ana; Mayoral, Eduardo; Campina, Alejandro

Departamento de Geodinámica y Paleontología, Universidad de Huelva, 21071 Huelva, España.
asantos@dgyp.uhu.es

En ambientes marinos actuales se conocen perfectamente las huellas dejadas por la actividad de búsqueda de alimento y/o reposo de rayas. En el registro fósil estas estructuras se conocen como *Piscichnus*, aunque el primer autor que las definió (Fiebel, 1987) las atribuyó a huellas de descanso producidas por peces de las familias Cichlidae o Salmonidae. Su gran interés radica en que son muy escasas en el registro fósil. Tan solo se conocen en el Cretácico superior de Utah (Howard et al., 1977), Antártida (Scasso et al., 1991) y España (Martinell et al., 2001), mientras en el Terciario sus citas se limitan al Mioceno de Nueva Zelanda (Gregory, 1991), Japón (Kotake, 2007) y Taiwán (Löwemark 2015), y al Pleistoceno de Florida, Georgia y Carolina del Norte (Howard et al., 1977).

En el presente trabajo se dan a conocer datos preliminares de *Piscichnus* en el Mioceno superior de Hornachuelos (Córdoba, S España).

El yacimiento se localiza en el paraje del Cortijo de Los Nublos, situado a unos 3,5 km al Este de la población de Hornachuelos (Córdoba) y actualmente se encuentra protegido y vallado, ocupando un área aproximada de 9,8 ha. Se ubica en el borde Noroccidental de la Cuenca del Guadalquivir en su zona de contacto con el Macizo Ibérico y se encuentra en una formación detrítico-carbonatada de edad Tortoniense superior (ITGE 1975), que se dispone de forma discordante y erosiva sobre las calizas y dolomías del Cámbrico inferior que constituye el basamento en este punto. Repartidas por toda la superficie se encuentran las huellas identificadas como *Piscichnus*, similares a las que producen actualmente algunos representantes de las familias Dasyatididae y Myliobatidae. Un total de 407 huellas fueron estudiadas. Los ejemplares se caracterizan por constituir depresiones someras, aisladas o en grupos, a veces superponiéndose unas a otras, de perímetro circular u ovalado, con un contorno en ocasiones festoneado, a modo de lóbulos. Suelen presentar una parte discontinua donde se reconoce un ligero surco, relativamente ancho que correspondería a la marca dejada por la zona caudal donde se ubica la espina. Las dimensiones medias varían entre una longitud de 46 cm y una anchura de 51 cm. El fondo de la depresión es ligeramente cóncavo y su perfil es claramente asimétrico debido a que el sedimento excavado por el organismo se acumula en un extremo, lo que ocasiona que una de las paredes internas de la depresión tenga más pendiente que la correspondiente en el lado opuesto. Aparecen asociadas a *Bichordites* isp., estructuras relacionadas con la actividad excavadora de equinoideos espatangoideos. Diseminados a lo largo de dos niveles estratigráficos sucesivos se aprecian diferentes piezas esqueléticas de cetáceos (tres cráneos incompletos de un Delphinidae, probablemente *Pseudorca crassidens*, varias vertebras en conexión, hemimandíbulas y un diente fragmentado), que en ocasiones guardan cierta conexión anatómica entre ellos. Los fósiles de invertebrados están representados por equinoideos clypeasteroideos (*Clypeaster marginatus*), valvas desarticuladas de ostreidos (*Ostrea* sp. y *Crassostrea* sp.) y pectínidos. Aparecen también braquiópodos (*Terebratula maugeri*) y briozoos (Tubuliporidae).

Desde el punto de vista paleoecológico, la pista descrita se produce como consecuencia de la búsqueda de alimento por parte de peces condrictios del orden Rajiformes, es decir, por rayas marinas. Estos organismos han dejado su impronta en todos los niveles del afloramiento, que han sido interpretados como una zona intermareal-submareal somera. Una de las razones para que se encuentre un número tan elevado de estas pistas es que estos animales se acercan, en grupos más o menos numerosos, a las zonas poco profundas que son ricas en pequeñas presas que viven enterradas en la arena. La acción combinada de descanso y agitación de las aletas pectorales sobre el sustrato ocasiona la depresión característica, que refleja en gran parte su morfología y el modo en que se instalaron sobre el mismo.

REFERENCIAS

Fiebel, C.S., 1987. Fossil fish nests from the Koobi Fora Formation (Plio-Pleistocene) of northern Kenya. Journal of Paleontology 61, 130-134.

Gregory, M.R., 1991. New trace fossils from the Miocene of Northland, New Zealand, *Rosschachichnus amoeba* and *Piscichnus waitemata*. Ichnos 1, 195-206.

Howard, J.D., Mayou, T.V., Heard, R.W., 1977. Biogenic sedimentary structures formed by rays. Journal of Sedimentary Petrology 47, 339-346.

ITGE., 1975. Mapa Geológico de EspañaKotake, N., 2007. *Macaronichnus* isp. associated with *Piscichnus waitemata* in the Miocene of Yonaguni-jima Island, southwest Japan. In: Miller, W. III (Ed.), Trace Fossil: Concepts, Problems, Prospects, Elsevier, Amsterdam, pp. 492-501.

Löwemark, L., 2015. Evidence for targeted elasmobranch predation on thalassinidean shrimp in the Miocene Taliao Formation, NE Taiwan. Lethaia 48, 227-234.

Martinell, J., Gibert, J.M. de, Domènech, R., Ekdale, A.A., Steen, P.P., 2011. Cretaceous Ray Traces?: An alternative interpretation for the alleged dinosaur tracks of La Posa, Isona, NE Spain. Palaios 16, 409-416.

Scasso, R.A., Olivero, E.B., Buatois, L.A., 1991. Lithofacies, biofacies and ichnoassemblage evolution of a shallow submarine volcaniclastic fan-shelf depositional system (Upper Cretaceous, James Ross Island, Antarctica). Journal of South American Earth Sciences 4, 239-260.

The new Cenomanian vertebrate tracksite of Tamajón (Guadalajara, Spain): Sedimentary environment

Segura, Manuel[a]; Barroso-Barcenilla, Fernando[a,b]; Berrocal-Casero, Mélani[b]; Castanera, Diego[c]; García-Hidalgo, José F.[a]; Santos, Vanda F.[d,e]

[a]Grupo de Investigación IberCreta, Departamento de Geología y Geografía, Universidad de Alcalá de Henares. 28871 Alcalá de Henares, Spain.

[b]Grupo de Investigación Procesos Bióticos Mesozoicos, Departamento de Paleontología, Universidad Complutense de Madrid. 28040 Madrid, Spain.

[c]Grupo de Investigación Aragosaurus, Departamento de Paleontología, Universidad de Zaragoza. 50009 Zaragoza, Spain.

[d]Museu Nacional de História Natural e da Ciência, Departamento de Mineralogia, Geologia e Paleontologia, Universidade de Lisboa. 1250-102 Lisboa, Portugal.

[e]Centro de Investigação da Terra e do Espaço, Universidade de Coimbra. 3000-134 Coimbra, Portugal.

Trace fossils in general, and vertebrate tracks in particular have a widely recognized importance for reconstruction of ancient sedimentary environments, providing an important source of information for the study of fossil faunal assemblages (Thulborn, 1990; Lockley, 1991). Even when the precise trackmakers are not identifiable, their tracks provide useful information regarding substrate composition and consistency, and the sedimentary environment (e.g., Razzolini et al., 2014). Recently, a new Upper Cretaceous vertebrate tracksite has been recently discovered at Tamajón (Iberian Ranges, Guadalajara, Spain) in a level belonging to the Utrillas Formation (middle-upper Cenomanian). In this region, the Utrillas Formation is mainly composed of ochre conglomerates and whitish, caoliniferous cross-bedded sandstones, with grey siltstones and mudstones (García-Hidalgo et al., 2007).

The track level seems to be related to the uppermost 4th order parasequence set (upper middle-lower upper Cenomanian) of the UZA-2.4 sequence (*sensu* Haq et al., 1988), corresponding to an erosive surface at the base of a meandering channel. The channel is about 1.5 m depth, and approximately 8.5 m wide, and have an erosive and undulating surface with an almost horizontal base and a maximum dip of about 15º at the top of its margins. The sediments in which the channel of the tracksite was eroded are composed of fine to coarse-grained, cross-bedded, cemented, brownish sandstones, showing planar cross-bedding in decimetric-thick sets (palaeocurrents 60ºE). Three lithofacies are recognised within this channel. Lithofacies 1 consists of medium-grained, poorly cemented, through cross-bedded, whitish sands with a concave cross stratification, being the basal channel infill at the left of the outcrop. Lithofacies 2 corresponds to fine-grained, massive, reddish, ferruginous sandstones forming a crust layer, covering the basal erosive surface at the right of the outcrop. The cemented sands are a thin cm-thick deposit whose upper layer corresponds to the surface of the track level. The main track-bearing sandstone in the right part of the channel ranges in thickness from 3-10 cm from where it thickens laterally. Lithofacies 3 consists of grey and brownish mudstones faintly to poorly laminated at the base or massive at the top of the final channel infill and abandonment.

Crocodyliform "swim" and walking tracks are the more abundant and include, at least, two trackways (Segura et al. in press). Several impressions are moderately deformed by small sediment slides, only preserving their deepest part (claw marks). This is indicative of a soft substrate with a high degree of plasticity and water content at the time of the track registration. Nevertheless, the sediment was hard enough to preserve crocodyliform manus and pes print morphologies, a possible small theropod dinosaur track, and fish traces assigned to *Undichnia unisulca*. As a whole, the morphology of the palaeochannel, the sedimentary context and the track preservation seem to indicate that the tracks were impressed in a shallow meandering channel located near the coast (seemingly a low-relief, coastal plain-bay setting), under wet conditions in different moments of time.

ACKNOWLEDGEMENTS

Research Projects PEII11-0237-7926 of the J.C.L.M and the European Regional Development Fund, and CGL2011-25894 and CGL2012-35199 of the Ministerio de Ciencia e Innovación (Spain).

REFERENCES

García-Hidalgo, J.F., Gil, J., Segura, M., Domínguez, C., 2007. Internal anatomy of a mixed siliciclastic-carbonate platform: the late Cenomanian-middle Turonian at the southern margin of Spanish Central System. Sedimentology 54, 1245-1271.

Haq, B.U., Hardenbol, J., Vail, P.R., 1988. Mesozoic and Cenozoic Chronostratigraphy and Eustatic Cycles. In: Wilgus, C.K., Hastings, B.S., Kendall, C.G.S.C., Posamentier, H., Ross, C.A., Wagoner, J.C.Van (eds.). Sea-Level changes: An integrated approach. Society of Economic Paleontolologists and Mineralogists, Special Publication 42, 71-108.

Lockley, M.G., 1991. Tracking Dinosaurs: A new Look at an Ancient World. Cambridge University Press, Cambridge, pp. 238.

Razzolini, N.L., Vila, B., Castanera, D., Falkingham, P.L., Barco, J.L., Canudo, J.I., Manning, P.L. Galobart, À., 2014. Intra-trackway morphological variations due to substrate consistency: The El Frontal Dinosaur Tracksite (Lower Cretaceous, Spain). Plos One, 9.

Segura, M., Barroso-Barcenilla, F., Berrocal-Casero, M., Castanera, D., García-Hidalgo, J.F. Santos, V.F., in press. A new Cenomanian vertebrate tracksite at Tamajón (Guadalajara, Spain): Palaeoichnology and palaeoenvironmental implications. Cretaceous Research.

Thulborn, T., 1990. Dinosaur Tracks. London, Chapman and Hall, pp. 410.

Efecto de las condiciones paleoatmosféricas sobre el origen del vuelo aviano

Serrano, Francisco J.
Departamento de Ecología y Geología, Universidad de Málaga, 29071 - Málaga

La morfología, la fisiología de locomoción y el tipo de movimiento de un animal han evolucionado para ajustarse estrechamente a las características físicas de su entorno. De esta manera, las condiciones ambientales del pasado podrían explicar algunos procesos macroevolutivos como radiaciones o la aparición de nuevos mecanismos de locomoción, como el vuelo. Está ampliamente aceptado que la aparición y el gigantismo de los insectos voladores, entre el Devónico Superior y finales del Pérmico, están asociados a la presencia de una atmósmera hiperdensa muy rica en O_2 (e.g. Dudley, 2000; Rayner, 2003). Esta correlación también ha sido sugerida como causa de la aparición del vuelo en las Aves y en los otros dos grupos de vertebrados voladores (Dudley, 2000; Rayner, 2003), así como causa de gigantismo en pterosaurios (Pennycuick, 2008).

El objetivo de este estudio es analizar la influencia de los factores paleoambientales sobre el origen del vuelo en Aves y sobre diferentes eventos macroevolutivos ocurridos a lo largo del linaje. Para ello se compararon datos paleoclimatológicos publicados recientemente (Royer et al., 2007; Retallack, 2009) con variables indicativas de la cinética de vuelo en aves extintas, como son la potencia mecánica necesaria y la frecuencia de aleteo. Ambas fueron calculadas a partir de estimaciones de masa corporal, envergadura y superficie alar en una amplia base de datos de aves basales mesozoicas (Serrano et al., 2015) y aves gigantes del Terciario (Chatterjee et al., 2007; Ksepka, 2014).

Los resultados obtenidos muestran que las condiciones ambientales desfavorables encontradas hace 150 M.a. junto con las limitaciones anatómicas conocidas en *Archaeopteryx* (e.g. Jenkins, 1993) hacen difícil que este ave basal pudiera llevar a cabo un vuelo prolongado. El origen del vuelo activo (entre 150 y 131 M.a.) tuvo lugar en un contexto paleoambiental más desfavorable que el actual. Sin embargo, este efecto relativamente pequeño, fue irrelevante una vez que las aves adquirieron caracteres anatómicos más modernos relacionados con el vuelo. Además, se observa que la primera radiación ocurrida en la base de Pygostylia (Benson y Choniere, 2013) coincide con un aumento significativo de la concentración de O_2 y de la densidad atmosférica a principios del Cretácico. Ya que dicha radiación parece impulsada por una sofisticación de los mecanismos de vuelo, las condiciones paleoambientales encontradas serían beneficiosas. En cambio, la paleoatmósfera no tiene cambios importantes durante el Paleoceno, por lo que parece que no fue un factor influyente en la radiación de Neoaves. Finalmente, la aparición de formas voladoras gigantes como *Pelagornis* y *Argentavis* durante el Terciario no estuvo apoyada por una condiciones paleoatmosféricas especialmente favorables.

REFERENCIAS

Benson, R.B., Choiniere, J.N., 2013. Rates of dinosaur limb evolution provide evidence for exceptional radiation in Mesozoic birds. Proceedings of the Royal Society B: Biological Sciences, 280 (1768), 20131780.

Chatterjee, S., Templin, R.J., Campbell, K.E., 2007. The aerodynamics of Argentavis, the world's largest flying bird from the Miocene of Argentina. Proceedings of National Academy of Sciences 104, 12398–12403.

Dudley, R., 2000. The evolutionary physiology of animal flight: paleobiological and present perspectives. Annual Review of Physiology 62, 135-155.

Jenkins, F.A., 1993. The evolution of the avian shoulder joint. American Journal of Science 293, 253-253.

Ksepka, D.T., 2014. Flight performance of the largest volant bird. Proceedings of the National Academy of Sciences 111, 10624-10629.

Pennycuick, C.J., 2008. Modelling the Flying Bird. AP Theoretical Ecology Series Elsevier. Academic Press, Oxford.

Rayner, J.M., 2003. Gravity, the atmosphere and the evolution of animal locomotion. Evolution on planet Earth: the impact of the physical environment (ed. LJ Rothschild and AM Lister), 161-183.

Retallack, G.J., 2009. Greenhouse crises of the past 300 million years.Geological Society of America Bulletin 121, 1441-1455.

Royer, D.L., Berner, R.A., Park, J., 2007. Climate sensitivity constrained by CO2 concentrations over the past 420 million years. Nature 446, 530-532.

Serrano, F.J., Palmqvist, P., Sanz, J.L., 2015. Multivariate analysis of neognath skeletal measurements: implications for body mass estimation in Mesozoic birds. Zoological Journal of the Linnean Society 173, 929-955.

Estimación de parámetros aerodinámicos relevantes en el vuelo de las aves basales del Mesozoico

Serrano, Francisco[a]; *Palmqvist, Paul*[a]; *Chiappe, Luis M.*[b]; *Sanz, José Luis*[c]
[a] Departamento de Ecología y Geología, Universidad de Málaga, 29071 Málaga, España.
[b] Dinosaur Institute, Natural History Museum of Los Angeles, CA 90007, EEUU.
[c] Departamento de Biología, Universidad Autónoma de Madrid, 28049 Madrid, España.

Durante las últimas décadas se ha descubierto y descrito un número elevado de fósiles de aves basales mesozoicas, lo que que ha permitido aumentar sustancialmente el conocimiento sobre sus relaciones de parentesco y diversos aspectos de su paleobiología (vg., Sanz et al., 1996; Chiappe y Witmer, 2002; Bell y Chiappe, 2011; O´Connor et al., 2011). Sin embargo, el modo en que llevaban a cabo su vuelo estas aves primitivas es un aspecto crucial que se encuentra aún poco explorado, siendo *Archaeopteryx* el ave en la que se ha centrado la mayor atención (vg., Chatterjee y Templin, 2003; Longrich, 2006; Wellnhofer, 2008), aunque con recientes excepciones (vg., Chiappe et al., 2014). Esta escasez de estudios se debe, en gran parte, a la dificultad de obtener para dichos fósiles estimaciones fiables de variables aerodinámicamente relevantes, como su masa corporal (*BM*), su envergadura alar (*B*) y su superficie de sustentación (*SL*). Estas tres medidas básicas se pueden medir con facilidad en las aves modernas y, a partir de tales valores, es posible calcular dos parámetros relevantes con vistas a caracterizar el vuelo aviano (Pennycuick, 2008), la carga alar ($WL = BM/SL$) y el alargamiento ($AR = B^2/SL$), pues ambos se relacionan con el gasto energético, la velocidad de vuelo y la maniobrabilidad del ave (vg., Norberg, 2002; Longrich, 2006; Pennycuick, 2008). En cambio, la obtención de valores fiables de *BM*, *B* y *SL* para las aves basales del Mesozoico resulta más compleja, ya que su estimación se ve afectada por diferentes fuentes de error, ya sean estadísticas, filogenéticas, adaptativas y/o tafonómicas.

En este estudio se desarrolla un método secuencial con vistas a obtener modelos multivariantes específicos para cada taxón mesozoico, con objeto de obtener valores de *SL* y *B* lo más precisos que sea posible. El uso de este método, junto al análisis de los diferentes sesgos potenciales, dio como resultado una serie de modelos robustos y generalizables, que suministraron estimaciones fiables de *B* y *SL* para una base de datos de 42 especímenes fósiles, en la que se encuentran representados los principales clados avianos del Mesozoico. Usando entonces las estimaciones de *BM*, también fiables (ver Serrano et al. 2015), se pudieron calcular los parámetros *WL* y *AR*. Aunque ambos se basan en valores estimados mediante regresión, por lo que llevan asociado un error de predicción, no se observa una acumulación de errores en el cálculo de los valores de *WL* y *AR*, dando unos errores de predicción relativamente bajos para las aves actuales.

Este es el primer trabajo en el que se calculan y calibran parámetros que permiten caracterizar aerodinámicamente a un amplio conjunto de aves basales, lo que constituye la base para futuros estudios sobre las primeras etapas del vuelo aviano.

REFERENCIAS

Bell, A., Chiappe, L.M., 2011. Statistical approach for inferring ecology of Mesozoic birds. Journal of Systematic Palaeontology 9, 119-133.

Chatterjee, S., Templin, R.J., 2003. The flight of *Archaeopteryx*. Naturwissenschaften 90, 27-32.

Chiappe, L. M., Zhao, B., O'Connor, J.K., Chunling, G., Wang, X., Habib, M., Cheng, X., 2014. A new specimen of the Early Cretaceous bird *Hongshanornis longicresta*: insights into the aerodynamics and diet of a basal ornithuromorph. PeerJ 2, e234.

Chiappe, L.M., Witmer, L., 2002. Mesozoic birds: above the heads of dinosaurs. University of California Press, Berkeley.

Longrich, N., 2006. Structure and function of hindlimb feathers in *Archaeopteryx lithographica*. Paleobiology 32, 417-431.

Norberg, U.M., 2002. Structure, form, and function of flight in engineering and the living world. Journal of Morphology 252, 52-81.

O'Connor, J. K., Chiappe, L.M., Bell, A., 2011. Pre-modern Birds: Avian Divergences in the Mesozoic. Pp. 39-114 En: Dyke G., Kaiser, G. (eds.), Living Dinosaurs, Wiley-Blackwell, Oxford.

Pennycuick, C.J., 2008. Modelling the Flying Bird. AP Theoretical Ecology Series Elsevier. Academic Press, Oxford.

Sanz, J.L.,Chiappe, L.M., Pérez-Moreno, B.P., Buscalioni, A.D., Moratalla, J.J., Ortega, F., Poyato-Ariza, F., 1996. An Early Cretaceous bird from Spain and its implications for the evolution of avian flight. Nature 382(6590), 442-444.

Serrano, F.J., Palmqvist, P., Sanz, J.L., 2015. Multivariate analysis of neognath skeletal measurements: implications for body mass estimation in Mesozoic birds. Zoological Journal of the Linnean Society 173, 929-955.

Wellnhofer, P. 2008. *Archaeopteryx*, der urvogel von Solnhofen. Verlag Dr. Friedrich Pfeil, München.

Primera aproximación a la avifauna del yacimiento del Pleistoceno inferior de Venta Micena (Orce, Cuenca de Baza)

Serrano, Francisco J.[a]*; Martínez-Navarro, Bienvenido*[b]*; Espigares, M. Patrocinio*[a]*; Ros-Montoya, Sergio*[a]*; Jiménez-Arenas, J. Manuel*[c]*; Martín-Serra, Alberto*[a]*; Palmqvist, Paul*[a]

[a] Departamento de Ecología y Geología, Universidad de Málaga, 29071 - Málaga
[b] ICREA, Institut Català de Paleoecologia Humana i Evolució Social-IPHES. Universitat Rovira i Virgili.
43007-Tarragona
[c] Departamento de Prehistoria y Arqueología, Universidad de Granada, 18071 Granada

El yacimiento de Venta Micena (Orce, Granada) se localiza en el sector nororiental de la depresión de Guadix-Baza, cuyo carácter endorreico hasta finales del Pleistoceno Medio facilitó la conservación de fósiles de vertebrados en los sedimentos lacustres depositados desde el Mioceno terminal hasta el momento de apertura de la cuenca. La génesis de la excepcional tafocenosis recuperada en este yacimiento se ha atribuido a la acción acumuladora y modificadora de elementos óseos por parte de la hiena gigante caricorta *Pachycrocuta brevirostris* (Arribas y Palmqvist, 1998; Espigares, 2010 y referencias incluidas). El análisis de dicha tafocenosis ha suministrado información sumamente relevante sobre diferentes aspectos etológicos y paleoecológicos de las especies que integraban la comunidad de grandes mamíferos que habitó en el sur de Europa durante el Pleistoceno inferior (vg., Palmqvist et al., 2008). Sin embargo, debido a la intensa acumulación y fracturación selectiva de los restos esqueléticos ocasionada por las hienas, y a una menor resistencia frente a las alteraciones tafonómicas, otros grupos de vertebrados de menor tamaño que ofrecen menor resistencia frente a tales alteraciones tafonómicas, se encuentran mucho peor representados en el yacimiento y apenas han podido ser estudiados hasta el momento. Tal es el caso de las aves.

En este trabajo se estudiaron tres fragmentos óseos cuya anatomía sugiere su afinidad aviana, pertenecientes a dos individuos diferentes. Este estudio muestra los resultados preliminares obtenidos en la identificación de tales restos óseos, lo que permitirá en el futuro aumentar el conocimiento sobre las paleocomunidades de la zona durante el Plio-Pleistoceno.

El espécimen VM 3121 corresponde a la mitad distal de un húmero derecho. La presencia del surco tendinoso del humerotríceps en la cara caudal de la epífisis distal es una sinapomorfía de Neognathae (Livezey y Zusi, 2006, 2007). En la región craneal de dicha epífisis hay dos caracteres que son diagnósticos para su identificación dentro del orden Passeriformes: en primer lugar, la presencia del tubérculo de origen del músculo pronador superficial, que se localiza inmediatamente proximal al extremo del cóndilo dorsal (Livezey y Zusi 2006, 2007); en segundo, la posición ventral de la fosa de inserción del músculo braquial (Mayr y Clarke 2003). Dentro de los paseriformes, el tamaño de este fósil resulta sólo comparable al de los miembros actuales más grandes de la familia Corvidae, el cuervo (*Corvus corax*) y la corneja (*C. corone*), cuyas dimensiones son similares. Por tanto, el espécimen VM 3121 se puede identificar como *Corvus* sp. Conviene mencionar, además, que dos especies de cuervos extintas, contemporáneas a este espécimen, se han descrito en la zona mediterránea, *C. pliocaenus* y *C. antecorax*. En cambio, no se han identificado córvidos en localidades cercanas a Venta Micena algo más recientes, como Cueva Victoria y Huéscar-1 (Sánchez Marco, 2004).

El espécimen VM-C4-D13-10 es una epífisis distal de húmero derecho y apareció asociado al espécimen VM-C4-E13-10, el cual corresponde a la mitad proximal de una ulna izquierda. La cercanía a la que se encontraron ambos restos sugiere, en principio, que pertenecerían al mismo individuo. Al igual que en el caso anterior, la presencia del surco humerotricipital indica que se trata de una neognata. Desafortunadamente, no se han conservado otros caracteres diagnósticos. Sin embargo, la comparación visual llevada a cabo con individuos pertenecientes a todos los órdenes de neognatas que existen actualmente en la Península Ibérica determinó claramente que se trata de un miembro del orden Anseriformes. Se llevó a cabo un análisis de componentes principales sobre 12 medidas que se pudieron tomar en ambos fósiles, pero el resultado no ayudó a afinar más la identificación. En función de ello, los fósiles VM-C4-D13-10 y VM-C4-E13-10 se pueden asignar, tentativamente, a Anseriformes indet. Conviene mencionar que el registro de estas aves durante el Pleistoceno inferior es abundante, estando presentes en yacimientos cercanos como Huéscar-1 y Cueva Victoria (Sánchez Marco 2004), y su presencia en la cuenca de Baza es esperable durante estas cronologías debido a la existencia de amplios sistemas lacustres sumamente productivos gracias a la presencia de surgencias hidrotermales (García-Aguilar et al. 2015).

REFERENCIAS

Arribas, A., Palmqvist, P., 1998. Taphonomy and palaeoecology of an assemblage of large mammals: hyaenid activity in the lower Pleistocene site at Venta Micena (Orce, Guadix-Baza Basin, Granada, Spain). Geobios 31, 3-47.

Espigares, M.P., 2010. Análisis y modelización del contexto sedimentario y los atributos tafonómicos de los yacimientos pleistocénicos del borde nororiental de la cuenca de Guadix-Baza. Tesis Doctoral, Universidad de Granada.

García-Aguilar, J.M., Guerra-Merchán, A., Serrano, F., Flores-Moya, A., Delgado-Huertas, A., Espigares, M.P., Ros-Montoya, S., Martínez-Navarro, B., Palmqvist, P., 2015. A reassessment of the evidence for hydrothermal activity in the Neogene-Quaternary lacustrine environments of the Baza basin (Betic Cordillera, SE Spain) and its paleoecological implications. Quaternary Science Reviews 112, 226-235.

Livezey, B.C., Zusi, R.L., 2006. Phylogeny of Neornithes. Bulletin of Carnegie Museum of Natural History 37, 1-544.

Livezey, B.C., Zusi, R.L., 2007. Higher-order phylogeny of modern birds (Theropoda, Aves: Neornithes) based on comparative anatomy. II. Analysis and discussion. Zoological Journal of the Linnean Society 149, 1-95.

Mayr, G., Clarke, J., 2003. The deep divergences of neornithine birds: a phylogenetic analysis of morphological characters. Cladistics 19, 527-553.

Palmqvist, P., Pérez-Claros, J.A., Janis, C.M., Figueirido, B., Torregrosa, V., Gröcke, D.R., 2008. Biogeochemical and ecomorphological inferences on prey selection and resource partitioning among mammalian carnivores in an early Pleistocene community. Palaios 23, 724-737.

Sánchez-Marco, A., 2004. Avian zoogeographical patterns during the Quaternary in the Mediterranean region and paleoclimatic interpretation. Ardeola 51, 91-132.

Analísis paleoecológico de las asociacciones de foraminíferos bentónicos del tránsito Aaleniense–Bajociense en la sección Barranco de Agua Larga (Dominio Subbético, España)

Silva, Silvia C.[a]; *Canales, M. Luisa*[b]; *Sandoval, José*[c]; *Henriques, M. Helena*[a]

[a]Departamento de Ciências da Terra, Centro de Geociências, Faculdade de Ciências e Tecnologia, Universidade de Coimbra (Polo II), Rua Sílvio Lima, 3030-790 Coimbra, Portugal. silviaclara55@gmail.com; hhenriq@dct.uc.pt

[b]Departamento de Paleontología, Facultad de Ciencias Geológicas, Universidad Complutense de Madrid; c/José Antonio Novais 12, 28040 Madrid, España. mcanales@geo.ucm.es

[c]Departamento de Estratigrafía y Paleontología, Universidad de Granada, av. Fuentenueva s/n., 18002 Granada, España. sandoval@ugr.es

En este trabajo se analizan, por primera vez, las asociaciones de foraminíferos bentónicos del intervalo estratigráfico Aaleniense–Bajociense en la sección de Barranco de Agua Larga (AQ1) desde un punto de vista paleoecológico. Esta sección está situada en el sector central del Dominio Subbético Medio, aproximadamente a 500 m al NW de Cortijo Alorí, cerca de la localidad de Campillo de Arenas (Provincia de Jaén, Andalucía).

Los materiales del tránsito Aaleniense–Bajociense en la sección estudiada presentan un gran espesor, de más de 50 m. Estos materiales están constituidos por una alternancia rítmica de calizas (*mudstone* a *wackestone*) y margas. El excelente registro de ammonoideos en estos materiales permitió el establecimiento de una escala bioestratigráfica detallada, basada en este grupo de macrofósiles (Sandoval, 1983 y Sandoval et al., 2008).

En este trabajo se han estudiado 17 muestras, en cuya selección se han tenido en cuenta las condiciones de afloramiento y el espesor de los materiales de las biozonas y subzonas establecidas a partir de los ammonoideos. En el tratamiento de las muestras para el estudio de foraminíferos en levigado fue utilizada una metodología clásica. El residuo obtenido fue triado para la extracción de los ejemplares, siempre intentando alcanzar 300 foraminíferos por muestra clasificados a nivel de especie, de manera que las asociaciones sean representativas para el cálculo estadístico de los índices de riqueza y diversidad aplicados. Los ejemplares obtenidos se clasificaron a nivel supragenérico y genérico utilizando la clasificación propuesta por Loeblich & Tappan (1988) y se consultó sistemáticamente la base de datos de Ellis & Messina (1940-1990) en las determinaciones a nivel específico. Algunos de los ejemplares obtenidos fueron fotografiados en el Centro Nacional de Microscopía Electrónica, situado en la Universidad Complutense de Madrid. El material está depositado en el

Departamento de Paleontología, de la Facultad de Ciencias Geológicas de la Universidad Complutense de Madrid.

Se han obtenido, aproximadamente, 2500 ejemplares de foraminíferos, correspondientes a 5 subórdenes, 10 familias, 22 géneros y más de 60 especies. Muchos de los taxones identificados son comunes en las plataformas carbonatadas del Jurásico del Hemisferio Norte. A lo largo de todo el intervalo estratigráfico estudiado, las formas más abundantes son las pertenecientes a el Suborden Lagenina. A nivel específico, la especie más abundante es *Lenticulina muensteri* (Roemer). Del análisis tafonómico de los ejemplares obtenidos destaca su buen estado de conservación, observándose puntualmente recristalizaciones, abrasiones, disolución parcial o total, rellenos sedimentarios y distorsión mecánica que afectan a las conchas. Sin embargo, estos mecanismos no parecen haber alterado la composición original de las asociaciones fósiles.

La abundancia de *Lenticulina muensteri* (Roemer) en las asociaciones estudiadas es comparable a los resultados obtenidos en asociaciones contemporáneas de la sección de Murtinheira (GSSP del Bajociense), reforzando la idea de que se trata de una especie típica de facies profundas (Canales et al., 2014). De forma general, las asociaciones son poco abundantes pero presentan una elevada diversidad. La interpretación de los valores de los índices de riqueza y diversidad aplicados (índices α de Fisher, Margalef, Simpson, Berger-Parker, Shannon-Wiener y equitabilidad de Pilou), permite inferir que las asociaciones de foraminíferos registradas en Barranco de Agua Larga ocupaban zonas marinas distales, a una profundidad situada por encima del nivel de compensación de la calcita, bien oxigenadas y con salinidad normal, si bien en ciertos momentos (parte inferior de la Subzona Gigantea y tránsito Aaleniense–Bajociense) pudieron producirse condiciones de estrés ambiental. La brusca disminución en la abundancia y diversidad que se produce en el tránsito Aaleniense–Bajociense ha sido reconocido en otras cuencas de la Placa Ibérica, pudiendo ser considerado un bioevento de aplicabilidad a nivel regional.

AGRADECIMIENTOS

Este trabajo ha sido financiado por los Proyectos CGL2011-23947 y CGL2011-25894 (Ministerio de Ciencia e Innovación), por el Grupo de Investigación UCM 910431. En el Centro Nacional de Microscopía Electrónica (Universidad Complutense de Madrid) se realizaron las fotografías del material y el Consorcio Galp-Petrobras-Partex financió el trabajo de laboratorio.

BIBLIOGRAFÍA

Canales, M.L., García-Baquero, G., Henriques, M.H., Figueiredo, V.L., 2014. Palaeoecological distribution pattern of Early-Middle Jurassic benthic foraminifera in the Lusitanian Basin (Portugal) based on multivariate analysis. Palaeogeography, Palaeoclimatology, Palaeoecology 410, 14-26.

Ellis, B.F., Messina, A., 1940-1990. Catalogue of Foraminifera. Museum of Natural History, New York, www.micropaleontologyproject.com

Loeblich, A.R., Tappan, H., 1988. Foraminifera genera and their classification. Van Nostrand Reinhold Company, New York, 2, 970 pp.

Sandoval, J., 1983. Biostratigrafía y Paleontología (Stephanocerataceae y Perisphinctaceae) del Bajocense y Bathonense en las Cordilleras Béticas. Tesis Doctoral. Universidad de Granada, 613 pp.

Sandoval, J., O'Dogherty, L., Aguado, R., Bartolini, A., Bruchez, S., Bill, M., 2008. Aalenian carbon-isotope stratigraphy: Calibration with ammonite, radiolarian and nannofossil events in the Western Tethys. Palaeogegraphy, Palaeoclimatology, Palaeoecology 257, 115-137.

Foraminíferos cuaternarios del sondeo de Mornau (L'Empordà, Girona)

Usera, Juan; Guillem, Jordi; García, Ignacio

Departamento de Geología, Universidad de Valencia, España, Juan.usera@uv.es; Jorge.Guillem@uv.es; igarsanz@alumni.uv.es.

Durante el Cuaternario, las costas occidentales del Mediterráneo se vieron afectadas por frecuentes cambios en el nivel del mar, debido a las variaciones ambientales producidas por los procesos glacioeustáticos. En el litoral catalán este proceso dio lugar a la formación de cuencas de diferente extensión que quedaron aisladas temporalmente del ambiente marino abierto, albergando unas comunidades específicas que evolucionaron en su composición al mismo tiempo que la dinámica de la cuenca. Una serie de sondeos practicados en la provincia de Gerona, en las localidades de Closes de la Vila y Horta Vella, ya proporcionaron una muestra del contenido en foraminíferos y tecamébidos de estas cuencas (Usera et al., 2014a, 2014b).

Como continuación de estos estudios, se ha realizado un sondeo en la localidad de Mornau (L'Empordà, Girona) sobre materiales lacustres, principalmente limos orgánicos, del Cuaternario reciente. Dicho sondeo alcanzó una profundidad de 630 cm y se tomaron muestras cada diez centímetros, pero eliminándose los 160 cm superficiales alterados por la actividad antrópica. Un total de 39 muestras proporcionaron restos de foraminíferos bentónicos, acompañados en la mayoría de los casos por valvas de ostrácodos, conchas de gasterópodos y bivalvos y en algunos casos carofitas y tecamébidos. La datación mediante ^{14}C ha permitido fijar la edad de los niveles más antiguos en torno al 3.981 A.C. y la de los más recientes en 1984. Las muestras fueron desagregadas únicamente con agua, para evitar la pérdida de foraminíferos de caparazón aglutinado sobre base orgánica, y también de algunas especies de tecamébidos especialmente frágiles. Para el estudio estadístico se ha utilizado el programa PAST ofrecido por Hammer y Harper, 2005.

La asociación principal en la serie, desde la base del sondeo hasta el nivel de los 353 cm de profundidad, en el que se interrumpe el registro de foraminíferos, está formada por *Ammonia tepida* Cushman, *Elphidium excavatum* Terquem, *Elphidium excavatum clavatum* Cushman y *Haynesina germanica* Ehrenberg. Aunque la proporción entre estas especies varía, en todo momento se mantienen como los integrantes mayoritarios de la asociación. Además se ha registrado también la presencia de *Aubignyna perlucida* Heron-Allen y Earland, *Ammotium salsum* Cushman y Brönnimann y *Triloculina schreiberiana* d'Orbigny, sobre todo en los niveles interpretados como episodios de mayor salinidad de la cuenca. Otras especies como *Trochammina inflata* Montagu, típica de marismas vegetadas, solo se han hallado en algunos niveles.

A partir de los datos aportados por las asociaciones de foraminíferos y el estudio de los diferentes índices de diversidad, puede interpretarse que la secuencia representa en su base un ambiente de aguas salobres con salinidades próximas al 20‰, oscilando a partir de aquí hasta un máximo del 24 ‰ en los 470 cm de profundidad. En el nivel correspondiente a los 350 cm se produce un cambio brusco y la salinidad desciende hasta valores que no superarían el 2‰ (Murray, 1973, 1991, 2006). Su correlación con otro sondeo cuaternario próximo, como el de Closes de la Vila (Usera et al, 2014a), permitiría situarlo por debajo de la base de este último, identificándose ambientes y asociaciones similares en esos niveles y ya en los superiores dentro de un ambiente de aguas dulces.

Este trabajo es una contribución del Grupo de Trabajo español al Proyecto IGCP 588. Este trabajo ha sido parcialmente financiado por el proyecto HAR2012-39087-CO2-01.

REFERENCIAS

Hammer, Ø., Harper, D., 2006. Paleontological Data Analysis. Blackwell Publishing, Oxford UK, 351 pp.

Murray, J.W., 1973. Distribution and Ecology of Living Benthic Foraminiferids. Heinemann Educational Books, London, 274 pp.

Murray, J.W., 1991. Ecology and Paleoecoloy of Benthic foraminifera. Longman Scientific & Technical, England, 397 pp.

Murray, J.W., 2006. Ecology and Applications of Benthic Foraminifera. Cambridge University Press, UK, 426 pp.

Usera, J., García, I., Guillem, J., 2014a. Foraminíferos y Tecamébidos del Cuaternario de Closes de la Vila (L'Empordà, Girona). Fundamental, 24, 243-245.

Usera, J., García, I., Guillem, J., 2014b. Foraminíferos cuaternarios de Horta Vella (L'Escala, Girona). Fundamental 24, 247-249.

Una nueva zonación de conodontos para el Lochkoviense medio y superior (Devónico Inferior) del margen norte perigondwánico

Valenzuela-Ríos, José I.[a]*; Slavík, Ladislav*[b]*; Liao, Jau-Chyn*[a]*; Calvo, Helena*[a]*; Hušková, Aneta*[b]*; Chadimová, Leona*[b]

[a] Departamento de Geología, Universidad de Valencia, 46100 Burjasot, España. jose.i.valenzuela@uv.es

[b] Institute of Geology, Czech Academy of Sciences, 16500 Prague 6, República Checa.

Uno de los propósitos de la Subcomisión Internacional de Estratigrafía del Devónico es la subdivisión de los Pisos en Subpisos. Así, ya se han votado las subdivisiones formales de los pisos Givetiense, Frasniense y Fameniense. Las subdivisiones de los otros pisos están en muy diferentes estados. Por ejemplo, la subdivisión del Praguiense depende de la redefinición de la base del Emsiense, actualmente en curso. En este trabajo se analizan varias secciones lochkovienses en dos áreas clave para la subdivisión del Lochkoviense, el Pirineo Central Español y el Sinclinal de Praga y mediante la secuencia de conodontos se propone una biozonación estándar para la mitad superior del piso que tiene un alto potencial de correlación mundial.

El piso Lochkoviense fue establecido en el Sinclinal de Praga como el primer piso del Devónico en facies hercínicas. Posteriormente, se equiparó al Gediniense y pasó a formar parte de la Subdivisión Estándar del Devónico por acuerdo de la Comisión Internacional de Estratigrafía. Los intentos de subdivisión de este piso se discuten ampliamente en Carls (1987), quien a su vez propone un nuevo criterio para el reconocimiento de la base del Gediniense superior, entrada de *Protocanthina velillae* que estaría bastante próxima al comienzo del Lochkoviense superior, que se corresponde con la base de la Zona de *Monograptus hercynicus* (Jaeger, 1979). Sin embargo, esta subdivisión ha tenido poca aceptación y prácticamente no se ha utilizado a escala global. Posteriormente Valenzuela-Ríos y Murphy (1997) mediante una correlación detallada de las sucesiones de conodontos en Nevada Central y en el Pirineo Central Español propusieron una subdivisión en tres partes (inferior, medio, superior). La base del Lochkoviense medio está actualmente en discusión.

En este trabajo nos ocupamos de las sucesiones de conodontos en siete secciones seleccionadas en el Pirineo Central Español y en el Sinclinal de Praga para la mitad superior del piso Lochkoviense.

Todas estas secciones se muestrearon en detalle (capa a capa) y los resultados obtenidos permiten una correlación de alta resolución entre ambas regiones y el establecimiento de una zonación de conodontos que puede aplicarse en otras áreas. Este esquema zonal para la mitad superior del Lochkoviense consta de cinco zonas y se basa en los criterios expuestos por Valenzuela-Ríos (1994) lo que permite una comunicación precisa y una gran flexibilidad para acomodar nuevos registros sin cambiar el sentido original de la misma.

En orden ascendente las cinco zonas propuestas son *transitans-trigonicus*, *trigonicus-kutscheri*, *kutscheri-pandora* beta, *pandora* beta-*gilberti* y *gilberti-steinachensis* beta. El límite inferior del Lochkoviense superior coincide con la base de la biozona *pandora* beta-*gilberti*. Esta subdivisión puede aplicarse también a los registros del oeste de Norteamérica y a los de los Alpes Cárnicos y por tanto representa un importante avance en la correlación mundial de las secuencias del Lochkoviense, lo que permitirá la comparación directa de estudios multidisciplinares (geoquímicos, geofísicos, sedimentológicos, astrocronológicos,...) sobre estos materiales y una mejor comprensión de la historia geológica acontecida en este intervalo temporal.

Este trabajo ha sido financiado por los proyectos CGL2011-24775 del MINECO y M100131201 (Hi-Res Correlation Mid-Paleozoic) y representa una contribución al PICG 596. También ha sido subvencionada parcialmente por la Fundación Alexander von Humboldt (JIV-R y LS) y por el Programa Salvador de Madariaga (JIV-R).

REFERENCIAS

Carls, P., 1987. Ein Vorschlag zur Biostratigraphischen Redefinition der Grenze Gedinnium/Siegenium und benachbarter Unter-Stufen. Stratigraphische Argumente und Korrelationen. Courier Forschungs-Institut Senckenberg 92, 77-121.

Jaeger, H., 1979. Devonian Graptolithina. In: House, M.R., Scrutton, C.T., Basset, M.G. (Eds.), The Devonian System. A Palaeontological Association Symposium. Special Paper Palaeontology 23, 335-339.

Valenzuela-Ríos, J.I., 1994. The Lower Devonian conodont *Pedavis pesavis* and the *pesavis* Zone. Lethaia 27, 199-207.

Valenzuela-Ríos, J.I., Murphy, M.A., 1997. A new zonation of middle Lochkovian (Lower Devonian) conodonts and evolution of *Flajsella* n. gen. (Conodonta). In: "Palaeozoic Sequence Stratigraphy and Biogeography: Studies in Honor of J. Granville ("Jess") Johnson" Klapper, G., Murphy, M.A. and Talent, J.A. (Eds.). Memoires Geological Society of America Special Paper 321, 131-144.

La extinción de las porocaráceas y las clavatoráceas (Carofitas cretácicas) en el límite Cretácico/Paleoceno de Europa.

Vicente, Alba; Martín-Closas, Carles

Departament Estratigrafia, Paleontologia i Geociències Marines, Universitat de Barcelona-UB, 08028, Barcelona, España. albavicenterodriguez@ub.edu

Las extinciones a nivel global causadas por la crisis del límite K/Pg, sobre todo en el reino animal, contrastan con el efecto, más moderado, que tuvo esta extinción en las plantas. Estudios palinológicos han mostrado importantes cambios en la flora finicretácica de Estados Unidos, sin embargo, estas extinciones no fueron homogéneas a nivel global, siendo poco notables en Europa, donde por ejemplo la presencia del "pico de esporas de helecho" a techo del Maastrichtiense, considerado un marcador del límite en Norte América, es más bien escasa, como sucede en las cuencas Sud-Pirenaicas (Fernández-Marrón et al., 2004). En el caso de las carofitas, el límite K/Pg se ha considerado clásicamente como uno de los momentos más relevantes en la evolución del grupo (Grambast, 1974). El inicio de la era Cenozoica supuso la extinción de dos importantes familias, las porocaráceas y las clavatoráceas, que previamente habían dominado los ambientes tanto salobres como de agua dulce durante el Jurásico superior y el Cretácico inferior. Sin embargo, ambas familias muestran un claro declive a lo largo del Cretácico superior en todo el mundo, de manera que a finales del Mesozoico solo permanecían unas pocas especies relictas. Esta crisis, a su vez, coincide con uno de los periodos de mayor diversificación de las caráceas, la única familia que sigue teniendo representantes actuales.

En Europa, las porocáraceas finicretácicas están representadas únicamente por *Feistiella malladae*. Otras especies similares han sido descritas en depósitos de edades próximas (Campaniense-Maastrichtiense), sin embargo, estudios taxonómicos recientes conducen a pensar que dichas especies son sinónimas de *F. malladae*. Esta especie se encontraba ecológicamente limitada a lagunas salobres (Villalba-Breva y Martín-Closas, 2013). En España, los últimos girogonitos de porocaráceas se encuentran en sedimentos del Maastrichtiense superior de Campo, Huesca (cron C29r). Sin embargo, Bignot y Grambast (1969), describen girogonitos de porocaráceas ("*Porochara*" *stacheana*), algunos de ellos muy fragmentados, en calizas libúrnicas del Daniense de Eslovenia (Ogorelec et al., 2001). Esto plantea la cuestión de si algunos representantes de esta familia habrían superado localmente el límite K/Pg. Por otro lado, dos especies de clavatoráceas, *Clavator ultimus* y *Clavator brachycerus*, constituyen las últimas representantes de esta familia en Europa. Se han descrito dentro del

Maastrichtiense superior tanto en la Península Ibérica como en el sur de Francia. La separación de dichas especies ha sido motivo de controversia, sin embargo parece responder a un cambio evolutivo intraespecífico gradual, más que a la separación de dos especies diferentes. *C. brachycerus* suele encontrarse en facies lacustres de ambientes altamente energéticos de orilla de lago (Villalba-Breva and Martín-Closas, 2013). Los pocos datos paleoecológicos disponibles conducen a pensar que *C. ultimus* también ocuparía un hábitat similar. Estas dos especies de *Clavator* no se han hallado por encima de la base del Maastrichtiense superior (última presencia en el cron C31r). Sin embargo, al igual que ocurre con las porocaráceas, restos vegetativos relacionados con clavatoráceas, concretamente talos de *Munieria grambastii*, se han encontrado recientemente en el Daniense de la serie tipo de Fontllonga. Esto sugiere que las últimas clavatoráceas podrían haber sobrevivido en estado vegetativo más allá del límite. Un hecho que contrasta con la cada vez mayor especialización ecológica de las porocaráceas y las plavatoráceas relictas es la gran diversificación de las caráceas, que ya durante el Maastrichtiense empezaron a ocupar casi todos los nichos ecológicos desde los ambientes salobres a las charcas efímeras de agua dulce.

A pesar de la importancia biostratigráfica que tienen las porocaráceas y las clavatoráceas en la caracterización del límite K/Pg, los datos palaeoecológicos obtenidos indican que estas familias sufrieron un declive previo a la crisis finicretácica. Por otro lado parece que ambas familias podrían haber superado localmente y por un corto intervalo de tiempo dicha crisis. Es razonable pensar que, la cada vez mayor especialización de los últimos relictos de estas familias y a su vez la diversificación de las caráceas (a nivel taxonómico y sobretodo paleoecológico) resultó en una transición progresiva hasta la extinción de los últimos representantes de las porocaráceas y clavatoráceas cerca del límite K/Pg.

AGRADECIMIENTOS

Esta presentación es una contribución al proyecto CGL2011-2769 del MINECO

REFERENCIAS

Bignot, G., Grambast, L.J., 1969. Sur la position stratigraphique et les Charophytes de la Formation de Kozina (Slovénie, Yougoslavie). Comptes Rendus de l'Académie des Sciences Série D 269, 689-692.

Fernández-Marrón, M.T., López-Martínez, N., Fonollá-Ocete, J.F., Valle-Hernández, M.F., 2004. The palynological record across the Cretaceous-Tertiary boundary in two different palaeogeographical settings from the Southern Pyrenees, Spain.

Grambast, L.J., 1974. Phylogeny of the Charophyta. Taxon 23, 463-481.

Ogorelec, B., Drobne, K., Jurkovšek, B., Dolenec, T., Toman, M., 2001. Paleocene beds of the Liburnia Formation in Čeboluvica (Slovenia, NW Adriatic -Dinaric platform). Geologija 44, 15-65.

Villalba-Breva, S., Martín-Closas, C., 2013. Upper Cretaceous paleogeography of the Central Southern Pyrenean Basins (Catalonia, Spain) from microfacies analysis and charophyte biostratigraphy. Facies 59, 319-345.

ÍNDICE DE AUTORES